高等职业教育专科、本科计算机类专业新型一体化教材
创新型人才培养系列教材·工作手册式

Linux 系统配置及运维项目化教程

（工作手册式）

李志杰　许彦佳　主　编
龙远双　副主编
林良算　江子楠　何康健　林东鹏　苏士泰　参　编

电子工业出版社
Publishing House of Electronics Industry
北京·BEIJING

内 容 简 介

CentOS 一直以来是最受广大中小企业喜爱的操作系统，随着 CentOS 8 的发布，越来越多的中小企业关注和使用这个版本。本书基于企业服务器运维需求，以目前最新的 CentOS 8 为平台，全面介绍 Linux 的安装、配置和运维管理。

本书共 13 章，内容涵盖了 Linux 安装与配置、用户及权限管理、文件系统及磁盘管理、软件包及文档管理、网络基础服务等 Linux 运维基础知识体系，还包括 shell 编程、网站服务器搭建与管理、数据库服务器配置、网站部署与运维、集群架构、虚拟化技术等网络服务综合应用，利用 PXE + Kickstart、Cobbler、Zabbix、Nagios、SaltStack、Ansible、Git、SVN 等运维工具实现自动化运维。本书邀请了众多企业工程师参与编写，并结合企业最新运维实践项目来打造本书案例，每章均包括项目背景分析、项目相关知识、项目实施、项目小结、课后习题，并提供微课及实验素材。

本书适合 Linux 初学者、Linux 系统管理员、Linux 运维工程师及广大专科院校师生学习和使用，既是一本不可多得的 Linux 学习手册，又是一本不可多得的 Linux 运维经典培训教材。

未经许可，不得以任何方式复制或抄袭本书之部分或全部内容。
版权所有，侵权必究。

图书在版编目（CIP）数据

Linux 系统配置及运维项目化教程：工作手册式 / 李志杰，许彦佳主编. —北京：电子工业出版社，2021.4
（2024.7重印）
ISBN 978-7-121-40786-4

Ⅰ. ①L… Ⅱ. ①李… ②许… Ⅲ. ①Linux 操作系统－高等学校－教材 Ⅳ. ①TP316.85

中国版本图书馆 CIP 数据核字（2021）第 046787 号

责任编辑：李　静
印　　刷：北京七彩京通数码快印有限公司
装　　订：北京七彩京通数码快印有限公司
出版发行：电子工业出版社
　　　　　北京市海淀区万寿路 173 信箱　邮编：100036
开　　本：787×1092　1/16　印张：17.5　字数：504 千字
版　　次：2021 年 4 月第 1 版
印　　次：2024 年 7 月第 7 次印刷
定　　价：55.80 元

凡所购买电子工业出版社图书有缺损问题，请向购买书店调换。若书店售缺，请与本社发行部联系，联系及邮购电话：（010）88254888，88258888。
质量投诉请发邮件至 zlts@phei.com.cn，盗版侵权举报请发邮件至 dbqq@phei.com.cn。
本书咨询联系方式：（010）88254604，lijing@phei.com.cn。

前 言

CentOS 是目前最为流行的红帽企业 Linux（Red Hat Enterprise Linux，RHEL）的社区版本，使用和 RHEL 相同的源代码，唯一区别是 CentOS 是社区编译发布，由社区维护。相对于 RHEL 不菲的使用费用，CentOS 的更新则完全免费。高品质的企业操作系统、低廉的维护成本，使 CentOS 一直以来深受广大中小企业的喜爱。CentOS 8 是混合云智能操作系统，强化了虚拟化技术、容器技术、云端技术、自动化运维及 DevOps 的支持和融合，使越来越多的中小企业开始关注和使用 CentOS 8。本书带大家深入了解和快速掌握 CentOS 8 的新特性，把握 Linux 运维发展方向，迅速掌握 CentOS 8 的运维技巧。

本书共 13 章，在内容安排上，从 Linux 安装与配置、Linux 用户及权限管理、Linux 文件系统及磁盘管理、Linux 软件包及文档管理，逐步了解 Linux；部署 Linux 网站系统、Linux 数据库；Linux 系统中的 shell 编程，大大提高了运维效率；利用 Keepalived 的高可用性和 LVS 的负载均衡特性来搭建 Linux 集群架构；在 Linux 系统中使用 KVM 技术部署虚拟化网络环境；使用 Docker 完成容器的创建和管理，通过 Kubernetes 对容器进行自动化部署；通过 PXE+Kickstart 或 Cobbler 实现 Linux 的无人值守安装；使用 Zabbix 或 Nagios 对系统和网络进行监控和管理；使用 SaltStack 或 Ansible 对网络配置实现自动化部署；使用 Git 或 SVN 对系统版本进行控制和管理。

本书内容丰富，涉及 Linux 基础、服务器配置和管理、系统运维、系统自动化部署等知识和技能，由浅入深、脉络清晰、通俗易懂。编者均是具有多年 IT 工作经验的企业一线工程师或专业教师，本书引入企业真实案例，将理论和实践相结合，由校企双方合作共同完成；使用大量的实例和图表对内容进行讲述，突出实践性和实用性，便于读者理解和掌握知识点；结合企业案例设计项目实施环节，引导读者有针对性地完成任务，读者可按照微课更加直观地学习和实践；各章节均提供 PPT 及实验素材，方便高校教师辅助教学。

本书第 1、2 章由林良算编写，第 3、8、12 章由许彦佳、江子楠共同编写，第 4、7 章由何康健编写，第 5、13 章由林东鹏编写，第 6、9 章由苏士泰编写，第 10、11 章由龙远双编写。李志杰负责统稿工作。

本书采用工作手册式方式编写，能够帮助学生在学习过程中快速进入岗位角色，明确职业特点和岗位职责，强化主体责任意识，为企业实践和未来工作打好基础。

虽然我们对书中所述内容尽量核实，并进行多次文字校对，但因时间所限，可能存在疏漏和不足之处，恳请读者批评指正。如果您在学习或使用过程中遇到什么困难或疑惑，请发送 E-mail 至 5294968@qq.com 联系我们，我们会尽快为您解答。

编　者
2020 年 12 月

本书思维导图

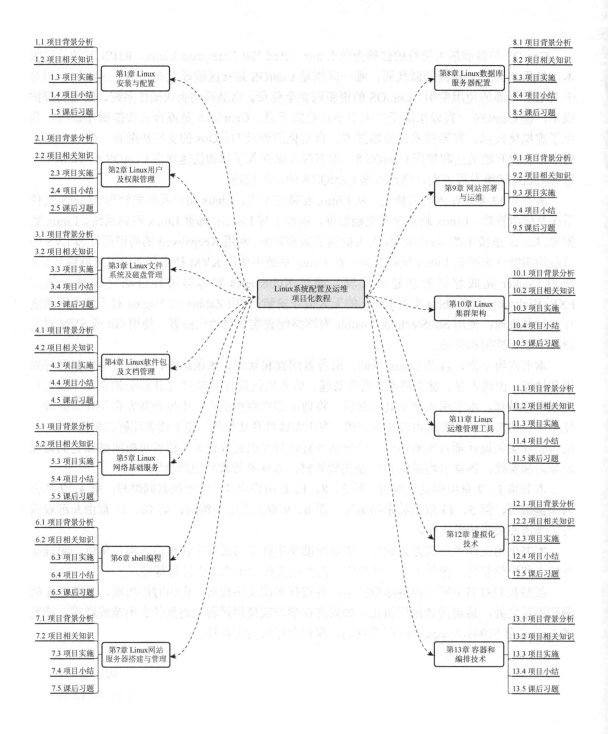

目 录

第 1 章 Linux 安装与配置 ·········· 1
1.1 项目背景分析 ·········· 1
1.2 项目相关知识 ·········· 2
1.3 项目实施 ·········· 3
    1.3.1 安装与配置 CentOS 8 ·········· 3
    1.3.2 vim 编辑器 ·········· 11
1.4 项目小结 ·········· 14
1.5 课后习题 ·········· 15

第 2 章 Linux 用户及权限管理 ·········· 16
2.1 项目背景分析 ·········· 16
2.2 项目相关知识 ·········· 16
    2.2.1 用户与用户组 ·········· 16
    2.2.2 文件系统权限 ·········· 18
2.3 项目实施 ·········· 18
    2.3.1 用户、用户组的管理 ·········· 18
    2.3.2 文件系统权限的管理 ·········· 23
    2.3.3 利用 sudo 控制用户权限 ·········· 25
2.4 项目小结 ·········· 27
2.5 课后习题 ·········· 27

第 3 章 Linux 文件系统及磁盘管理 ·········· 28
3.1 项目背景分析 ·········· 28
3.2 项目相关知识 ·········· 29
    3.2.1 磁盘（硬盘） ·········· 29
    3.2.2 Linux 的基本操作 ·········· 29
3.3 项目实施 ·········· 37
3.4 项目小结 ·········· 47
3.5 课后习题 ·········· 48

第 4 章 Linux 软件包及文档管理 ·········· 49
4.1 项目背景分析 ·········· 49
4.2 项目相关知识 ·········· 49

  4.2.1 编译安装 ·········· 49
  4.2.2 RPM 软件包管理工具 ·········· 50
  4.2.3 DNF 软件包管理工具 ·········· 52
  4.2.4 配置软件仓库 ·········· 56
 4.3 项目实施 ·········· 58
  4.3.1 为系统添加阿里云仓库 ·········· 58
  4.3.2 使用 DNF 软件包管理工具安装常用软件 ·········· 58
  4.3.3 编译安装 Nginx 软件 ·········· 59
 4.4 项目小结 ·········· 59
 4.5 课后习题 ·········· 60

第 5 章 Linux 网络基础服务 ·········· 61

 5.1 项目背景分析 ·········· 61
 5.2 项目相关知识 ·········· 62
  5.2.1 NFS（网络文件共享服务） ·········· 62
  5.2.2 NTP（网络时间同步服务） ·········· 62
  5.2.3 文件同步服务 ·········· 63
  5.2.4 Linux 防火墙 ·········· 64
 5.3 项目实施 ·········· 69
  5.3.1 安装 NFS 服务 ·········· 69
  5.3.2 NTP 同步公网时间 ·········· 71
  5.3.3 NTP 同步内网时间 ·········· 72
  5.3.4 Rsync（文件实时同步） ·········· 73
  5.3.5 Sersync（文件快速同步） ·········· 75
  5.3.6 Iptables 防火墙 ·········· 76
  5.3.7 Firewalld 防火墙 ·········· 77
 5.4 项目小结 ·········· 78
 5.5 课后习题 ·········· 78

第 6 章 shell 编程 ·········· 79

 6.1 项目背景分析 ·········· 79
 6.2 项目相关知识 ·········· 79
  6.2.1 Bash shell ·········· 79
  6.2.2 shell 语法基础 ·········· 80
  6.2.3 正则表达式 ·········· 89
 6.3 项目实施 ·········· 90
  6.3.1 sed、awk 及 grep 命令的使用 ·········· 90
  6.3.2 shell 脚本编程 ·········· 99
 6.4 项目小结 ·········· 99
 6.5 课后习题 ·········· 100

第 7 章 Linux 网站服务器搭建与管理 ·············· 101

- 7.1 项目背景分析 ··············· 101
- 7.2 项目相关知识 ··············· 101
  - 7.2.1 Apache 服务器 ··············· 101
  - 7.2.2 Nginx 服务器 ··············· 104
- 7.3 项目实施 ··············· 110
  - 7.3.1 配置基于域名的虚拟主机 ··············· 110
  - 7.3.2 配置站点 www.abc.com 支持 PHP 语言 ··············· 111
  - 7.3.3 配置站点 shop.abc.com 支持 Java 语言 ··············· 112
- 7.4 项目小结 ··············· 114
- 7.5 课后习题 ··············· 114

第 8 章 Linux 数据库服务器配置 ··············· 115

- 8.1 项目背景分析 ··············· 115
- 8.2 项目相关知识 ··············· 116
  - 8.2.1 MySQL 数据库 ··············· 116
  - 8.2.2 Redis 数据库 ··············· 116
  - 8.2.3 主从同步 ··············· 117
- 8.3 项目实施 ··············· 118
- 8.4 项目小结 ··············· 130
- 8.5 课后习题 ··············· 130

第 9 章 网站部署与运维 ··············· 131

- 9.1 项目背景分析 ··············· 131
- 9.2 项目相关知识 ··············· 133
  - 9.2.1 LAMP 架构介绍 ··············· 133
  - 9.2.2 LNMP 架构介绍 ··············· 134
- 9.3 项目实施 ··············· 134
  - 9.3.1 LAMP 动态网站部署 ··············· 134
  - 9.3.2 LNMP 动态网站部署 ··············· 141
  - 9.3.3 博客系统实战部署（WordPress）··············· 147
  - 9.3.4 Discuz!论坛部署实战 ··············· 151
- 9.4 项目小结 ··············· 156
- 9.5 课后习题 ··············· 156

第 10 章 Linux 集群架构 ··············· 158

- 10.1 项目背景分析 ··············· 158
- 10.2 项目相关知识 ··············· 158
  - 10.2.1 高可用集群软件 Keepalived ··············· 158
  - 10.2.2 VRRP 协议工作原理 ··············· 160

10.2.3　负载均衡集群系统 LVS ······ 161
　10.3　项目实施 ······ 165
　　　10.3.1　Keepalived 高可用集群部署 ······ 165
　　　10.3.2　LVS 负载均衡集群部署 ······ 172
　　　10.3.3　Keepalived+LVS 应用实践 ······ 179
　10.4　项目小结 ······ 182
　10.5　课后习题 ······ 183

第 11 章　Linux 运维管理工具 ······ 184

　11.1　项目背景分析 ······ 184
　11.2　项目相关知识 ······ 185
　　　11.2.1　传统 Linux 运维方式 ······ 185
　　　11.2.2　自动化运维方式 ······ 185
　11.3　项目实施 ······ 189
　　　11.3.1　PXE+Kickstart 无人值守安装 ······ 189
　　　11.3.2　Cobbler 无人值守安装 ······ 193
　　　11.3.3　Zabbix 监控系统部署 ······ 198
　　　11.3.4　Nagios 监控系统部署 ······ 211
　　　11.3.5　SaltStack 自动化部署 ······ 215
　　　11.3.6　Ansible 自动化部署 ······ 221
　　　11.3.7　Git 部署及应用 ······ 223
　　　11.3.8　SVN 部署及应用 ······ 229
　11.4　项目小结 ······ 232
　11.5　课后习题 ······ 232

第 12 章　虚拟化技术 ······ 233

　12.1　项目背景分析 ······ 233
　12.2　项目相关知识 ······ 234
　　　12.2.1　VMware 虚拟化 ······ 234
　　　12.2.2　Xen 虚拟化 ······ 235
　　　12.2.3　KVM 虚拟化 ······ 235
　12.3　项目实施 ······ 235
　　　12.3.1　KVM 虚拟化环境搭建 ······ 235
　　　12.3.2　KVM 虚拟化应用 ······ 237
　12.4　项目小结 ······ 242
　12.5　课后习题 ······ 242

第 13 章　容器和编排技术 ······ 243

　13.1　项目背景分析 ······ 243
　13.2　项目相关知识 ······ 244

	13.2.1 Docker 简介 ····································	244
	13.2.2 Kubernetes 简介 ································	244
13.3	项目实施 ··	245
	13.3.1 Docker 的安装与运行 ························	245
	13.3.2 Docker 的使用 ····································	246
	13.3.3 Docker 私有仓库 ································	251
	13.3.4 Kubernetes 的安装与运行 ··················	252
	13.3.5 kubectl 使用 ··	256
	13.3.6 Kubernetes Dashboard 安装 ··············	261
13.4	项目小结 ··	267
13.5	课后习题 ··	267

第 1 章 Linux 安装与配置

扫一扫
获取微课

什么是 Linux？Linux 与 Windows 同是操作系统，但 Windows 是收费且不开源的，而 Linux 是一套完全开放、自由、免费的类 UNIX 操作系统。Linux 因其稳定、开源、免费、安全、高效的特点，发展迅猛，目前在服务器市场的占有率超过了 95%。目前市面上存在许多不同版本的 Linux，如 Ubuntu、Fedora、openSUSE 等，它们都是基于 Linux 内核的。Linux 主要应用于服务器、嵌入式开发、安卓系统、PC 等领域，我们国内所熟悉的互联网龙头企业都在使用 Linux 作为其服务器后端操作系统，并且全球排名前 10 的网站均在使用 Linux，可见 Linux 的表现十分出色。要想成为一名合格的运维工程师，掌握 Linux 则是一项必备技能。

1.1 项目背景分析

某公司是一家电子商务运营公司，由于该公司推广做得非常好，用户数量激增。为了给用户提供更优质的服务，该公司要采购一批服务器。因为 Windows 是商业操作系统，成本较高，而 Linux 几乎没有软件成本，并且 Linux 具有很高的安全性，容易识别和定位故障，在性能上更优于 Windows，又因为该公司在建立初期，所以对资金、人力、设备、安全、性能等多方面综合考虑，决定采用 Linux 作为服务器的操作系统，本章将演示如何在 Web 服务器上安装 Linux。公司网络拓扑结构如图 1.1 所示。

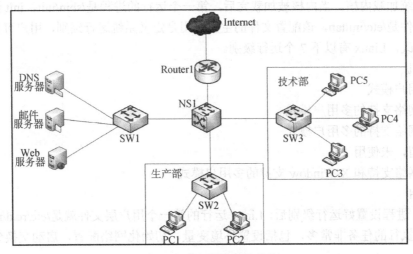

图 1.1 公司网络拓扑结构

1.2 项目相关知识

1. Linux 简介

Linux 经过多年的发展，发行的版本众多，如 CentOS、RHEL、Ubuntu、Gentoo、Debian、openSUSE 等，而由红帽公司测试维护的 Linux 发行版本最著名。发行版本一般分为两大类，一类是由公司维护发行的版本，另一类是由社区维护发行的版本，前者以 Red Hat Enterprise Linux（RHEL）为代表，后者则以 Community Enterprise Operating System（CentOS）为代表。CentOS 是目前最流行的社区发行版本，与 RHEL 使用相同的源代码，相比 RHEL 而言，CentOS 完全免费。本章使用了最新版本的 CentOS 8 来演示如何安装及配置 Linux。

2. Linux 启动过程

在 Linux 启动过程中，我们可以看到许多启动信息，Linux 启动过程如图 1.2 所示。

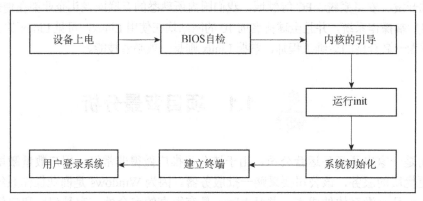

图 1.2 Linux 启动过程

（1）打开计算机电源，计算机首先进行 BIOS 自检。当 BIOS 自检通过后，计算机将会按照 BIOS 设置中的启动顺序来启动软件。

（2）系统加载内核。当内核被加载完后，第一个运行的进程是/sbin/init，init 进程首先读取的配置文件是/etc/inittab，该配置文件的主要作用是定义系统运行级别，用户可以根据自身需求进行修改，Linux 有以下 7 个运行级别。

0：关机
1：单用户模式
2：无网络支持的多用户模式
3：有网络支持的多用户模式
4：保留，未使用
5：有网络支持和 X-Window 支持的多用户模式
6：重启

（3）init 进程设置好运行级别后，Linux 运行的第一个用户层文件就是/etc/rc.d/rc.sysinit 脚本程序，它执行的任务非常多，包括设置环境变量、初始化网络配置、启动交换分区和加载硬件驱动等。

（4）rc.sysinit 脚本程序执行完成后，这时系统的环境变量已经配置完毕，各个守护进程都已经启动，init 进程将会建立终端，等待用户登录。

1.3 项目实施

1.3.1 安装与配置 CentOS 8

1. 获得 CentOS 8 操作系统

CentOS 8 操作系统软件下载链接如图 1.3 所示。

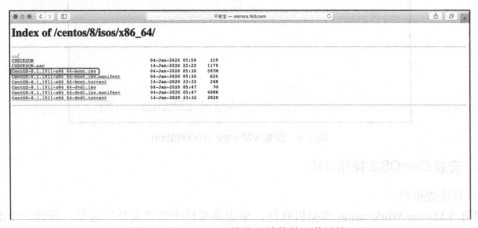

图 1.3　CentOS 8 操作系统软件下载链接

2. 安装 VMware Workstation

1）下载 VMware Workstation 虚拟机软件

官网下载链接：https://www.vmware.com/cn/products/workstation-pro.html。
VMware 官网如图 1.4 所示。

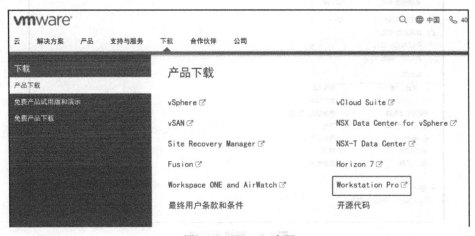

图 1.4　VMware 官网

2）安装 VMware Workstation

下载完成后运行安装文件，安装 VMware Workstation 如图 1.5 所示，选择好安装位置后，单击"下一步"按钮即可完成安装操作。

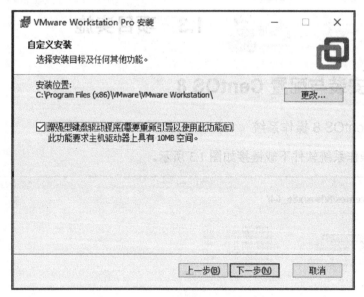

图 1.5　安装 VMware Workstation

3. 安装 CentOS 8 操作系统

1）新建虚拟机

打开 VMware Workstation 虚拟机软件，单击菜单栏中的"文件"选项，新建一个虚拟机（或使用 Ctrl+N 快捷键），如图 1.6 所示。

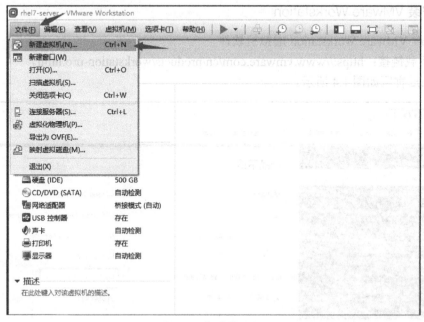

图 1.6　新建虚拟机

2）新建虚拟机向导

单击"新建虚拟机"选项后，系统将会弹出新建虚拟机向导，如图 1.7 所示，这里我们选择典型安装方式，然后单击"下一步"按钮。

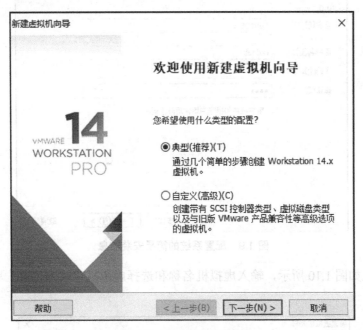

图 1.7　新建虚拟机向导

单击"安装程序光盘映像文件"单选按钮，再单击"浏览"按钮，选择刚刚下载的 CentOS 8 操作系统软件，单击"下一步"按钮，如图 1.8 所示。

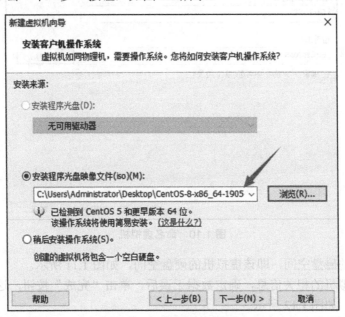

图 1.8　选择映像文件

配置系统的简易安装信息如图 1.9 所示，单击"下一步"按钮。

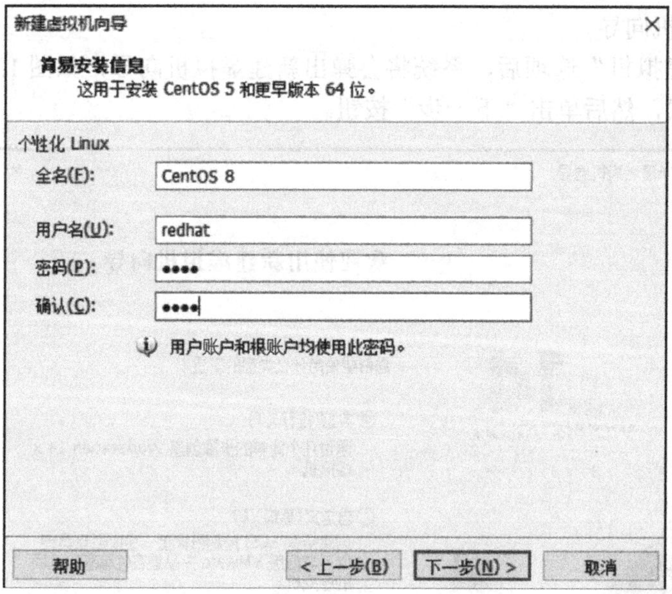

图 1.9 配置系统的简易安装信息

命名虚拟机如图 1.10 所示，输入虚拟机名称和选择虚拟机存放的位置，单击"下一步"按钮。

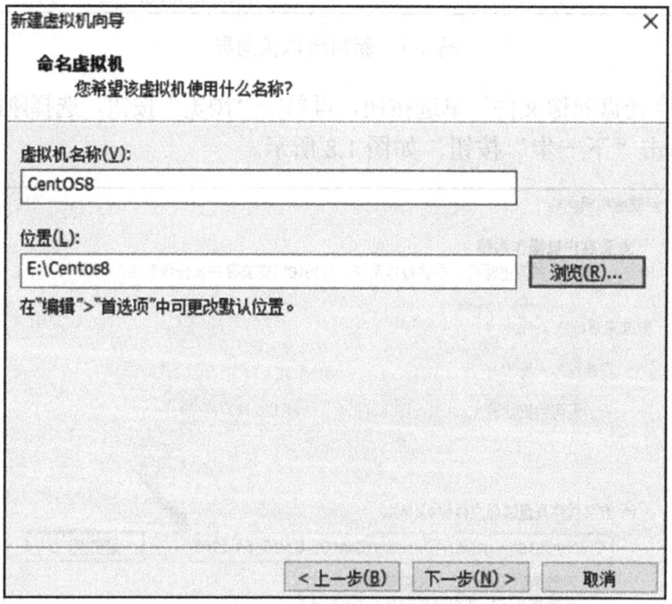

图 1.10 命名虚拟机

设置虚拟机的磁盘空间，即该虚拟机的硬盘空间，如图 1.11 所示。

最后检查虚拟机的相关信息，确定数据无误后，单击"完成"按钮，这样我们就成功创建了一个虚拟机，如图 1.12 所示。

在本章的讲解中，我们大部分采用的是 VMware Workstation 新建虚拟机的默认配置，待读者熟练使用 VMware Workstation 后，可以根据自身的计算机性能来设置虚拟机的硬件参数。

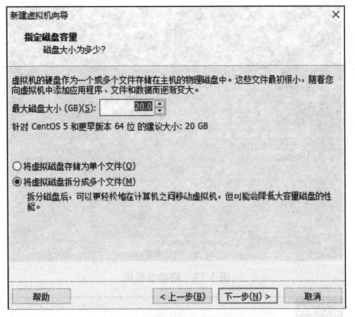

图 1.11 设置虚拟机的磁盘空间

图 1.12 完成对虚拟机的创建

3）启动新创建的虚拟机来安装系统

我们在新建虚拟机向导中已经选择"创建后开启此虚拟机"复选框，因此系统会自动启动虚拟机，如果读者没有选择该选项，可以单击菜单中的选项来启动虚拟机。启动虚拟机如图 1.13 所示。

（1）选择菜单中的选项测试和安装 CentOS 8，稍后即会出现 CentOS 8 安装向导，语言选择简体中文（中国），如图 1.14 所示。

（2）选择系统安装的目标位置，选择本地标准磁盘，如图 1.15 所示。

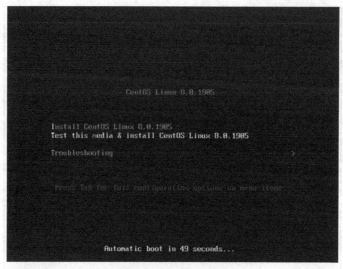

图 1.13　启动虚拟机

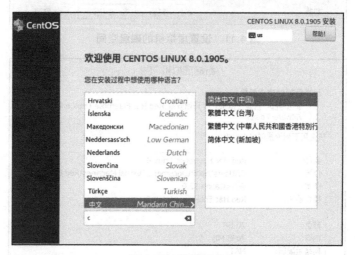

图 1.14　选择语言

图 1.15　选择系统安装的目标位置

(3) 设置超级管理员 root 用户的密码，一般 Linux 的超级管理员用户名默认为 root，如图 1.16 所示。

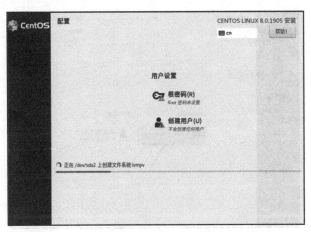

图 1.16　设置超级管理员 root 用户的密码

(4) 当看到如图 1.17 所示的界面时，CentOS 8 已经安装成功。随后单击"重启"按钮启动新系统。

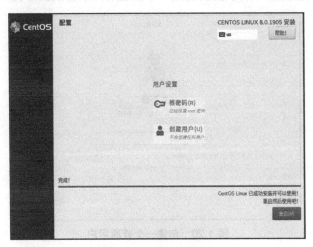

图 1.17　系统安装完毕

(5) 重启之后，进入系统引导界面，选择第一项来启动 CentOS 8，如图 1.18 所示。

图 1.18　系统引导界面

（6）首次登录系统需要确认使用许可证，然后单击右下角的"结束配置"按钮，如图 1.19 所示。

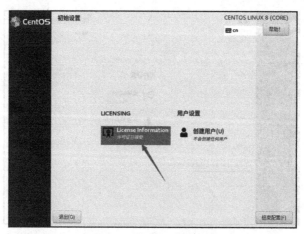

图 1.19　确认使用许可证

（7）首次登录系统还需要进行一些初始化配置，因为 CentOS 8 默认禁止 root 用户登录 GNMOE 桌面（图形化界面），所以需要创建一个普通用户来登录图形化界面，如图 1.20 所示。

图 1.20　创建一个普通用户

创建完一个普通用户后，CentOS 8 即安装完毕，如图 1.21 所示。

图 1.21　安装完毕

1.3.2　vim 编辑器

1．vim 编辑器简介

vi(vim)是 Linux 的一个非常常用的编辑器，几乎所有的 Linux 发行版本都默认安装了 vi(vim)编辑器。你是否会感到意外，为何我们需要用专门的一个小节来讲解一个编辑器的使用？这恰恰体现了 vi(vim)编辑器在 Linux 的运维工作中的重要性，vi(vim)编辑器命令繁多，说它是史上最强大的编辑器也不为过，如果学会灵活使用之后将会大大提高工作效率。你也许又会问？vi 和 vim 两者有何关系？我需要学习哪一个？vi 全称为 "visual interface"，vim 全称为 "vi improved"，那么 vim 就是增强版的 vi，两者最直观的区别就是 vim 增加了代码高亮功能。接下来我们来学习如何使用这个神秘的编辑器 vim。

在大多数 Linux 发行版本中都会默认安装 vi 编辑器，vi 编辑器的功能足以让我们完成工作，但是如果想要更加高效地完成工作，我们可能需要一个增强版的 vi 编辑器——vim 编辑器。vim 编辑器提供的文本高亮功能，可以让我们在系统运维的过程中避免一些低级错误。使用如下命令安装 vim 编辑器：

```
[root@server ~]# yum install vim -y
```

以上一行命令即可完成 vim 编辑器的安装。在终端中输入 vim filename 命令即可进入 vim 编辑器，比如：

```
[root@server ~]# vim hello.txt
```

2．vim 编辑器的工作模式

vim 编辑器使用完全不同的设计理念，所以要抛开以往使用 notepad 记事本和 word 文档编辑工具的方法来使用 vim 编辑器。

vim 编辑器的四种工作模式如表 1.1 所示。

表 1.1　vim 编辑器的四种工作模式

模　式	描　述
普通模式	可执行一般的编辑器命令，如移动光标、复制、粘贴和删除等操作
插入模式	在该模式下可输入文本内容。在插入模式中按 Esc 键回到普通模式
命令模式	在命令模式下输入特定的指令实现特定的功能，如保存或退出等
视图模式	在视图模式下，通过移动光标来选择文本块，并使用命令对文本块进行操作

vim 编辑器各种模式之间可以进行切换，模式的转换流程如图 1.22 所示。

打开 vim 编辑器的方法一般有两种：第一种，通过在终端输入 vim 命令即可打开 vim 编辑器，打开后默认新建一个文档，在保存时需要指定文件名，文档将保存在当前目录下；第二种，通过在终端输入 vim 加文件名，如 vim hello.txt，vim 编辑器会检查是否存在指定文件，若 hello.txt 文件不存在则会新建该文件，若 hello.txt 文件存在则会打开该文件。

vim 编辑器打开文件后会默认进入普通模式，插入模式可通过使用不同按键进入，具体功能描述如表 1.2 所示。

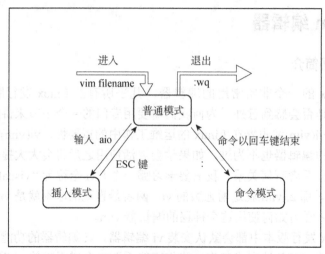

图 1.22　模式的转换流程

表 1.2　使用不同按键进入插入模式

按　键	描　述
a	进入插入模式并在当前光标后插入内容
A	进入插入模式并将光标移至当前段落末尾
i	进入插入模式并在当前光标前插入内容
I	进入插入模式并将光标移至当前段落的段首
o	进入插入模式并在当前行后面新建空行
O	进入插入模式并在当前行前面新建空行

进入插入模式后，可在编辑器中编辑内容，当编辑完成后需按 Esc 键回到普通模式，并在普通模式下输入":"进入命令模式，在命令模式下输入特定的命令来完成特定的功能，如在命令模式下的":"后输入"wq"执行保存并退出操作。

3. vim 编辑器的基本操作

在 vim 编辑器的普通模式中，有很多按键可以完成一些快捷操作，如光标移动、复制、粘贴及删除等，下面介绍一些常用的按键。

vim 编辑器在一般模式下移动光标的按键如表 1.3 所示。

表 1.3　vim 编辑器在一般模式下移动光标的按键

按　键	描　述
h	光标向左移动一位
j	光标向下移动一行
k	光标向上移动一行
l	光标向右移动一位
gg	移动光标至文件首行
G	移动光标至文件末行
nG	移动光标至第 n 行（其中 n 为数字）
^	移动光标至行首
$	移动光标至行尾

按键	描述
w	光标向右移动一个单词
nw	光标向右移动 n 个单词（其中 n 为数字）
b	光标向左移动一个单词
nb	光标向左移动 n 个单词（其中 n 为数字）

vim 编辑器在一般模式下查找与替换的按键如表 1.4 所示。

表 1.4　vim 编辑器在一般模式下查找与替换的按键

按键	描述
/word	在光标之后的文本中查找 word 字符串，当找到第一个 word 后，按"n"继续查找下一个
?word	在光标之前的文本中查找 word 字符串，当找到第一个 word 后，按"n"继续查找前一个
:n1,n2s/word1/word2/g	在 n1 至 n2 行之间查找 word1 这个字符串并替换为 word2
:s/word1/word2/g	在全文中查找 word1 这个字符串并替换为 word2
:s/word1/word2/gc	在全文中查找 word1 这个字符串并替换为 word2，每次替换前需要用户确认

vim 编辑器在一般模式下复制、粘贴、删除的按键如表 1.5 所示。

表 1.5　vim 编辑器在一般模式下复制、粘贴、删除的按键

按键	描述
yy	复制光标所在行
nyy	复制从光标所在行起向下的 n 行
p	粘贴命令到当前行的下一行
P	粘贴命令到当前行的上一行
x	向后删除一个字符
nx	向后删除 n 个字符（其中 n 为数字）
dd	剪切光标所在行
ndd	剪切从光标所在行起向下的 n 行（其中 n 为数字）
u	撤销
U	重做

vim 编辑器在命令模式下的常用命令如表 1.6 所示。

表 1.6　vim 编辑器在命令模式下的常用命令

命令	描述
:w	保存当前编辑的文件
:w!	若文本属性为只读，则强制保存
:q!	不管编辑或未编辑都不保存并退出 vim 编辑器
:wq	保存并退出 vim 编辑器
:w [filename]	编辑后的文档另存为 filename
:r [filename]	在当前光标所在行的下面读入 filename 的内容
:set nu	在每行的行首显示行号
:set nonu	取消行号
:! command	运行外部的 shell 命令，命令执行后会回到 vim 编辑器中

4. vim 编辑器的配置文件

在 Linux 上几乎所有的服务都有对应的配置文件，vim 编辑器也不例外。可以在配置文件中配置启动项来打造更好用的 vim 编辑器，配置文件一般位于用户目录下的 ~/.vimrc 文件，通过在配置文件中添加配置命令并保存退出，再次启动 vim 编辑器即可生效。vim 编辑器的常用配置选项如表 1.7 所示。

表 1.7 vim 编辑器的常用配置选项

选 项	说 明
syntax on	设置语法高亮
set fileencodings=utf-8	vim 编辑器写入文件时编码类型
set termencoding=utf-8	数据输出到终端时编码类型
set encoding=utf-8	缓存文本、寄存器、脚本文件编码类型
set number	显示行号
set cursorline	突出显示当前行
set cursorcolumn	突出显示当前列
set nocompatible	以不兼容模式运行 vim 编辑器
set showmatch	显示括号匹配
set tabstop=4	设置 Tab 键长度为 4 个空格
set shiftwidth=4	设置自动缩进长度为 4 个空格
set softtabstop	设置编辑模式删除 Tab 时为 4 个空格
set expandtab	设置用空格表示缩进
set smarttab	根据文件中其他地方的缩进空格个数来确定一个 Tab 是多少个空格
set autoindent	在插入一个新行时使用和前一行相同的缩进
set smartindent	打开智能缩进
set paste	设置为粘贴模式，使用鼠标右键粘贴时避免出现格式变形
set nowrap	禁止自动换行显示
set history=1000	保存 1000 条命令和 1000 个查找模式的历史
set ruler	在 vim 编辑器窗口右下角显示当前光标的位置
set showcmd	在 vim 编辑器窗口右下角 ruler 左侧显示未完成的命令
set incsearch	设置实时匹配
set hlsearch	设置搜索时高亮匹配词
filetype plugin indent on	开启文件类型探测，使用文件类型相关插件，使用缩进文件
set foldenable	允许折叠

本节中所介绍的 vim 编辑器的操作足以应对大多数运维工作，但 vim 编辑器的功能远不止于此，vim 编辑器还有很多强大的功能，如分屏、插件等，可通过官方文档查阅学习。

1.4 项目小结

本项目从公司的发展情况、运维成本、可用性和稳定性出发，从而采用 Linux。Linux 作为自由和开源的操作系统，以其代码开放性、强大的网络功能和接近于零软件成本的优势，被众多厂商和用户所支持。并且 Linux 具有很高的安全性，容易识别和定位故障，在性能上更优于 Windows。

1.5 课后习题

1．Linux 中进程的启动顺序是什么？

2．Linux 相比于 Windows Server 有哪些优点？

3．在 Linux 中哪一个进程是第一个执行的？

4．vim 编辑器常用的四种工作模式分别是什么？

第 2 章　Linux 用户及权限管理

扫一扫
获取微课

用户和用户组在 Linux 中起到了非常重要的作用，Linux 支持多个用户在同一时间段内登录系统执行不同的任务和程序，并且相互之间不受影响。用户之间所拥有的权限也有所不同，每个用户只能执行权限允许范围内的程序和任务，Linux 正是通过这种权限的划分和管理来实现多用户多任务的机制的。

2.1　项目背景分析

某电子商务公司是一家拥有上百台服务器的公司。该公司服务器管理员众多，因管理员的职能、水平各不相同，对服务器的熟知度也不同，容易出现操作不规范的现象，使得该公司服务器安全存在极大的不稳定性和操作安全隐患。因此设置用户权限显得至关重要。

2.2　项目相关知识

2.2.1　用户与用户组

1. 用户

如果要访问系统特定的资源，就必须向系统申请一个用户。系统中的每个进程都作为一个用户来运行，每个文件、目录归一个特定的用户所有，对文件和目录的访问将受到限制，与用户相关联的进程、服务可以访问该用户所有的文件和目录。这一举措不仅可以合理地使用系统资源，还可以帮助用户进行权限划分。在 Linux 中，用户一般分为如下三大类。

● 超级用户：超级管理员 root 用户，拥有该操作系统的最高管理权限。其 UID=0，一般超级用户不允许直接登录图形化界面。

● 普通用户：通过超级管理员创建，权限受到一定限制。只能对自己的家目录及目录下的文件进行访问和修改。其 UID 的范围为 1000～65535。

● 虚拟用户：不允许登录，一般为系统服务或进程使用。如 bin、nobody 等用户，它的存在主要是方便系统的管理。其 UID 的范围为 1～999。

> **注意：**
> UID——用户标识号，它与用户相对应并且在系统中是唯一的。

用户的配置文件包括/etc/passwd 和/etc/shadow。

文件/etc/passwd 包含用户账号的基本信息，如下所示：

```
[root@localhost ~]# head -2 /etc/passwd
root:x:0:0:root:/root:/bin/bash
bin:x:1:1:bin:/bin:/sbin/nologin
```

以上信息分别对应"账号名称:密码占位符:UID:GID:用户说明:家目录:登录shell"。

另一个文件/etc/shadow 则包含用户账号的密码信息（影子文件），如下所示：

```
[root@localhost ~]# head -1 /etc/shadow
root:$6$4/ne8o5V38hiA2jr$6SclA1hl1j8FPXqyMtfof5T4NMH1gJeDQ31AfoR4wapYPBQ
W1bZQKKPkuUBWoqgwA1GsuHW.11Tg59tyfrwvC/::0:99999:7:::
```

以上信息分别对应"账号名称:密码信息:上次修改密码的时间:密码最短有效天数:密码最长有效天数:提前7天警告密码将过期:密码过期后多少天内禁用此用户:账号失效时间:保留字段"。

2. 用户组

Linux 中的用户组是具有相同特性的用户集合，分为基本组（主要组）和附加组（公共组）。基本组是伴随用户的创建而创建的，与用户同名，用户附属于基本组，在/etc/passwd 文件中可以查看到。附加组中的用户可属于多个附加组，在/etc/group 文件中可以查看到。用户组配置文件为/etc/group 和/etc/gshadow，文件/etc/group 包含组的基本信息，/etc/gshadow 则包含组的密码信息。

3. 用户与用户组

Linux 是一个多用户多任务的操作系统，每个用户都拥有一位用户名和密码，并且是唯一的，只有输入正确的用户名和密码才能登录操作系统，进入用户的家目录（默认家目录：/home/<用户名>，除非创建用户是特别指定的）。

用户组具有与用户相同逻辑的集合，有时我们需要多个用户拥有相同的权限对一个程序、任务进行操作。例如，多个用户需要对一个进程进行操作，可以分别对这些用户进行授权，但用户数量达到一定程度时就会出现问题。这时我们可以建立一个用户组，先让用户组拥有对这个进程操作的权限，再将要参与的用户放入这个用户组中，那么这里的用户就拥有了这个用户组的权限，这就是用户组。通过定义用户组，可以在一定程度上简化管理工作。用户与用户组的对应关系有四大类，如表 2.1 所示。

表 2.1 用户与用户组的对应关系

对应关系	对应说明
一对一	一个用户可以存放在一个组中，是组中的唯一成员
一对多	一个用户可以存放在多个用户组中，此用户具有多个组的共同权限
多对一	多个用户可以存放在一个组中，这些用户具有与组相同的权限
多对多	多个用户可以存放在多个组中，也就是以上三种关系的集合

2.2.2 文件系统权限

1. 文件基本权限

Linux 通过文件系统权限来控制用户对文件的访问。文件系统权限既简单又灵活，可以轻松地处理各种常见的权限管理。新建的文件由该新建的用户所有，默认情况下，新建文件的组权限由该新建的用户主要组所有。文件系统三种基本权限如表 2.2 所示。

表 2.2 文件系统三种基本权限

权 限	文 件	目 录
r（读取）	拥有对文件读取的权限	拥有列出目录的内容权限
w（写入）	拥有对文件写入、删除的权限	拥有对目录写入、删除的权限
x（执行）	拥有对文件作为命令执行的权限	拥有列出目录的内容权限（取决于文件权限）

2. 默认权限

文件的默认权限由创建它们的进程来设置，shell 的重定向也一样。在系统中每个进程都有一个 umask。umask 是一个八进制位掩码，主要用于清除由该进程创建的文件或目录的权限。如果 umask 设置了一位，则对应的权限将会被清除。其中 umask 在/etc/profile 和/etc/bashrc 配置文件中定义，用户可根据自身的需要在.bash_profile 和.bashrc 文件中设置覆盖系统默认值。

3. 特殊权限

可执行文件的 setuid/setgid 权限表示将以文件的用户/组身份执行命令，而不是以运行命令的用户身份执行，特殊权限应用如表 2.3 所示。

表 2.3 特殊权限应用

特殊权限	对文件的影响	对目录的影响
u+s（suid）	以文件所有者身份执行	无
g+s（写入）	以文件所有组身份执行	在目录下创建的文件所有组将与目录的所有组一致
o+t（执行）	无	对目录具有写入权限的用户仅可以删除其拥有的文件，无法删除、修改其他用户的文件

2.3 项目实施

2.3.1 用户、用户组的管理

公司信息技术部门有两个子部门，分别是开发部、运维部。它们的职能不同，承担的任务不同，所需要的权限也不同。公司负责人召集相关各部门领导通过会议讨论并制定了权限管理方案，权限分配表如表 2.4 所示。

表 2.4　权限分配表

部门	级别	权限	对应用户名	对应组
开发部	初级开发	对应服务日志查看权限	chujikaifa	kaifa_group
开发部	高级开发	普通用户权限	gaojikaifa	kaifa_group
开发部	开发部经理	超级管理员权限	kaifajingli	kaifa_group
运维部	初级运维	查看系统状态、查看网络状态	chujiyunwei	yunwei_group
运维部	高级运维	系统管理、网络管理、存储管理、进程管理、软件管理等	gaojiyunwei	yunwei_group
运维部	运维部经理	超级管理员权限	yunweijingli	yunwei_group

1. 创建用户

创建用户一般使用 useradd 命令，当然也可以使用图形化界面来创建用户，一般不建议这样做。useradd 命令附带了很多可选参数，如表 2.5 所示。

表 2.5　useradd 命令可选参数

参数	说明
-u	指定 UID
-d	指定家目录位置
-e	指定账户失效时间，YYYY-MM-DD 或天数
-g	指定基本组名称或 GID
-G	指定附加组
-M	不创建宿主目录
-s	指定用户的登录 shell，/bin/bash 可登录，/sbin/nologin 不可登录

根据制定的权限表，需要创建如下用户：

```
[root@localhost ~]# useradd chujikaifa # 创建初级开发用户
[root@localhost ~]# useradd gaojikaifa # 创建高级开发用户
[root@localhost ~]# useradd kaifajingli # 创建开发部经理用户
[root@localhost ~]# useradd chujiyunwei # 创建初级运维用户
[root@localhost ~]# useradd gaojiyunwei # 创建高级运维用户
[root@localhost ~]# useradd yunweijingli # 创建运维部经理用户
```

2. 用户账号的初始化配置文件

在创建用户的时候，系统会自动创建一些初始化配置文件。这里的模板文件来源/etc/skel以刚刚创建的初级运维用户为例：

```
[root@localhost ~]# ls -a /home/chujiyunwei/ # 查看用户家目录中所有文件
. .. .bash_logout .bash_profile .bashrc
```

.bash_logout：每次退出登录时执行

.bash_profile：用户每次登录时被执行

.bashrc：每次加载/bin/bash 时执行，包括登录系统这些配置文件可以执行一些自动运行的后台管理任务，比如：

```
[root@localhost ~]# vi /home/chujiyunwei/.bash_logout  # 使用 vi 编辑器打开文件
# ~/.bash_logout
history -c   # 每次退出登录时清空历史记录
```

3. 管理用户密码

passwd 命令用于管理用户的密码和状态，其命令可选参数如表 2.6 所示。

表 2.6 passwd 命令可选参数

参 数	说 明
d	清空账号密码
-l	锁定账号
-S	查看账号状态
-u	解锁账号

修改或设置权限表中的初级开发用户密码如下：

```
[root@localhost ~]# passwd chujikaifa
Changing password for user chujikaifa.
New password:
BAD PASSWORD: The password is a palindrome
Retype new password:
passwd: all authentication tokens updated successfully.
```

其他 5 个用户密码的设置同上。

4. 修改用户账号属性

usermod 命令用于修改用户账号属性，其命令可选参数如表 2.7 所示。

表 2.7 usermod 命令可选参数

参 数	说 明
-u	修改用户 UID
-d	修改家目录位置
-e	修改账号失效时间
-s	指定用户的登录 shell
-S	显示用户密码信息
-l	更改用户登录名称
-L	锁定账号
-U	解锁账号
-g	修改用户的基本组（GID）
-G	修改用户的附加组（GID）

修改用户账号的属性如下：

```
[root@localhost ~]#mkdir /chujikaifa
```

```
[root@localhost ~]# usermod -d /chujikaifa/ chujikaifa #修改用户家目录位置
[root@localhost ~]#tail -6 /etc/passwd #查看用户配置文件末尾 6 行
chujikaifa:x:1000:1000::/chujikaifa/:/bin/bash
gaojikaifa:x:1001:1001::/home/gaojikaifa:/bin/bash
kaifajingli:x:1002:1002::/home/kaifajingli:/bin/bash
chujiyunwei:x:1003:1003::/home/chujiyunwei:/bin/bash
gaojiyunwei:x:1004:1004::/home/gaojiyunwei:/bin/bash
yunweijingli:x:1005:1005::/home/yunweijingli:/bin/bash
[root@localhost ~]# usermod -L chujikaifa #锁定用户账号 chujikaifa
[root@localhost ~]# passwd -S chujikaifa #显示用户账号 chujikaifa 的密码
Chujikaifa LK 2019-08-20 0 99999 7 -1 (Password locked.)
[root@localhost ~]# usermod -U chujikaifa #解锁用户账号
[root@localhost ~]# passwd -S chujikaifa
chujikaifa PS 2019-08-20 0 99999 7 -1 (Password set, SHA512 crypt.)
```

5. 删除用户账号

userdel 命令用于删除用户账号，可选参数-r 用来删除家目录，如下所示：

```
[root@localhost ~]# userdel -r chujikaifa #删除用户，用户家目录一并删除
[root@localhost ~]# ls /chujikaifa
ls: cannot access /chujikaifa: No such file or directory
```

重新建立用户 chujikaifa，如下所示：

```
[root@localhost ~]# useradd chujikaifa
[root@localhost ~]# tail -6 /etc/passwd
gaojikaifa:x:1001:1001::/home/gaojikaifa:/bin/bash
kaifajingli:x:1002:1002::/home/kaifajingli:/bin/bash
chujiyunwei:x:1003:1003::/home/chujiyunwei:/bin/bash
gaojiyunwei:x:1004:1004::/home/gaojiyunwei:/bin/bash
yunweijingli:x:1005:1005::/home/yunweijingli:/bin/bash
chujikaifa:x:1006:1006::/home/chujikaifa:/bin/bash
```

6. 通过 sudo 以 root 身份执行命令

用户根据/etc/sudoers 配置文件中的设置来执行 sudo 命令，非 root 用户执行 sudo 命令时还需要输入密码（并非 root 用户密码）。通用 sudo 执行的所有命令会被记录到/var/log/secure 日志文件中，在 CentOS 8 中 wheel 组的所有成员都可以使用 sudo 命令，在 CentOS 6 或更早的版本中，wheel 组成员在默认情况下是没有执行 sudo 命令的权限的。通过 sudo 以 root 身份执行命令如下：

```
[root@localhost ~]# gpasswd -a chujikaifa wheel #将用户 chujikaifa 加到管理组 wheel 中
[root@localhost ~]# su chujikaifa #切换到用户 chujikaifa 终端视图中
[zhangsan@localhost ~]# sudo uname -a #用户 chujikaifa 执行 sudo 权限
Password:
 Linux server2.gdopo.com 3.10.0-1062.1.2.el7.x86_64 #1 SMP Mon Sep 30 14:19:46 UTC 2019 x86_64 x86_64 x86_64 GNU/Linux
```

7. 添加用户组

groupadd 命令用于创建用户组，其只有一个可选参数 -g 用来指定 GID，注意 GID（用户组标识号）属性与 UID 类似，执行命令如下：

```
[root@localhost ~]# groupadd -g 1007 kaifa_group  #建立 ID 为 1007 的用户组 kaifa_group
[root@localhost ~]# groupadd -g 1008 yunwei_group

[root@localhost ~]# tail -2 /etc/group
kaifa_group:x:1007:
kaifa_group:x:1008:
```

8. 修改用户组

gpasswd 命令用于添加组成员，其命令可选参数如表 2.8 所示。

表 2.8　gpasswd 命令可选参数

参　数	说　　明
-a	添加组成员
-d	删除组成员
-M	指定组成员，多个组成员以 "," 分隔，会覆盖原有的

具体操作如下：

```
[root@localhost ~]# gpasswd -a chujikaifa kaifa_group  #在用户组中添加用户
Adding user chujikaifa to group kaifa_group
[root@localhost ~]# gpasswd -a gaojikaifa kaifa_group
Adding user gaojikaifa to group kaifa_group
[root@localhost ~]# gpasswd -a kaifajingli kaifa_group
Adding user kaifajingli to group kaifa_group
[root@localhost ~]# gpasswd -a chujiyunwei yunwei_group
Adding user chujiyunwei to group yunwei_group
[root@localhost ~]# gpasswd -a gaojiyunwei yunwei_group
Adding user gaojiyunwei to group yunwei_group
[root@localhost ~]# gpasswd -a yunweijingli yunwei_group
Adding user yunweijingli to group yunwei_group
[root@localhost ~]# groups yunwei_group
yunwei_group : yunweijingli gaojiyunwei chujiyunwei
[root@localhost ~]# groups kaifa_group
kaifa_group : kaifajingli chujikaifa gaojikaifa
# 查看执行结果
[root@localhost ~]# grep "^kaifa_group" /etc/group  #查看组配置文件中组成员变化
kaifa_group:x:1007:chujikaifa,gaojikaifa,kaifajingli
[root@localhost ~]# grep "^yunwei_group" /etc/group
yunwei_group:x:1008: chujiyunwei,gaojiyunwei,yunweijingli
# 使用参数指定组成员，会覆盖原有的组成员
[root@localhost ~]# gpasswd -M yunweijingli,chujikaifa,gaojikaifa kaifa_group
```

#重新覆盖
```
[root@localhost ~]# grep "^kaifa_group" /etc/group
kaifa_group:x:1007:yunweijingli,chujikaifa,gaojikaifa
[root@localhost ~]# gpasswd –M chujikaifa,gaojikaifa,kaifajingli kaifa_group
```
#恢复原状

9. 删除用户组

groupdel 命令用于删除用户组，其命令格式如下：

```
[root@localhost ~]# groupadd kaikai_group #建立用户组 kaikai_group
[root@localhost ~]# tail -1 /etc/group #组配置文件末尾显示成功增加了用户组
kaikai_group:x:1009:
[root@localhost ~]# groupdel kaikai_group #删除刚刚建立的用户组
[root@localhost ~]# tail -1 /etc/group #组配置文件末尾显示成功删除了用户组
yunwei_group:x:1008:chujiyunwei,gaojiyunwei,yunweijingli
```

2.3.2 文件系统权限的管理

1. 管理文件系统权限

1）查看文件系统权限

ls 命令可以查看文件的权限和所有者，其命令格式如下：

```
[root@localhost ~]# ls -l /bin/passwd
-rwsr-xr-x. 1 root root 27856 8月   9 2019 /bin/passwd
```

可以看到系统返回一个 7 个字段的列表，其中：

第 1 个字段(-rwsr-xr-x.)：文件属性。第 1 个字符"-"表示普通文件，第 2～4 个字符"rws"表示文件所有者的权限，第 5～7 个字符"r-x"表示文件所有者同组其他成员的权限，第 8～10 个字符"r-x"表示其他组成员的权限，第 11 个字符"."与 SELinux 相关。

第 2 个字段：链接占用节点数。

第 3 个字段：文件所有者。

第 4 个字段：文件所有者所在组。

第 5 个字段：文件占用的磁盘空间（单位：字节）。

第 6 个字段：文件（目录）最近被访问（修改）的时间。

第 7 个字段：文件（目录）名称。

2）修改文件系统权限

chmod 命令用于设置文件、目录的基本权限，其命令格式如下：

```
chmod [ugoa] [+-=] [rwx] [nnn]文件或目录
```

chmod 命令格式如表 2.9 所示。

表 2.9 chmod 命令格式

格　式	描　述
ugoa	u 宿主，g 属组，o 其他用户，a 所有用户

（续表）

格式	描述
+-=	+增加权限，-减少权限，=设置对应的权限
rwx	r读，w写，x执行
nnn	宿主：4，属组：2，其他用户：1

具体操作如下所示：

```
[root@localhost ~]# touch test.txt #建立空文件test.txt
[root@localhost ~]# ls -l test.txt #查看文件test.txt的文件属性
-rw-r--r--. 1 root root 0 2月19 04:41 test.txt
[root@localhost ~]# chmod g+w,o+w test.txt #增加属组和其他用户对文件写的权限
[root@localhost ~]# ls -l test.txt
-rw-rw-rw-. 1 root root 0 2月19 04:41 test.txtt
[root@localhost ~]# chmod 644 test.txt #设置文件的访问权限为644，即rw-r--r--
[root@localhost ~]# ls -l test.txt
-rw-r--r--. 1 root root 0 2月 19 04:41 test.txt
```

3）设置文件、目录的所有者、所属组

chown命令用于设置文件、目录的归属，其命令格式如下：

```
chown [选项] [属主][:[属组]] [-R]文件或目录
```

具体操作如下所示：

```
[root@localhost ~]# mkdir /opt/test/
[root@localhost ~]# ls -l /opt
drwxr-xr-x. 2 root root 6 2月19 04:50 test
[root@localhost ~]# chown chujiyunwei /opt/test #修改目录的属主为用户chujiyunwei
[root@localhost ~]# ls -l /opt
drwxr-xr-x. 2 chujiyunwei root 6 2月19 04:50 test
```

2. 特殊权限

1）特殊权限

附加在所属组的x位上，所属组的权限标识会变成s，其命令格式如下：

```
[root@localhost ~]# ls -l test.txt
-rw-r--r--. 1 root root 0 2月19 04:41 test.txt
[root@localhost ~]# chmod u+s test.txt #在文件属主权限中添加特殊权限s
[root@localhost ~]# ls -l test.txt
-rwSr--r--. 1 root root 0 2月 19 04:41 test.txt
[root@localhost ~]# chmod g+s test.txt #在文件属组权限中添加特殊权限s
[root@localhost ~]# ls -l test.txt
-rwSr-Sr--. 1 root root 0 2月 19 04:41 test.txt
```

2）ACL访问控制列表

ACL访问控制列表能够对个别用户和个别组设置独立权限，使用setfacl命令。其中

getfacl 命令为查看相关 ACL 访问策略的权限，如图 2.1 所示。通过 setfacl 命令设置用户对文档的访问权限，其命令格式如下：

```
setfacl -m u:用户名:权限类型 文档
[root@localhost ~]# getfacl test.txt #查看文档test.txt的访问控制列表
# file: test.txt
# owner: root
# group: root
# flags: ss-
user::rw-
group::r--
other::r--

[root@localhost ~]# setfacl -m u:chujikaifa:rw- test.txt #修改文档test.txt的访问控制列表
[root@localhost ~]# getfacl test.txt #列表中用户chujikaifa对文件test.txt具备读写的权限
# file: test.txt
# owner: root
# group: root
# flags: ss-
user::rw-
user:chujikaifa:rw-
group::r--
mask::rw-
other::r--
```

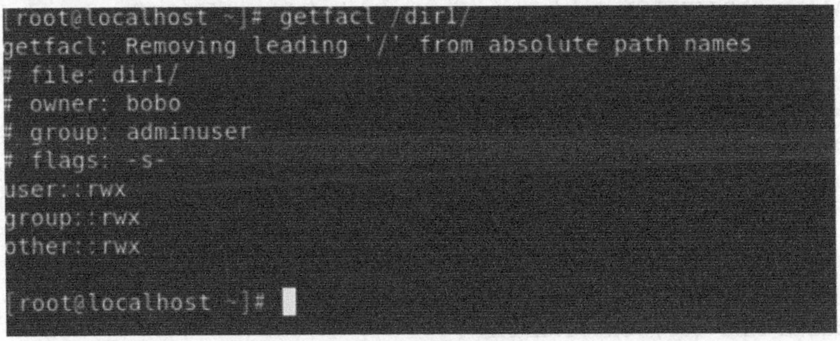

```
[root@localhost ~]# getfacl /dir1/
getfacl: Removing leading '/' from absolute path names
# file: dir1/
# owner: bobo
# group: adminuser
# flags: -s-
user::rwx
group::rwx
other::rwx

[root@localhost ~]#
```

图 2.1　getfacl 命令

2.3.3　利用 sudo 控制用户权限

1. 细化用户权限

根据公司制定的权限分配表，现需要将权限设置细化到每条命令，如表 2.10 所示。

表 2.10　细化权限分配表

级　　别	对应用户名	权限描述	权　　限
初级开发	chujikaifa	对应服务日志查看权限	/usr/bin/tail /app/log*,/bin/grep /app/log*,/bin/cat,/bin/ls

(续表)

级别	对应用户名	权限描述	权限
高级开发	gaojikaifa	普通用户权限	/sbin/service,/sbin/chkconfig,/bin/tail /app/log*,/bin/grep /app/log*,/bin/cat,/bin/ls
开发部经理	kaifajingli	超级管理员权限	ALL
初级运维	chujiyunwei	查看系统状态、查看网络状态	/usr/bin/free, /usr/bin/iostat,/usr/bin/top, /bin/hostname,/sbin/ifconfig, /bin/netstat, /sbin/route
高级运维	gaojiyunwei	系统管理、网络管理、存储管理、进程管理、软件管理等	/usr/bin/free,/usr/bin/iostat,/usr/bin/top,/bin/hostname,/sbin/ifconfig,/bin/netstat,/sbin/route,/sbin/iptables,/etc/init.d/network,/bin/nice,/bin/kill,/usr/bin/killall,/bin/rpm,/usr/bin/yum,/sbin/fdisk,/sbin/sfdiak,/sbin/parted,/sbin/partprobe,/bin/mount,/bin/umount
运维部经理	yunweijingli	超级管理员权限	ALL

2. 配置/etc/sudoers 文件

一般情况下，用户的 sudo 权限均在/etc/sudoers 配置文件中定义，现需要根据公司制定的权限分配表来进行用户权限控制。通常使用 visudo 来编辑/etc/sudoers 文件，在编辑之前请确保拥有超级管理员 root 用户的权限。编辑/etc/sudoers 配置文件，添加以下内容（注意：定义别名一定要大写）：

```
[root@localhost ~]# gpasswd -d chujikaifa wheel #将用户 chujikaifa 从管理组 wheel 中删除
[root@localhost ~]# visudo
Cmnd_Alias CHUJIKAIFA=/usr/bin/tail /app/log*, /bin/grep /app/log*, /bin/cat, /bin/ls
Cmnd_Alias GAOJIKAIFA=/sbin/service, /sbin/chkconfig, /bin/tail /app/log*, /bin/grep /app/log*, /bin/cat, /bin/ls
Cmnd_Alias CHUJIYUNWEI=/usr/bin/free, /usr/bin/iostat, /usr/bin/top, /bin/hostname, /sbin/ifconfig, /bin/netstat, /sbin/route
Cmnd_Alias GAOJIYUNWEI=/usr/bin/free, /usr/bin/iostat, /usr/bin/top, /bin/hostname, /sbin/ifconfig, /bin/netstat, /sbin/route, /sbin/iptables, /etc/init.d/network, /bin/nice, /bin/kill, /usr/bin/killall, /bin/rpm, /usr/bin/yum, /sbin/fdisk, /sbin/sfdiak, /sbin/parted, /sbin/partprobe, /bin/mount, /bin/umount
Runas_Alias OP=root
chujikaifa ALL=(OP) CHUJIKAIFA
gaojikaifa ALL=(OP) GAOJIKAIFA
chujiyunwei ALL=(OP) CHUJIYUNWEI
gaojiyunwei ALL=(OP) GAOJIYUNWEI
```

保存并退出，验证配置如下：

```
[root@localhost ~]# su - chujikaifa
[chujikaifa@localhost ~]$ sudo hostname
[sudo] password for chujikaifa:
Sorry, user chujikaifa is not allowed to execute '/bin/hostname' as root on localhost.
[chujikaifa@localhost root]$ exit
[root@localhost ~]# su gaojiyunwei
```

```
[gaojiyunwei@localhost root]$ sudo hostname
[sudo] password for gaojiyunwei:
Localhost.localdomain
```

可以看到 chujikaifa 用户无权限执行 hostname 命令,而 gaojiyunwei 用户可以执行 hostname 命令。至此用户权限配置完毕。

2.4 项目小结

为了更好地保护公司的信息，需要在系统上设置不同的用户权限，便于不同部门、不同级别的人员使用。公司需要根据员工的具体职能来分级，如开发、运维、数据库管理员等用户，分层次设置权限，将 Linux 服务器权限最小化，这样可以提高运维效率，减少误操作，降低运维成本。反之如果权限没有设置好，就很容易造成信息安全事故。

2.5 课后习题

1．文件系统有哪三种权限？

2．当 chujikaifa 用户对目录/app 无写权限时，对只读文件 script.txt 是否可以进行修改和删除？

3．添加组账号 test1_group、test2_group、test3_group，GID 号分别设置为 2001、2002、2003。

4．查看 chujikaifa 用户属于哪个组，并查看其详细信息。

第 3 章　Linux 文件系统及磁盘管理

扫一扫
获取微课

在对 Linux 有了一些了解之后，有必要学习 Linux 的目录和文件系统结构，且能够对文件系统中的目录、文件、磁盘进行相应的管理，本章从简单的项目和基本的命令出发讲解如何管理文件系统和磁盘。

3.1　项目背景分析

小张是 A 公司的 Linux 运维人员，早上来到公司后拿到公司分配的一块 60GB 的硬盘，要求小张将这个硬盘装到服务器上，并建立一个 30GB 的分区用来备份原服务器的数据，此外，公司经理还希望小张整理一下数据，具体要求如下：

（1）查找文件名开头为 sysctl 的文件，并将其名字保存在/user01/sy 目录下的 sysctl.txt 文件中。

（2）将/root 目录下的文件信息保存在/user01/root 目录下的 root.txt 文件中。

（3）将/user01/sy 和/user01/root 一并压缩成 gong.bz2 方便传输。

小张第一步做了一个项目基本流程，如图 3.1 所示。

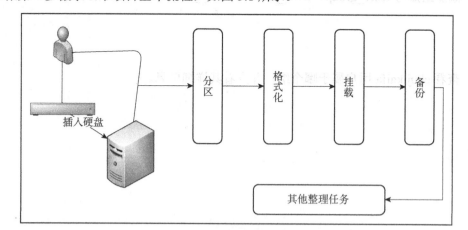

图 3.1　项目基本流程

3.2 项目相关知识

3.2.1 磁盘（硬盘）

磁盘是指利用磁记录技术存储数据的存储器。

磁盘是计算机中主要的存储介质，可以存储大量的二进制数据，并且断电后也能保持数据不丢失。

磁盘分为软盘和硬盘，二者的区别是软盘方便拆卸，但是存储空间不大，不过如今随着技术的发展，U 盘、移动硬盘等的出现，导致软盘使用越来越少，只有一些较老的设备才会用到。

与软盘相对应的是硬盘，如图 3.2 所示，硬盘不方便移动，一般都装在机箱里面，容量较大，能够存储的文件比较多。

图 3.2 硬盘

在购买与安装硬盘的过程中需要注意的一些参数——硬盘的接口和尺寸，这决定着所购买的硬盘是否与计算机匹配。

硬盘常见的接口种类如下。

IDE：电子集成驱动器，其拥有价格低、兼容性强、安装方便等特点，这是其他类型的硬盘无法替代的。

SCSI：小型计算机系统接口，SCSI 一般适用于小型机，具有应用范围广、多任务、带宽大、CPU 占用率低，以及热插拔等优点，可惜价格相对较高，随着技术的发展应用率也逐渐提高。

SATA：具备纠错能力，能大幅度提高数据可用性，因此主要应用于 PC 端。

3.2.2 Linux 的基本操作

1. 查看及切换目录

（1）使用 pwd 命令查看当前所在目录。

这是 Linux 中一个简单而又实用的命令，效果是显示当前所在的目录，命令如下：

```
[root@user01 /]#useradd user01
[root@user01 /]cd /home/user01
[root@user01 user01]#pwd
/home/user01
```

（2）使用 cd 命令切换目录。

cd 命令用于切换目录。使用方法为"cd+路径"，因此我们需要先了解路径的写法——绝对路径和相对路径。

绝对路径是指从根目录开始到文件所在位置的整个路径。

例如，network-scripts 文件夹位于根目录下 etc 文件夹中的 sysconfig 文件夹，将目录切换到 network-scripts 文件夹中，命令如下：

```
[root@user01 ~ ]#cd /etc/sysconfig/network-scripts
[root@user01 network-scripts]#pwd
/etc/sysconfig/network-scripts
```

相对路径是指从当前所在目录到文件所在位置的路径，通常用"./"表示当前所在目录，用"../"表示上一级目录。

例如，在 network-scripts 文件夹中，将目录切换到上一级目录中的 console 文件夹中，命令如下：

```
[root@user01 network-scripts]# cd ../console
[root@user01 console]#pwd
/etc/sysconfig/console
```

这两种路径的方法没有优劣之分，如果切换到的目录位于当前所在的目录下，使用相对路径会比较方便，但如果位于不同的目录下，使用相对路径可能需要写多次../，不仅烦琐，还容易导致判断失误，这时使用绝对路径更加适合，灵活使用这两种方法可以让工作更便利。

（3）使用 ls 命令查看目录内的文件信息。

ls 命令用于查看目录内的文件信息，通常使用"ls+路径"的格式，如果命令后面没有跟路径，则默认查看当前目录下的文件信息。

例如，查看/etc/yum 文件夹里的文件，命令如下：

```
[root@user01 /]#ls /etc/yum
pluginconf.d   protected.d   vars
```

除了直接使用，通过在命令后面添加字符，可进行不同类型的查询，常用命令格式如下：

```
--help：帮助（查看 ls 命令可使用的参数等）
-a：显示隐藏文件（ls 命令查看会默认忽视开头为.的文件）
-l：查看文件的详细内容
-t：将文件依据建立时间的先后次序列出
-d：只显示当前文件夹
-R：若目录下有文件，则目录下的文件也依序列出
命令可以叠加使用，如 -at 表示显示隐藏文件的同时并且依据建立时间的先后次序列出
```

例如，查看/etc/sysconfig/network-scripts 文件夹中的文件的详细参数，命令如下：

```
[root@user01 /]#ls -l /etc/sysconfig/network-scripts
总用量 4
-rw-r--r--. 1 root root 279 11月 10 15:08 ifcfg-ens33
#此处输出结果与计算机的网卡有关，输出结果不一定相同
```

在上面的输出结果中，前 11 个字符可看作一个整体，其中第一个字符表示文件类型，常见的有：普通文件(-)、目录文件(d)、设备文件(b)、管道文件(p)、链接文件(l)等。而后面每三个字符为一组，分别表示读、写和执行的权限。这样的组一共有三组，分别对应文件所有者、加入此用户组的账号、其他账号。至于最后一个字符"."是启动了 SELinux 新建文件后才会有的，如果是"+"则表示使用了 ACL。

后面参数分别表示：与该文件连接的文件数量、该文件的所有者、该文件的所属组、该文件所占空间大小、文件的新建时间和文件名字。

2. 目录及文件的增删查改

（1）使用 mkdir 命令新建目录，其命令格式如下：

```
mkdir [文件名/路径]
```

例如，在根目录中新建一个名字为 a 的子目录，命令如下：

```
[root@user01 /]#mkdir a
[root@user01 /]#ls
a    boot  etc   lib    media  opt   root  sbin  sys  usr
bin  dev   home  lib64  mnt    proc  run   srv   tmp  var
[root@user01 /]ls -ld a
drwxr-xr-x. 2 root ab 6 11月 11 13:36 a
```

然而 mkdir 命令无法在不存在的文件夹中新建文件夹，想要同时添加多级目录，需要在 mkdir 命令后面添加 –p 参数。

例如，添加 b/c/d/f 多级目录，命令如下：

```
[root@user01 /]#mkdir -p /b/c/d/f
[root@user01 /]#ls
a  bin   dev  home   lib64  mnt    proc  run   srv   tmp  var
b  boot  etc  lib    media  opt    root  sbin  sys   usr
[root@user01 /]#ls -R b
b:
c
b/c:
d
b/c/d:
f
b/c/d/f:
```

（2）使用 touch 命令新建文件，其命令格式如下：

```
touch [文件名/路径]
```

例如，在根目录中新建一个名字为 new 的文件，命令如下：

```
[root@user01 /]#touch new
[root@user01 /]#ls
a  bin   dev  home  lib64  mnt   opt   root  sbin  sys  usr
b  boot  etc  lib   media  new   proc  run   srv   tmp  var
```

（3）使用 cp 命令复制文件或目录，其命令格式如下：

```
cp [准备复制的文件] [复制目的的路径]
```

如复制对象是目录，则需要在 cp 命令后面加-r 参数。后面的 mv、rm 命令也是一样的。
例如，将根目录中的 new 文件和目录 b 复制到/a 中，命令如下：

```
[root@user01 /]#cp new /a
[root@user01 /]#ls /a
new
[root@user01 /]#cp -r b /a
[root@user01 /]#ls /a
new b
```

(4) 使用 mv 命令移动文件或修改文件名,其命令格式如下:

```
mv [要移动的文件] [移动到目的地的目录]
mv [要修改名字的文件] [修改后的名字]
```

例如,将根目录中的 new 文件移动到目录 b 中并且改名为 new2,命令如下:

```
[root@user01 /]#cp new /b
[root@user01 /]#ls
a  bin   dev   home  lib64  mnt    proc  run  srv  tmp  var
b  boot  dasd  etc   lib    media  opt   root sbin sys  usr
[root@user01 /]#ls /b
c  new
[root@user01 /]#mv /b/new /b/new2
[root@user01 /]#ls /b
c  new2
```

(5) 使用 rm 命令删除文件,其命令格式如下:

```
rm [文件名/路径]
```

例如,删除文件夹/a 及里面的全部内容,命令如下:

```
[root@user01 /]#rm -r /a
rm: 是否进入目录'a'? y
rm: 是否删除普通空文件 'a/a'? y
rm: 是否进入目录'a/b'? y
rm: 是否进入目录'a/b/c'? y
rm: 是否进入目录'a/b/c/d'? y
rm: 是否删除目录 'a/b/c/d/f'? y
rm: 是否删除目录 'a/b/c/d'? y
rm: 是否删除目录 'a/b/c'? y
rm: 是否删除目录 'a/b'? y
rm: 是否删除目录 'a'? y
[root@user01 /]#ls
b    boot  dasd  etc   lib    media  opt   root sbin sys  usr
bin  c     dev   home  lib64  mnt    proc  run  srv  tmp  var
```

如果删除的文件夹中有许多子文件夹,简单的确认步骤也会显得相当烦琐,而-f 参数会让删除时不产生提示,直接删除,因此使用的时候需要谨慎。

(6) 查看文件内容。

Linux 中有很多命令可以查看文件内容,可以在不同情况下按需求使用,其命令格式如下:

```
cat [文件名]
```

这是一条 Linux 中的常用命令,可用于快速展开文件内容,缺点是当文件内容十分多时会导致阅读困难,对此可以在后面添加 -n 参数显示行数来减少阅读困难。

例如,使用 cat 命令查看/etc/yum.conf,并显示行数,命令如下:

```
[root@user01 /]#cat -n /etc/yum.conf
```

```
1  [main]
2  gpgcheck=1
3  installonly_limit=3
4  clean_requirements_on_remove=True
5  best=True
```

如果只需浏览文件的开头，使用 head 命令更为合适，其命令格式如下：

```
head [-行数] [文件名]
```

例如，使用 head 命令查看/etc/passwd 文件开头 5 行内容，命令如下：

```
[root@user01 /]#head -5 /etc/passwd
root:x:0:0:root:/root:/bin/bash
bin:x:1:1:bin:/bin:/sbin/nologin
daemon:x:2:2:daemon:/sbin:/sbin/nologin
adm:x:3:4:adm:/var/adm:/sbin/nologin
lp:x:4:7:lp:/var/spo
ol/lpd:/sbin/nologin
```

tail 命令则是浏览文件结尾，其命令格式如下：

```
tail [-行数] [文件名]
```

more 命令的定义为适合屏幕查看的文件阅读输出工具，与 cat 命令等相比较，more 命令可以通过设置参数，更灵活地查看文件，其命令格式如下：

```
more [文件名][-参数]
-数字  一次显示的行数
+数字  从指定行开始显示文件
-s     将多个空行压缩为一行
+/<字符串>  从匹配搜索字符串的位置开始显示文件
```

（7）编辑文件内容。

vi 和 vim 命令都可以编辑文件内容，其命令格式如下：

```
vi/vim [文件名]
```

进入编辑器后，按下键盘中的 i 键进入编辑模式，vim 是一个很强大的文本编辑器，在后续章节中会有详细的介绍。

（8）使用 find 命令查找文件。

find 命令用来在指定目录中查找文件，根据参数的不同，可以通过文件名、文件大小、文件所属用户、修改时间和文件类型等条件来搜寻。

find 的使用方法比较复杂，其命令格式如下：

```
find[查询范围][-选项][选项参数]
```

find 命令的选项并不少，这里介绍几种常用的选项。

-name：通过名字进行查找。

例如，查找当前目录中名字结尾为 c 的文件，命令如下：

```
[root@user01 /]#find . -name "*c"   //代码中的.表示当前目录，*表示任意
```

-user（group）：通过文件所有者（所属组）进行查找，也可配合-not 表示否定使用。

例如，在根目录中查找不属于 root 用户的文件，命令如下：

```
[root@user01 /]#find / -not -user root
```

-max（min）depth：最大（最小）级目录的搜索。

例如，在根目录及最多以下两级目录中，查找名字为 passwd 的文件，命令如下：

```
[root@user01 /]#find / -maxdepth 2 -name passwd
```

-size：根据文件大小来搜索。

例如，查询根目录中文件大小大于 100MB 的文件，命令如下：

```
[root@user01 /]#find / -size +100MB
```

-type：根据文件类型进行查询。
-perm：根据文件的权限进行查询。

除了常用的选项，掌握下面两种命令，可更灵活地使用 find 命令。

逻辑操作符：-a（与）、-o（或）、!（非），逻辑操作符可以将多个选项合并使用。

-exec：这个命令可以对 find 执行的结果进行操作，其命令格式如下：

```
-exec [执行的操作（其中的{}表示搜索结果）] \;
```

例如，在根目录中查找名字第一个字符为 c 最后一个字符为 b 的文件，并复制一份到/b 中，命令如下：

```
[root@user01 /]# find / -name "*b" -a -name "c*" -exec mv {} /b \;
```

（9）文件压缩及解压。

有时需要传输一些比较大的文件，为了节约资源和时间，压缩文件是常用的处理方法。因此，在网上下载的软件大都是压缩包，因此学会如何进行压缩和解压是一件必要的事情，下文将介绍三种常用的压缩方式，以及解压的方法。

其命令格式如下：

```
bzip2 [文件名]——将文件压缩为 bzip2 格式
bunzip2 [文件名]——解压 bzip2 的压缩包
```

常用参数如下：

-f：bzip2 在压缩或解压缩时，若输出文件与现有文件同名，预设不会覆盖现有文件。若要覆盖，请使用此参数

-t：测试.bz2 压缩文件的完整性

-k：bzip2 在压缩或解压缩后，会删除原始的文件。若要保留原始文件，请使用此参数

例如，新建一个文件 b，并将其压缩成 bzip2 格式，要求保留源文件，命令如下：

```
[root@user01 /]# touch b
[root@user01 /]# bzip2 -k b
[root@user01 /]# ls
b      bin   dasd  etc    lib    media  opt   root  sbin  sys   usr
b.bz2  boot  dev   home   lib64  mnt    proc  run   srv   tmp   var
```

bzip2 是一个基于 Burrows-Wheeler 变换的压缩工具，它具有特别强的压缩能力，能高效

完成数据压缩，但就压缩速度来说并不太理想。

其命令格式如下：

```
zip [-参数][压缩后文件名称][文件或目录]——将文件压缩为 zip 格式
unzip [文件名]——解压 zip 的压缩包
```

常用参数如下：

- -d：从压缩文件内删除指定的文件
- -j：只保存文件名称及其内容，而不存放任何目录名称
- -q：不显示指令执行过程
- -r：递归处理，将指定目录下的所有文件和子目录一并处理（如果压缩目录不使用这条命令会导致只有目录没有内容）

例如，新建目录/xin/a/b/c，并用 zip 命令压缩成 xin.zip，命令如下：

```
[root@user01 /]# mkdir -p /xin/a/b/c
[root@user01 /]# zip -qr xin xin.zip
[root@user01 /]#  ls
b bin   dasd  etc   lib    media  opt   root  sbin  sys   usr  xin  b.bz2
 boot   dev   home  lib64  mnt    proc  run   srv   tmp   var  xin.zip
```

tar 并不是一个压缩命令，而是一个归档命令，而归档也称为打包，指的是一个文件或目录的集合，而这个集合被存储在一个文件中。归档文件是没有经过压缩的，不过也可以添加参数，在归档的同时进行压缩。其命令格式如下：

```
tar [-参数]  [打包后文件名称]  [要打包的文件或目录]
```

常用参数如下：

- -A：追加 tar 文件至归档
- -c：创建一个新归档
- -d：找出归档和文件系统的差异或从归档(非磁带！)中删除
- -r：追加文件至归档结尾
- -t：列出归档内容
- -x：从归档中解出文件
- -f：指定备份文件
- -v：显示指令执行过程

压缩选项如下：

- -a：使用归档后缀名来决定压缩程序
- -j：通过 bzip2 过滤归档
- -z：通过 gzip 过滤归档
- -Z：通过 compress 过滤归档

在 tar 命令的使用过程中经常是多个参数配合使用，从而达到想要的效果。

例如，将 b.bz2 和 xin.zip 两个文件通过 gzip 归档为 yasuo.gz，命令如下：

```
[root@user01 /]# tar -czvf yasuo.gz xin.zip b.bz2
xin.zip
```

```
b.bz2
[root@user01 /]# ls
b        boot   etc    lib64   opt    run    sys    var     yasuo.gz
b.bz2    dasd   home   media   proc   sbin   tmp    xin
bin      dev    lib    mnt     root   srv    usr    xin.zip
```

（10）Linux 基本操作命令整理。

Linux 的操作命令虽然简单，但还是挺多的，学习相关命令有助于提高工作效率。

Linux 基本操作命令树状图如图 3.3 所示。

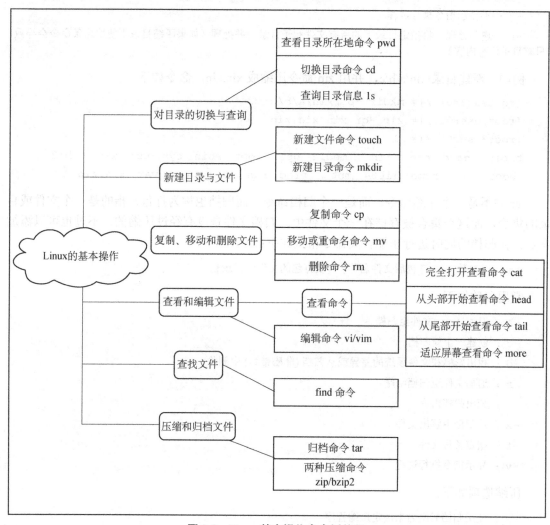

图 3.3　Linux 基本操作命令树状图

3.3 项目实施

磁盘及分区。

1. 添加磁盘

项目的第一步是将硬盘装入服务器，这里介绍如何在虚拟机中添加硬盘，在实际操作中要注意接口问题。

首先打开虚拟机设置窗口，如图 3.4 所示。

图 3.4 虚拟机设置窗口

虚拟机设置窗口左下角有一个"添加"按钮，单击进入添加硬件向导窗口，如图 3.5 所示，选择"硬盘"，然后单击"下一步"按钮。

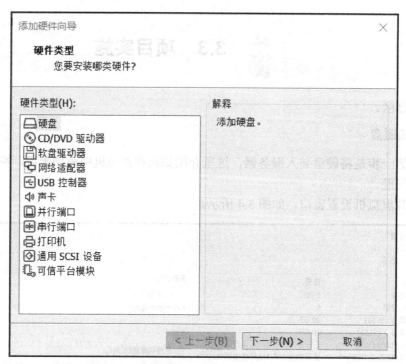

图 3.5 添加硬件向导

选择虚拟磁盘类型（推荐 SCSI），单击"下一步"按钮，如图 3.6 所示。

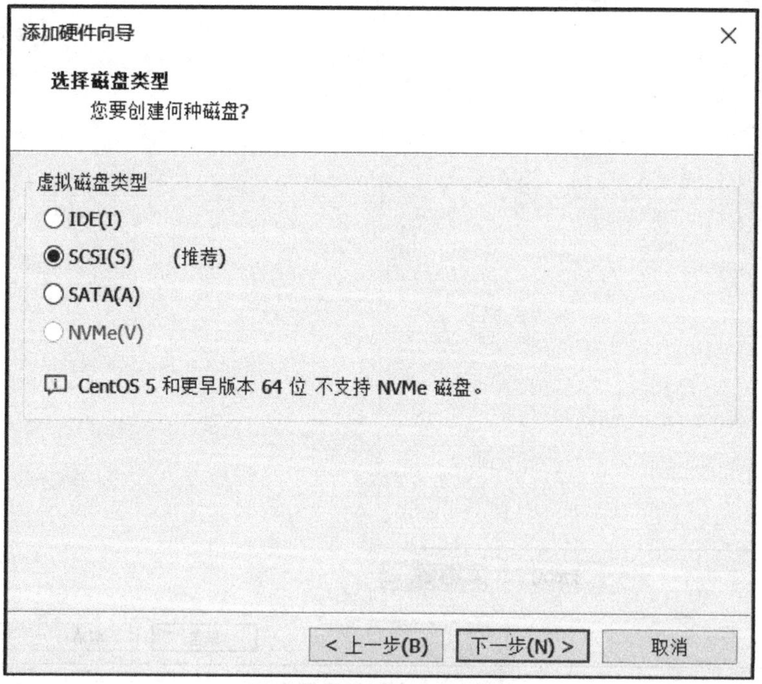

图 3.6 选择虚拟磁盘类型

选择创建新的虚拟磁盘，单击"下一步"按钮，如图 3.7 所示。

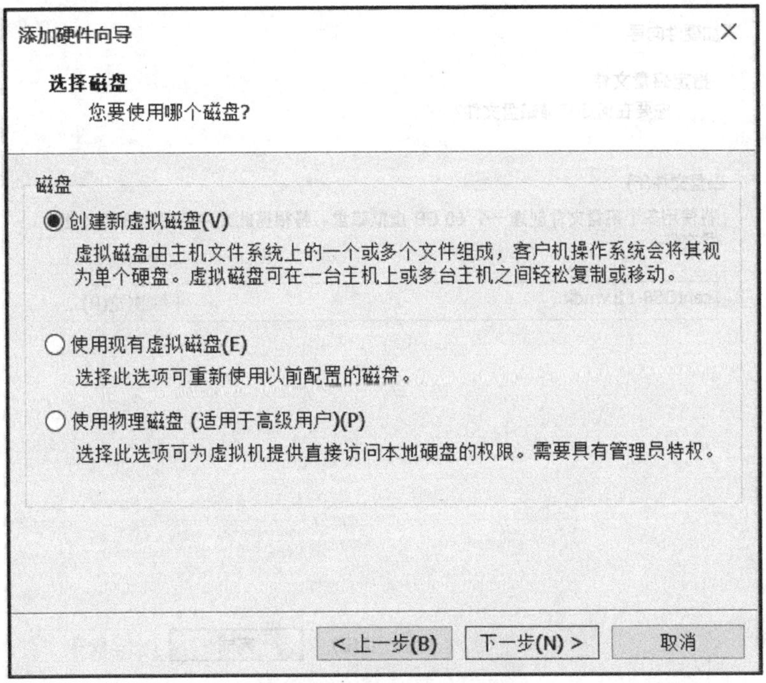

图 3.7 创建新的虚拟磁盘

设置磁盘大小为 60GB，单击"下一步"按钮，如图 3.8 所示。

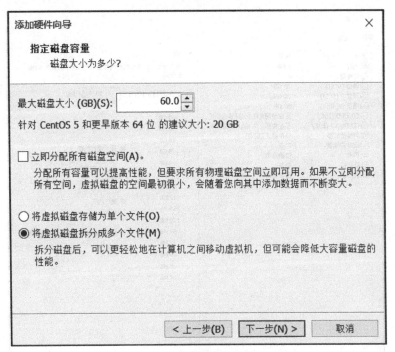

图 3.8 设置磁盘大小

设置磁盘名称，一般默认即可，单击"完成"按钮，如图 3.9 所示。

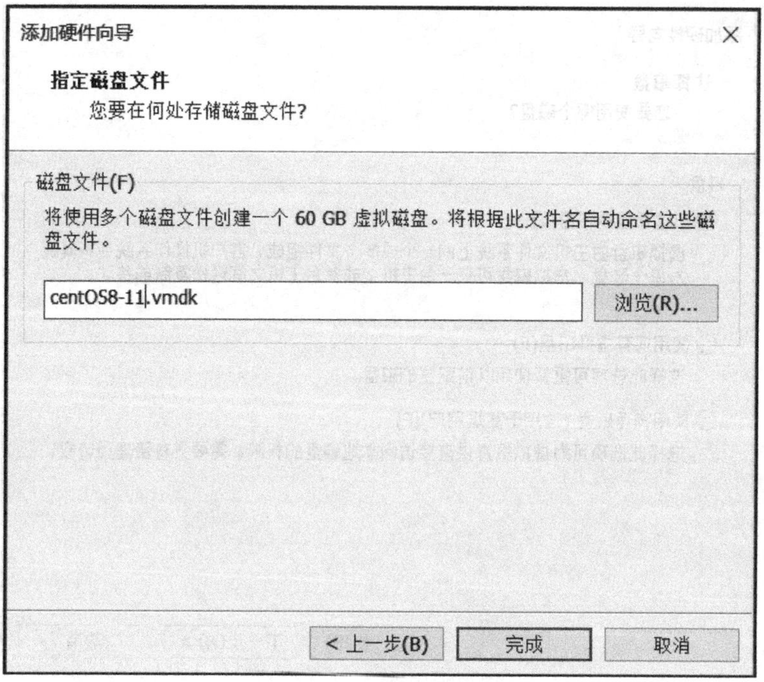

图 3.9 设置磁盘名称

完成新建操作后,可以在虚拟机设置窗口中看到多了一个 60GB 的硬盘,如图 3.10 所示。

图 3.10 添加成功效果图

2. 创建分区

在虚拟机设置窗口中添加磁盘后，磁盘并不能直接使用，还需要对磁盘进行分区。

分区指的是将原有的磁盘分成多个区域单独使用，分区有两个好处：一是如果其中个别分区出现问题，不需要将整个磁盘重置；二是能通过不同的格式化进行分区，有效提高磁盘利用率。

1）分区的划分标准和分区命令

硬盘分区有主分区、扩展分区和逻辑分区三种分区类型。在 Linux 的规定中，一个硬盘的主分区加扩展分区一共不能超过四个，其中扩展分区只能建立一个，因此主分区一般用于存放操作系统的启动或引导程序。而扩展分区是一种特殊的主分区，不能直接使用，一般都作为逻辑分区的载体。逻辑分区必须要建立在扩展分区中。逻辑分区没有数量限制，一般用来存储日常文件。

在 Linux 中有 fdisk 和 parted 两种分区命令，其中 fdisk 命令较为常用。

2）查看分区

在添加分区之前一般需要查看原本的分区情况。一是确认磁盘是否安装成功，二是为之后如何分配和调整分区提供思路。

查看分区的命令格式为：

```
fdisk -l [分区名（如果不填写视为显示所有分区）]
```

用 fdisk -l 命令查看分区情况，如图 3.11 所示。

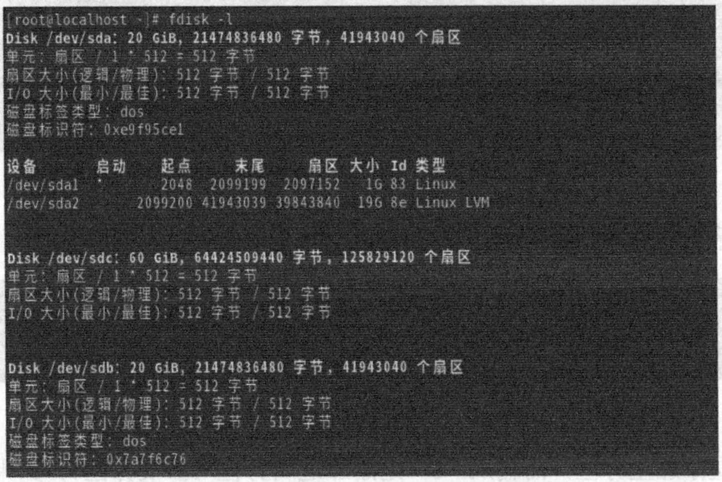
```
[root@localhost ~]# fdisk -l
Disk /dev/sda: 20 GiB, 21474836480 字节, 41943040 个扇区
单元：扇区 / 1 * 512 = 512 字节
扇区大小(逻辑/物理)：512 字节 / 512 字节
I/O 大小(最小/最佳)：512 字节 / 512 字节
磁盘标签类型：dos
磁盘标识符：0xe9f95ce1

设备        启动    起点      末尾      扇区 大小 Id 类型
/dev/sda1   *       2048   2099199   2097152   1G 83 Linux
/dev/sda2        2099200  41943039  39843840  19G 8e Linux LVM


Disk /dev/sdc: 60 GiB, 64424509440 字节, 125829120 个扇区
单元：扇区 / 1 * 512 = 512 字节
扇区大小(逻辑/物理)：512 字节 / 512 字节
I/O 大小(最小/最佳)：512 字节 / 512 字节


Disk /dev/sdb: 20 GiB, 21474836480 字节, 41943040 个扇区
单元：扇区 / 1 * 512 = 512 字节
扇区大小(逻辑/物理)：512 字节 / 512 字节
I/O 大小(最小/最佳)：512 字节 / 512 字节
磁盘标签类型：dos
磁盘标识符：0x7a7f6c76
```

图 3.11　用 fdisk -l 命令查看分区情况

由图 3.11 可以看出，这个系统里面有三个硬盘，分别为 sda、sdb 和 sdc，其中新加入的 sdc 没有进行分区，sda 分成了两个区，分别是存放系统的主分区 sda1 和逻辑分区 sda2，相加刚好等于整个 sda 的空间大小。

3）添加分区

了解分区情况后就可以开始分区了，下面对 sdc 进行分区。

其命令格式如下：

```
fdisk [磁盘名]进入该磁盘的 fdisk 命令模式
```

输入命令后会进入到 fdisk 命令模式，如图 3.12 所示。

```
[root@localhost ~]# fdisk /dev/sdc

更改将停留在内存中，直到您决定将更改写入磁盘。
使用写入命令前请三思。

设备不包含可识别的分区表。
创建了一个磁盘标识符为 0xdbea621d 的新 DOS 磁盘标签。

命令(输入 m 获取帮助):
```

图 3.12　fdisk 命令模式

若使用 fdisk 命令过程中记不清参数，则可以输入“m”获取帮助，如图 3.13 所示。

```
DOS (MBR)
  a   开关 可启动 标志
  b   编辑嵌套的 BSD 磁盘标签
  c   开关 dos 兼容性标志

常规
  d   删除分区
  F   列出未分区的空闲区
  l   列出已知分区类型
  n   添加新分区
  p   打印分区表
  t   更改分区类型
  v   检查分区表
  i   打印某个分区的相关信息

杂项
  m   打印此菜单
  u   更改 显示/记录 单位
  x   更多功能(仅限专业人员)

脚本
  I   从 sfdisk 脚本文件加载磁盘布局
  O   将磁盘布局转储为 sfdisk 脚本文件

保存并退出
  w   将分区表写入磁盘并退出
  q   退出而不保存更改
```

图 3.13　用命令“m”查看 fdisk 的使用帮助

由帮助表所示，输入“n”可以添加新分区，如图 3.14 所示。

```
命令(输入 m 获取帮助): n
分区类型
   p   主分区 (0个主分区, 0个扩展分区, 4空闲)
   e   扩展分区 (逻辑分区容器)
选择 (默认 p):
```

图 3.14　用命令“n”添加新分区

输入“p”是添加主分区，而输入“e”是添加逻辑分区（扩展分区），如果要建立主分区，会因数量的限制，难以满足挂载多个文件夹的需求。因此考虑建立扩展分区。但扩展分区只能建立一个，在不考虑为这个硬盘添加主分区的情况下，可将整个硬盘建立成一个扩展分区，值得注意的是，在添加过程中，若直接按回车键，则系统会自动选取默认值，如图 3.15 所示。

```
命令(输入 m 获取帮助): n
分区类型
   p   主分区 (0个主分区, 0个扩展分区, 4空闲)
   e   扩展分区 (逻辑分区容器)
选择 (默认 p): e
分区号 (1-4, 默认  1):
第一个扇区 (2048-125829119, 默认 2048):
上个扇区, +sectors 或 +size{K,M,G,T,P} (2048-125829119, 默认 125829119):

创建了一个新分区 1, 类型为 Extended", 大小为 60 GiB。
```

图 3.15　新建 60GB 扩展分区

再根据公司要求新建一个 30GB 的逻辑分区，如图 3.16 所示。

```
命令(输入 m 获取帮助): n
所有主分区的空间都在使用中。
添加逻辑分区 5
第一个扇区 (4096-125829119, 默认 4096):
上个扇区，+sectors 或 +size{K,M,G,T,P} (4096-125829119, 默认 125829119): +30G

创建了一个新分区 5，类型为“Linux”，大小为 30 GiB。
```

图 3.16　新建 30GB 逻辑分区

完成逻辑分区的建立后，还需要设置这个分区的属性，可以输入“l”显示分区类型，如图 3.17 所示。

```
 0  空               24  NEC DOS         81  Minix / 旧 Linu bf  Solaris
 1  FAT12           27  隐藏的 NTFS Win 82  Linux swap / So c1  DRDOS/sec (FAT-
 2  XENIX root      39  Plan 9          83  Linux           c4  DRDOS/sec (FAT-
 3  XENIX usr       3c  PartitionMagic  84  OS/2 隐藏 或 In c6  DRDOS/sec (FAT-
 4  FAT16 <32M      40  Venix 80286     85  Linux 扩展      c7  Syrinx
 5  扩展            41  PPC PReP Boot   86  NTFS 卷集       da  非文件系统数据
 6  FAT16           42  SFS             87  NTFS 卷集       db  CP/M / CTOS / .
 7  HPFS/NTFS/exFAT 4d  QNX4.x          88  Linux 纯文本    de  Dell 工具
 8  AIX             4e  QNX4.x 第2部分  8e  Linux LVM       df  BootIt
 9  AIX 可启动      4f  QNX4.x 第3部分  93  Amoeba          e1  DOS 访问
 a  OS/2 启动管理器 50  OnTrack DM      94  Amoeba BBT      e3  DOS R/O
 b  W95 FAT32       51  OnTrack DM6 Aux 9f  BSD/OS          e4  SpeedStor
 c  W95 FAT32 (LBA) 52  CP/M            a0  IBM Thinkpad 休 ea  Rufus 对齐
 e  W95 FAT16 (LBA) 53  OnTrack DM6 Aux a5  FreeBSD         eb  BeOS fs
 f  W95 扩展 (LBA)  54  OnTrackDM6      a6  OpenBSD         ee  GPT
10  OPUS            55  EZ-Drive        a7  NeXTSTEP        ef  EFI (FAT-12/16/
11  隐藏的 FAT12    56  Golden Bow      a8  Darwin UFS      f0  Linux/PA-RISC
12  Compaq 诊断     5c  Priam Edisk     a9  NetBSD          f1  SpeedStor
14  隐藏的 FAT16 <3 61  SpeedStor       ab  Darwin 启动     f4  SpeedStor
16  隐藏的 FAT16    63  GNU HURD 或 Sys af  HFS / HFS+      f2  DOS 次要
17  隐藏的 HPFS/NTF 64  Novell Netware  b7  BSDI fs         fb  VMware VMFS
18  AST 智能睡眠    65  Novell Netware  b8  BSDI swap       fc  VMware VMKCORE
1b  隐藏的 W95 FAT3 70  DiskSecure 多启 bb  Boot Wizard 隐  fd  Linux raid 自动
1c  隐藏的 W95 FAT3 75  PC/IX           bc  Acronis FAT32 L fe  LANstep
1e  隐藏的 W95 FAT1 80  旧 Minix        be  Solaris 启动    ff  BBT
```

图 3.17　显示分区类型

5 扩展 ：扩展分区的类型

82 Linux swap：即交换分区，也是一种文件系统，它的作用是作为 Linux 的虚拟内存

83 Linux：表示 Linux 下挂载的磁盘，类似 Windows 中的简单卷

8e Linux LVM ：虚拟逻辑卷分析，其中 LVM 的意思是逻辑卷管理，这种分区便于后期扩容，是一种比较常用的类型

输入“t”将之前新建的分区 5 类型修改为 8e，如图 3.18 所示。

```
命令(输入 m 获取帮助): t
分区号 (1,5, 默认 5): 5
Hex 代码(输入 L 列出所有代码): 8e

已将分区“Linux”的类型更改为“Linux LVM”。

命令(输入 m 获取帮助):
```

图 3.18　修改分区类型

完成工作后切记保存，重点强调输入“w”执行保存并退出操作，而输入“q”执行不保存操作。保存退出后，需要使用 partprobe 命令通知系统分区表的变化，使用 fdisk -l 命令即可看到新建的分区，如图 3.19 所示。

```
Disk /dev/sdc: 60 GiB, 64424509440 字节, 125829120 个扇区
单元：扇区 / 1 * 512 = 512 字节
扇区大小(逻辑/物理): 512 字节 / 512 字节
I/O 大小(最小/最佳): 512 字节 / 512 字节
磁盘标签类型: dos
磁盘标识符: 0x71b9173e

设备       启动    起点       末尾       扇区      大小  Id 类型
/dev/sdc1          2048   125829119  125827072  60G   5  扩展
/dev/sdc5          4096    62918655   62914560  30G   8e Linux LVM
```

图 3.19　使用 fdisk -l 查看新建分区

4）管理逻辑卷

上面建立的分区，都不能随意更改大小，有很多的不方便之处。LVM 是 Linux 中对磁盘分区进行管理的一种机制，是建立在硬盘和分区之上、文件系统之下的一个逻辑层，可提高磁盘分区管理的灵活性，对于要建立能进行扩展的逻辑卷要将分区类型设置为 8e（Linux LVM）。

物理卷（pv）：处于 lvm 最底层，可以是物理硬盘或分区
卷组（vg）：建立在 pv 之上，可以包含一个到多个 pv
逻辑卷（lv）：建立在 vg 之上，相当于原来分区的概念，大小可以动态改变

创建 30GB 的逻辑卷，命令如下：

```
[root@user01 /]#pvcreate  /dev/sdc5      //将分区转化为物理卷
Physical volume "/dev/sdc5" successfully created.
[root@localhost /]# pvdisplay            //查看已经建立的物理卷
[root@localhost /]#vgcreate vg2 /dev/sdc5 -s 8MB
Volume group "vg2" successfully created
#建立卷组，其中 vg2 为卷名 -s 设置卷组的最小存储单元（LE） 默认为 4MB
[root@localhost /]# vgdisplay           //查看已经建立的卷组
[root@localhost /]#lvcreate -l 100%VG -n lv2 vg2
Logical volume "lv2" created.
#建立占卷组 100%大小的逻辑卷 lv2
[root@localhost /]# lvdisplay           //查看已经建立的逻辑卷
```

建立逻辑卷的各项参数的命令格式如下：

```
-name [逻辑卷名]        //设置逻辑卷名
-L [文件大小]           //设置逻辑卷大小，如 800MB
-l [参数]               //另外一种根据卷组设置逻辑卷大小的方式，有下面几种情况
-l 50                   //新建一个有 50 个 LE 的逻辑卷
-l 50%VG                //新建一个有卷组 50%空间的逻辑卷
-l 80%FREE              //新建一个使用卷组 80%空余空间的逻辑卷
```

逻辑卷在使用一段时间后，可能存在空间不足需要扩展的情况，根据卷组的使用情况，有两种扩展方式。

在卷组空间充足的情况下可以直接扩展逻辑卷。

例如，如果上面新建的逻辑卷 lv2 只有 400MB，需要扩展为 20 个 LE 大小，命令如下：

```
[root@user01 /]#pvextend -l +20 /dev/vg2/lv2 //为 lv2 扩展 20 个 LE
Size of logical volume vg2/lv2 changed from 400.00 MiB (50 extents) to 560.00
```

```
MiB (70 extents).
    Logical volume vg2/lv2 successfully resized.
#上面例子使用了100%vg，没法直接扩展
```

如果卷组空间不足，则需要新建一个新的 8e 分区来扩展卷组，命令如下：

```
[root@user01 /]#pvcreate  /dev/sdc6   //将新分区转化为物理卷
Physical volume"/ dev/sdbc" successfully created
[root@user01 /]#vgextend vg2  /dev/sdc6  //扩展卷组
Volume group "vg2" successfully extended
```

3. 创建文件系统并挂载

分区建立完成后，使用这个分区还缺关键的两步，创建文件系统和将这个文件系统挂载到目录上。

1）新建文件系统

建立文件系统的过程，就是用相应格式化工具格式化分区的过程，一个分区只有确立了文件系统才能被使用。

对于 Linux 来说，它几乎支持目前所有主流的文件系统，如 NTFS（只读）、FAT（可读可写）、ext2、ext3、reiserfs、swap 等，需要谨慎考虑并使用合适的文件系统。

格式化常用的命令是 mkfs(make filesystem)，在输入 mkfs 后可以使用 Tab 键查看 mkfs 支持的文件类型，如图 3.20 所示。

图 3.20 mkfs 支持的文件类型

例如，将之前新建的/dev/vg2/lv2 逻辑卷用 ext4 格式化，新建文件系统，命令如下：

```
[root@user01 /]# mkfs.ext4 /dev/vg2/lv2
```

2）使用 blkid 命令查看 UUID

blkid 命令可以查看初始化过的文件信息，如图 3.21 所示。

图 3.21 使用 blkid 命令查看初始化过的文件信息

3）挂载文件系统

前面的步骤做完后，就可以挂载文件系统到目录上。挂载的情况可以根据时间分为两种——临时挂载和开机自动挂载，其中临时挂载一旦重启计算机，挂载也会随之重置，常用于 U 盘复制文件。而需要长期挂载的逻辑卷，需要设置开机自动挂载。

既然是挂载到目录上，那么下一步自然是新建一个目录，命令如下：

```
[root@user01 /]# mkdir -p /user01/beifen
```

使用 mount 命令进行临时挂载，其命令格式如下：

```
mount [准备挂载的分区] [被挂载的目录]
```

将/dev/vg2/lv2 逻辑卷临时挂载到 beifen 文件夹上，命令如下：

```
[root@user01 /]# mount /dev/vg2/lv2 /user01/beifen
```

配置开机自动挂载需要编辑/etc/fstab 文档的内容。使用 vim 或 vi 命令打开 fstab，可以看出，fstab 文件中已经挂载了一个 swap、一个 ext4 文件系统、一个 xfs 文件系统，共三个分区，如图 3.22 所示。

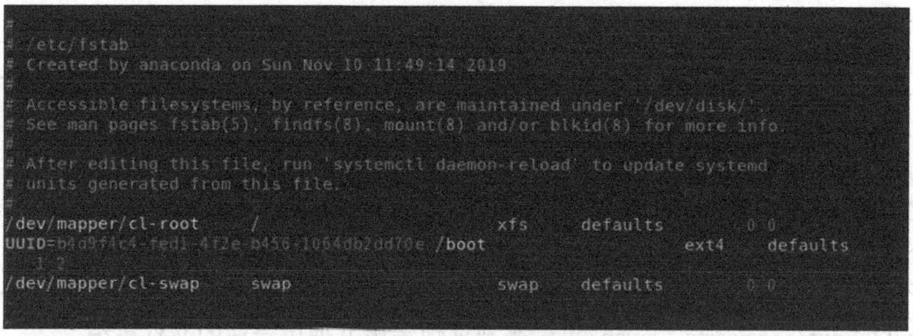

图 3.22 使用 vim 编辑器编辑 fstab 文件

按 i 键进入编辑模式，在结尾录入想要挂载的逻辑卷信息，录入的命令格式如下：

```
UUID（或分区名字）   挂载目录使用的文件系统   default 0 0
```

录入信息代码后的 fstab 文件如图 3.23 所示。

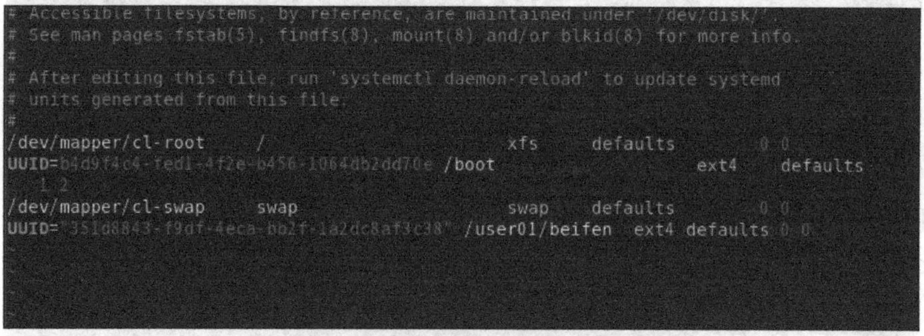

图 3.23 录入信息代码后的 fstab 文件

对/etc/fstab 文件编辑保存后，重启计算机或运行 mount -a 命令就可以成功挂载，但是为了防止配置文件中存在错误导致不能重启，建议重启前运行一次 mount -a 命令查看是否报错，若有报错，则需要回到 fstab 文件中检查错误。

4．查看磁盘使用情况

df 命令用于显示当前在 Linux 中的文件系统的磁盘使用情况统计，其命令格式如下：

```
df [-参数][文件或目录]
```

df 命令常用参数如下：

```
-a:包括伪文件系统、重复文件系统和不可访问文件系统
```

```
-h:使用人们常用的单位自行显示容量（1GB=1024MB）
-H:使用人们常用的单位自行显示容量（1GB=1000MB）
-I:列出 inode 信息，不列出已使用 block
-l:限制列出的文件结构
-P:使用 POSIX 输出格式
-T:显示文件系统的形式
```

其中 df -h 和 df -T 较为常用，使用 df -h 命令显示磁盘使用情况，如图 3.24 所示。

```
devtmpfs              384M     0  384M    0% /dev
tmpfs                 400M     0  400M    0% /dev/shm
tmpfs                 400M  6.7M  393M    2% /run
tmpfs                 400M     0  400M    0% /sys/fs/cgroup
/dev/mapper/cl-root    17G  4.7G   13G   28% /
/dev/sda1             976M  133M  777M   15% /boot
tmpfs                  80M   28K   80M    1% /run/user/42
tmpfs                  80M  3.5M   77M    5% /run/user/0
/dev/sr0              6.7G  6.7G     0  100% /run/media/root/CentOS-8-BaseOS-x86_64
/dev/sr1              6.7G  6.7G     0  100% /run/media/root/CentOS-8-BaseOS-x86_641
/dev/mapper/vg2-lv2 _  30G   45M   28G    1% /user01/beifen
```

图 3.24 使用 df -h 命令显示磁盘使用情况

5. 备份系统数据

根据要求我们还需要将系统数据进行一次备份，命令如下：

```
[root@user01 /]# tar  cvpzf  /user01/beifen/beifen1.gz  --exclude=/proc
--exclude=/lost+found  --exclude=/user01/beifen/beifen1.gz  --exclude=/mnt
--exclude=/sys /
```

因为这个服务器数据比较多，所以使用 gzip 这种压缩速度比较快的方式，可以节约时间，如果时间充足，建议使用 bzip2 进行压缩。

除了选择压缩方式，备份系统还需要考虑一些问题，如备份文件本身，/mnt 挂载目录等是不能同时备份的，不然会出现问题，这里可以使用-exclude 参数，可取消一些目录的备份。

6. 将输出结果录入文本

完成备份后，小张需要完成后续整理任务，比如：

查找文件名开头为 sysctl 的文件，并将其名字保存在/user01/sy 目录下的 sysctl.txt 文件中。

首先/user01/sy 目录原先是没有的，需要先创建，命令如下：

```
[root@user01 /]#mkdir -p /user01/sy
```

下一步可以使用重定向符号“>>”，将输出结果录入到文件中，命令如下：

```
[root@user01 /]#find / -name sysctl* >> /user01/sy/syctl.txt
```

3.4 项目小结

本章内容主要讲解 Linux 文件系统的基本操作，这是能否灵活使用 Linux 的基础。例如，灵活应用 find 命令等查找文件，同时打包压缩批量文件等，都可以显著地提高工作效率。大部分命令十分简短，但是数量有点多，要想熟练掌握需要课后频繁练习，除此之外，本章还从项目出发讲解 Linux 的磁盘管理，并在讲解过程中理解 Linux 的存储过程，为后期学习 Linux 其他内容打基础。

3.5 课后习题

1. 硬盘的常见接口类型有_____。
2. 如果要新建一个 swap 分区，我们应该将分区编号修改为_____。
3. 更改文件名应该使用哪个命令。（   ）
   A．cat   B．cp   C．mv   D．cd
4. 使用 tar 归档命令时，如果要解压一个文件名后缀为 bz2 的文件，下面哪些参数可以实现。（   ）
   A．-jxvf   B．-x   C．-cf   D．-zcf
5. 写出小张在后续任务中需要用到的命令。

第 4 章 Linux 软件包及文档管理

扫一扫
获取微课

Linux 中有大量优秀的软件供我们使用，并且绝大部分都是开源软件，这意味着我们可以免费使用，所以我们要做的就是找到需要的软件然后安装到系统中。在 Linux 上安装软件的方法有很多，如果你的操作系统提供了 GUI，你可以打开软件商店并选择需要的软件单击安装即可。Linux 在绝大多数情况下作为服务器使用，为了减少开销和增加安全性，通常并不提供 GUI，只提供命令行终端对系统进行管理。所以在大多数情况下需要在命令行中安装所需软件，在命令行中安装软件的方式主要有三种：使用 rpm 命令进行软件管理、使用 DNF 软件包管理工具、源码编译安装软件。如果可以，应该优先使用 DNF 软件包管理工具，这将带来极大的便利性，无须解决软件间的依赖关系，DNF 软件包管理工具会自动解析并安装依赖软件。

4.1 项目背景分析

当我们使用"最小化安装"方式来安装 CentOS 后，系统中只安装了正常运行所需的软件，并没有安装一些额外的服务软件，如 Apache、Nginx、MySQL、vim 等，所以为了让我们的系统能够提供更多的功能和更加高效，就需要安装相应的软件。接下来可以通过添加国内的阿里云仓库，并使用 DNF 安装一些运维常用的软件，最后采用源码编译安装 Nginx 软件。

4.2 项目相关知识

4.2.1 编译安装

在 Linux 中很多软件都是通过源码包方式发布的，对于最终用户而言需要通过编译安装软件。虽然编译的过程对于新手门槛比较高，但是它的可移植性很好，针对不同的体系结构，软件开发者通常仅需发布一份源码包，用户即可在不同的平台上进行编译安装软件。编译安装软件通常包含如下四步。

1. 下载软件源码文件

从互联网上下载相应的软件包源码文件（一般以 .tar.gz 或 .tar.bz2 为后缀），将 tarball 文件解压到/usr/local/src 目录下，并切换到软件包目录下。

2. 执行./configure 命令

执行 configure 脚本用来建立 Makefile 文件，通常程序开发者会在源码文件中写一个 Script（脚本）来检查系统相关信息，使得软件能够更好地在系统上编译安装。此外，应该参考该目录下的 readme 或 install 相关文件，并在 configure 命令后加上必要的参数来对安装过程进行控制，比如：./configure –prefix=/usr (指定安装路径为/usr 目录)。

3. 执行 make 命令

make 命令会根据当前目录下的 Makefile 文件进行编译工作。make 命令就是要将源码编译成可执行文件，而这个可执行文件会放置在当前目录中，但尚未被安装到预定安装的目录中。

4. 执行 make install 命令

make install 命令会进行最后的安装工作，make 命令会依据 Makefile 这个文件中关于 install 的选项，将之前所编译完成的数据安装到默认的目录中，如果一切顺利，就完成了软件的安装。

4.2.2 RPM 软件包管理工具

RPM 软件包管理工具是在 Red Hat Enterprise Linux、CentOS 和 Fedora 上运行的软件包管理系统。RPM 工具更容易分发软件，管理和更新为 Red Hat Enterprise Linux、CentOS 和 Fedora 创建的软件。正确的 RPM 软件包文件应遵循特定的命名约定：

```
<软件包名称>-<版本>-<发行版>.<硬件平台>.rpm
```

比如：

```
httpd-2.4.35-2.el7.x86_64.rpm
```

但需要注意的是，使用该工具安装软件时需要自己解决软件的依赖问题。所以在安装、更新和删除软件包时，应该优先使用 YUM 或 DNF，而不是 RPM 工具。

1. 安装，更新和删除 RPM 软件包

（1）在安装 RPM 软件包之前，必须首先使用浏览器或命令行工具（如 curl 或 wget），将软件包下载到系统上，要使用 rpm 命令安装 RPM 软件包，请使用-i 选项，后跟软件包名称，命令如下：

```
# rpm -ivh package.rpm
```

-v 选项表示输出详细过程，-h 选项显示带有哈希标记的进度条。

（2）可以跳过下载部分，向 rpm 命令提供 RPM 软件包的 URL，命令如下：

```
# rpm -ivh https://example.com/package.rpm
```

（3）要升级 RPM 软件包，请使用-U 选项。如果未安装该软件包，则会进行安装，命令如下：

```
# rpm -Uvh package.rpm
```

如果要安装或更新的软件包依赖于其他软件包，RPM 工具将显示所有缺少的依赖项。必须手动下载并安装所有依赖项，然后重新安装或更新软件包。

（4）当仅需要在系统上单独安装 RPM 软件包而不安装该软件的依赖项，请使用--nodeps 选项，但结果可能会导致软件无法正常运行，所以请根据需要使用该选项，命令如下：

```
# rpm -Uvh --nodeps package.rpm
```

（5）要删除（卸载）RPM 软件包，请使用-e 选项，命令如下：

```
# rpm -e package.rpm
```

（6）当仅需要单独删除 RPM 软件包而不删除与该软件相关的依赖项时，请使用--nodeps 选项，命令如下：

```
# rpm -evh --nodeps package.rpm
```

（7）--test 选项表示 RPM 工具在运行安装或删除命令时无须实际执行任何操作。它仅用于模拟软件的安装或删除过程是否有效，在不确定软件的安装或删除有什么影响时可以使用该选项，命令如下：

```
# rpm -Uvh --test package.rpm
```

2. 查询 RPM 软件包

（1）要查询系统是否安装了某个软件包，请使用-q 选项，并将软件包名称传递给 rpm -q 命令。查看系统上是否安装了 vim-common 软件包，命令如下：

```
# rpm -q vim-common
```

如果未安装软件包，将会看到如下的内容：

```
package vim-common is not installed
```

如果已安装软件包，将会看到如下的内容：

```
vim-common-8.0.1763-10.el8.x86_64
```

（2）要查询某个软件包的详细信息，请使用-i 选项，命令如下：

```
# rpm -qi vim-common
```

（3）要获取与某个已安装的 RPM 软件包相关的文件列表，请使用-l 选项，命令如下：

```
# rpm -ql package
```

（4）要查询某个文件属于哪个已安装软件包，请使用-f 选项，命令如下：

```
# rpm -qf /path/to/file
```

（5）要获取系统上所有已安装软件包的列表，请使用-a 选项，命令如下：

```
# rpm -qa
```

3. 验证 RPM 软件包

验证软件包时，rpm 命令会检查系统上是否存在软件包安装的每个文件、文件的摘要、所有权限等。验证结果中的字符含义如下：

```
S file Size differs
M Mode differs (includes permissions and file type)
5 digest (formerly MD5 sum) differs
D Device major/minor number mismatch
L readLink(2) path mismatch
U User ownership differs
G Group ownership differs
T mTime differs
P caPabilities differ
```

（1）要验证已安装的软件包，请使用-V 选项。例如，要验证 vim-common 软件包，将运行如下命令：

```
# rpm -V vim-common
```

如果验证通过，则该命令将不会输出任何结果。如果验证失败，则会显示一个字符，表示验证失败。例如，以下输出结果显示文件的所有者已更改（"U"），文件的 mTime 已更改（"T"）。

```
.....U.T.  c /usr/share/vim/vim80/syntax/xf86conf.vim
```

（2）要验证所有已安装的 RPM 软件包，请运行以下命令：

```
# rpm -Va
```

4.2.3 DNF 软件包管理工具

如果之前使用过 CentOS 8 以前的版本，那么对于 YUM 软件包管理器一定不会陌生，但在 CentOS 8 及以后，YUM 逐渐被 DNF 所取代，DNF 是 YUM 的新一代版本。DNF（Dandified YUM 的缩写）是基于 RPM 的 Linux 发行版本的软件包管理工具，它用于在 Fedora、RHEL、CentOS 操作系统中安装、更新和删除软件包。它是 Fedora 22、CentOS 8 和 RHEL 8 的默认软件包管理工具。DNF 功能强大，使维护软件包组变得容易，并且能够自动解决软件安装的依赖性问题。DNF 的出现，是为了解决 YUM 的性能瓶颈，优化内存使用，进行软件间依赖关系解析，加快命令的执行速度等。dnf 命令的格式与 yum 非常相似，因此在大多数情况下只需将原来 yum 命令中的 yum 更换为 dnf 即可。比如：

```
# yum install httpd
```

更换为：

```
# dnf install httpd
```

默认情况下，DNF 已预先安装在 CentOS 8 中。如果未安装，则可以通过运行以下命令进行安装：

```
# yum install dnf
```

1. 列出软件仓库

CentOS 8 最大的变化之一就是软件仓库分为 BaseOS 和 AppStream 两大部分，BaseOS 中提供了 CentOS 8 的大部分基础软件包，而 AppStream 则侧重于应用软件包。

（1）列出 CentOS 8 上可用的所有（已启用和已禁用）软件包仓库，命令如下：

```
# dnf repolist --all
```

默认情况下，可以看到如下输出结果：

```
Last metadata expiration check: 0:20:32 ago on Thu 09 Jan 2020 02:31:29 PM CST.
repo id                 repo name                       status
AppStream               CentOS-8 - AppStream            enabled: 5,089
AppStream-source        CentOS-8 - AppStream Sources    disabled
BaseOS                  CentOS-8 - Base                 enabled: 2,843
BaseOS-source           CentOS-8 - BaseOS Sources       disabled
PowerTools              CentOS-8 - PowerTools           disabled
base-debuginfo          CentOS-8 - Debuginfo            disabled
c8-media-AppStream      CentOS-AppStream-8 - Media      disabled
c8-media-BaseOS         CentOS-BaseOS-8 - Media         disabled
centosplus              CentOS-8 - Plus                 disabled
centosplus-source       CentOS-8 - Plus Sources         disabled
cr                      CentOS-8 - cr                   disabled
extras                  CentOS-8 - Extras               enabled:     3
extras-source           CentOS-8 - Extras Sources       disabled
fasttrack               CentOS-8 - fasttrack            disabled
```

如上所示，将显示所有启用和禁用的软件包仓库。在 "repo id" 列中，可以使用 repo id 配合 dnf 命令的 --repo 选项来指定使用某一仓库。在状态列中，可以查看启用了哪个仓库及该特定仓库有多少个软件包。

（2）仅列出启用的仓库，命令如下：

```
# dnf repolist --enabled
```

（3）仅列出禁用的仓库，命令如下：

```
# dnf repolist --disabled
```

2. 列出已安装和可用的软件包

（1）列出所有软件仓库中的软件包，命令如下：

```
# dnf list --all
```

可以看到如下输出结果：

```
Last metadata expiration check: 1:03:51 ago on Thu 09 Jan 2020 12:20:23 PM CST.
Installed Packages
NetworkManager.x86_64       1:1.14.0-14.el8   @anaconda
NetworkManager-libnm.x86_64 1:1.14.0-14.el8   @anaconda
NetworkManager-team.x86_64  1:1.14.0-14.el8   @anaconda
NetworkManager-tui.x86_64   1:1.14.0-14.el8   @anaconda
acl.x86_64                  2.2.53-1.el8      @anaconda
```

```
audit.x86_64     3.0-0.10.20180831git0047a6c.el8   @anaconda
audit-libs.x86_64   3.0-0.10.20180831git0047a6c.el8   @anaconda
...
```

（2）列出系统上所有已安装的软件包，命令如下：

```
# dnf list --installed
```

（3）仅列出可用的软件包，命令如下：

```
# dnf list --available
```

3. 搜索并安装软件包

（1）搜索要安装的任何软件包，尝试搜索 Nginx，命令如下：

```
# dnf search nginx
```

可以看到如下输出结果：

```
Last metadata expiration check: 1:09:09 ago on Thu 09 Jan 2020 12:20:23 PM CST.
============================ Name Exactly Matched: nginx ============================
nginx.x86_64 : A high performance web server and reverse proxy server
========================= Summary & Name Matched: nginx =========================
nginx-mod-mail.x86_64 : Nginx mail modules
nginx-mod-stream.x86_64 : Nginx stream modules
nginx-mod-http-perl.x86_64 : Nginx HTTP perl module
nginx-mod-http-xslt-filter.x86_64 : Nginx XSLT module
nginx-mod-http-image-filter.x86_64 : Nginx HTTP image filter module
nginx-filesystem.noarch : The basic directory layout for the Nginx server
pcp-pmda-nginx.x86_64 : Performance Co-Pilot (PCP) metrics for the Nginx
Webserver
nginx-all-modules.noarch : A meta package that installs all available Nginx
modules
```

（2）找到需要的软件包名称后，就可以安装 Nginx 软件包，命令如下：

```
# dnf install nginx
```

（3）若要重新安装软件包 Nginx，命令如下：

```
# dnf reinstall nginx
```

（4）在某些情况下，仅需要下载软件包但并不需要安装该软件。可以使用命令下载特定的软件包，软件会下载到当前目录下，命令如下：

```
# dnf download nginx
```

（5）查看 Nginx 软件包的详细信息，命令如下：

```
# dnf info nginx
```

可以看到如下输出结果：

```
Installed Packages
Name          : nginx
```

```
Epoch        : 1
Version      : 1.14.1
Release      : 9.module_el8.0.0+184+e34fea82
Arch         : x86_64
Size         : 1.7 M
Source       : nginx-1.14.1-9.module_el8.0.0+184+e34fea82.src.rpm
Repo         : @System
From repo    : AppStream
Summary      : A high performance web server and reverse proxy server
URL          : http://nginx.org/
License      : BSD
Description  : Nginx is a web server and a reverse proxy server for HTTP, SMTP, POP3
             : and IMAP protocols, with a strong focus on high concurrency,
             : performance and low memory usage.
```

4. 更新系统软件包

（1）更新软件仓库列表，命令如下：

```
# dnf check-update
```

（2）更新系统中安装的所有软件包，命令如下：

```
# dnf update
```

（3）更新特定的软件包，命令如下：

```
# dnf update nginx
```

5. 列出并安装组软件包

（1）列出所有组软件包，命令如下：

```
# dnf grouplist
```

可以看到如下输出结果：

```
Last metadata expiration check: 0:11:46 ago on Thu 09 Jan 2020 02:31:29 PM CST.
Available Environment Groups:
   Server with GUI
   Server
   Workstation
   Virtualization Host
   Custom Operating System
Installed Environment Groups:
   Minimal Install
Available Groups:
   Container Management
   .NET Core Development
   RPM Development Tools
   Smart Card Support
   Development Tools
   Graphical Administration Tools
```

```
        Headless Management
        Legacy UNIX Compatibility
        Network Servers
        Scientific Support
        Security Tools
        System Tools
```

（2）安装特定的组软件包，命令如下：

```
# dnf groupinstall 'System Tools'
```

（3）更新组软件包，命令如下：

```
# dnf groupupdate 'System Tools'
```

6．删除软件

（1）删除软件包，命令如下：

```
# dnf remove nginx
```

（2）删除与 Nginx 软件包相关的依赖项，命令如下：

```
# dnf autoremove
```

（3）清除所有缓存的软件包，命令如下：

```
# dnf clean all
```

（4）删除组软件包，命令如下：

```
# dnf groupremove 'System Tools'
```

4.2.4　配置软件仓库

软件仓库是一个预备好的目录，或者是一系列存放软件的服务器，又或是一个网站，包含了软件包和索引文件。软件管理工具，如 DNF，可以在仓库中自动地定位并获取正确的 RPM 软件包。这样，就不必手动搜索和安装新的应用程序和升级补丁了。只用一个命令，就可以更新系统中的所有软件，也可以根据指定的搜索目标来查找安装新的软件。

大多数 Linux 发行版本都有自己的软件安装、配置方案，同时还有各自的软件包管理工具。为了节省用户四处寻找合适软件安装包的时间，这些发行版本将常用的软件集中到一个服务器上，并为用户提供自动下载、安装软件的接口，这就是我们所说的"软件仓库"。为了方便大众访问，人们为这些软件仓库建立了大量的"镜像"，使世界各地的用户都能方便地使用。不同发行版本的软件仓库一般也不同，如用户接口各异、软件丰富程度不同、镜像分布不同等。

1．添加阿里云的软件仓库

（1）首先，执行如下命令来备份系统默认软件仓库的配置文件：

```
# mkdir /etc/yum.repos.d/bak
# mv /etc/yum.repos.d/CentOS-Base.repo /etc/yum.repos.d/bak
# mv /etc/yum.repos.d/CentOS-AppStream.repo /etc/yum.repos.d/bak
```

（2）然后，下载阿里云仓库的配置文件到/etc/yum.repos.d/中，执行如下命令：

```
# curl -o /etc/yum.repos.d/CentOS-Base.repo http://mirrors.aliyun.com/
repo/Centos-8.repo
```

（3）最后，运行如下命令生成缓存：

```
# dnf clean all
# dnf makecache
```

2. 添加 EPEL 软件仓库

EPEL 的全称为 Extra Packages for Enterprise Linux。EPEL 是由 Fedora 社区打造，为 RHEL 及衍生发行版本，如 CentOS、Scientific Linux 等提供高质量软件包的项目。安装 EPEL 后，就相当于添加了一个第三方源。同时，EPEL 软件仓库提供的软件包往往比官方默认的软件仓库提供的软件包更新更快。

（1）在 CentOS 8 中，EPEL 软件包位于其默认软件仓库中，可以直接执行如下命令进行安装：

```
# dnf install epel-release
```

（2）执行以下命令以验证 CentOS 8 服务器上 EPEL 软件仓库的状态：

```
# dnf repolist epel
Extra Packages for Enterprise Linux 568 kB/s | 5.2 MB     00:09
Last metadata expiration check: 0:00:05 ago on Thu 09 Jan 2020 05:53:19 PM CST.
repo id     repo name                              status
*epel       Extra Packages for Enterprise Linux 8 - x86_64    4,402
```

（3）还可以执行以下命令查看 EPEL 软件仓库的详细信息：

```
# dnf repolist epel -v
...
Repo-id       : epel
Repo-name     : Extra Packages for Enterprise Linux 8 - x86_64
Repo-status   : enabled
Repo-revision : 1578482807
Repo-updated  : Wed 08 Jan 2020 07:27:26 PM CST
Repo-pkgs     : 4,402
Repo-size     : 5.1 G
Repo-metalink:
https://mirrors.fedoraproject.org/metalink?repo=epel-8&arch=x86_64&infra=stock&content=centos
  Updated     : Thu 09 Jan 2020 05:53:19 PM CST
Repo-baseurl  : http://mirrors.tuna.tsinghua.edu.cn/epel/8/Everything/x86_64/ (58 more)
Repo-expire   : 172,800 second(s) (last: Thu 09 Jan 2020 05:53:19 PM CST)
Repo-filename : /etc/yum.repos.d/epel.repo
Total packages: 4,402
```

以上输出结果说明我们已经成功启用了 EPEL 软件仓库，下面让我们在 EPEL 软件仓库上执行一些基本操作。

（4）列出 EPEL 软件仓库中的所有软件包，命令如下：

```
# dnf repository-packages epel list
```

（5）搜索 EPEL 软件仓库中的 zabbix 软件包，命令如下：

```
# dnf repository-packages epel list | grep -i zabbix
```

（6）从 EPEL 软件仓库中找到并安装 htop 软件包，命令如下：

```
# dnf --enablerepo="epel" install htop -y
```

 注意：

如果我们在上述命令中未指定 "--enablerepo=epel"，则它将在所有可用的软件仓库中查找 htop 软件包。

4.3 项目实施

4.3.1 为系统添加阿里云仓库

（1）执行如下命令来备份系统默认软件仓库的配置文件：

```
# mkdir /etc/yum.repos.d/bak
# mv /etc/yum.repos.d/CentOS-Base.repo /etc/yum.repos.d/bak
# mv /etc/yum.repos.d/CentOS-AppStream.repo /etc/yum.repos.d/bak
```

（2）下载阿里云仓库的配置文件到/etc/yum.repos.d/中，执行如下命令：

```
# curl -o /etc/yum.repos.d/CentOS-Base.repo http://mirrors.aliyun.com/repo/Centos-8.repo
```

（3）运行命令生成缓存：

```
# dnf clean all
# dnf makecache
```

4.3.2 使用 DNF 软件包管理工具安装常用软件

（1）安装 vi 编辑器的增强版 vim，命令如下：

```
# dnf install vim
```

（2）如果使用过旧版本的系统，那么一定接触过 ifconfig、netstat 等网络管理命令，但是在 CentOS 8 中这些命令已经被 ip、ss 等取代，尽管如此还可以通过安装对应的软件包来继续使用这些命令，命令如下：

```
# dnf install net-tools
```

（3）wget 是一个下载文件的工具，通过该工具我们可以在终端进行下载软件，命令如下：

```
# dnf install wget
```

（4）以前通常使用 iptables 来管理防火墙规则，但 CentOS 8 默认并没有提供 iptables 软件，取而代之的是 firewall。尽管如此还是可以通过安装对应的软件包来继续使用 iptables，命令如下：

```
# dnf install iptables
```

4.3.3 编译安装 Nginx 软件

尽管 DNF 软件包管理工具非常方便，但由于 CentOS 8 软件仓库中的软件更新比较滞后，当我们需要使用最新版本的软件时，编译安装是一种不错的选择。如 CentOS 8 默认软件仓库只提供了 Nginx 1.14 版本，但 Nginx 1.17 已经发布。下面将在 CentOS 8 上编译安装 Nginx 1.17 软件。

（1）在开始编译安装前，需要安装必要的组件，命令如下：

```
# dnf -y install gcc pcre pcre-devel zlib zlib-devel openssl openssl-devel make
```

（2）下载软件源码文件，命令如下：

```
# wget http://nginx.org/download/nginx-1.17.7.tar.gz
```

（3）下载完成后，将源码文件解压到 /usr/local/src 目录中，并切换到软件包目录下，命令如下：

```
# tar zxf nginx-1.17.7.tar.gz -C /usr/local/src/
# cd /usr/local/src/nginx-1.17.7
```

（4）执行 ./configure 命令：

```
# ./configure --prefix=/usr/local/nginx
```

（5）执行 make 命令：

```
# make
```

（6）make install 命令：

```
# make install
```

如果一切顺利，Nginx 已经成功编译安装到系统中。

4.4 项目小结

本项目通过讲解 CentOS 8 系统上的三种软件管理工具，使我们了解了各种工具的优、缺点，在软件管理操作时更加得心应手；通过讲解如何添加软件仓库来获取更多的软件包和加快软件下载速度。软件管理是运维工作中不可避免的环节，服务器中的绝大多数服务都是通过安装软件来实现的，所以熟练掌握该技能可以大大提高运维人员的工作效率。

4.5 课后习题

1. CentOS 8 中默认的软件管理工具是哪个？

2. 编译安装大概分为哪四步？

3. 如何使用 RPM 软件包管理工具安装 package.rpm 软件包？

第 5 章 Linux 网络基础服务

扫一扫
获取微课

　　Linux 作为最常见的操作系统，最主要的功能就是提供各种网络基础服务，而每种网络基础服务可作为进入系统的一扇门，运维人员可以使用网络基础服务来完成日常工作。网络基础服务有很多种，其中最常见的有网络文件共享服务、网络时间同步服务、网络文件实时同步服务、防火墙服务等。

5.1　项目背景分析

　　某公司是一家刚成立不久的创业型公司，网络工程师准备对公司的网络进行以下设计：使用 NFS 为各个部门提供文件共享服务；使用 NTP 为公司的集群服务器提供时间同步服务；使用 Rsync 和 Sersync 为公司的集群服务器提供文件快速实时同步服务；使用 Linux 防火墙对公司的网络进行防护。公司网络拓扑图如图 5.1 所示。

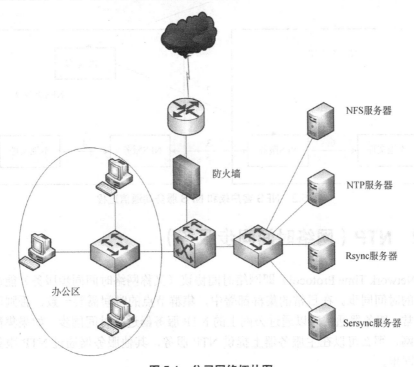

图 5.1　公司网络拓扑图

5.2 项目相关知识

5.2.1 NFS（网络文件共享服务）

NFS（Network File System）即网络文件系统（又称网络文件共享服务）。NFS 能通过网络让服务器之间共享目录或文件。NFS 分为服务端与客户端。服务端提供共享目录或文件，客户端对服务端共享的目录或文件挂载后，就可以读取到服务端提供的目录或文件，在客户端看来，就像访问本地文件一样。

NFS 服务端和客户端之间通过随机选择端口来传输数据，NFS 服务端利用 RPC 协议与客户端沟通决定使用的随机端口，然后利用这个端口来传输数据，使用的随机端口通常小于 1024。RPC 协议用来统一管理 NFS 的随机端口，其使用的端口默认为 111。

NFS 客户端和 NFS 服务端通信过程如图 5.2 所示。
（1）客户端向服务端的 RPC 服务请求服务端的 NFS 端口。
（2）服务端的 RPC 服务返回 NFS 端口信息给客户端。
（3）客户端通过获取到的 NFS 端口建立和服务端的连接。
（4）服务端获取本地共享文件的信息。
（5）服务端通过 NFS 端口建立和客户端的连接。
（6）开始进行文件传输。

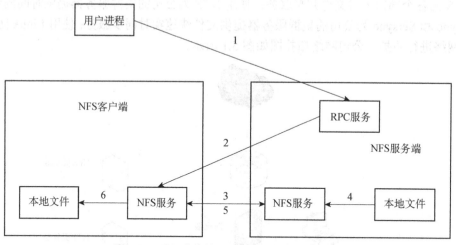

图 5.2 NFS 客户端和 NFS 服务端通信过程

5.2.2 NTP（网络时间同步服务）

NTP（Network Time Protocol）即网络时间协议（又称网络时间同步服务）能通过网络让服务器之间的时间同步。在日常的集群部署中，集群节点的时间需要一致，否则可能会导致某些服务异常。服务器通常可以通过公网上的 NTP 服务器进行时间同步。如果集群的服务器不能访问外网，那么可以在主服务器上提供 NTP 服务，其他服务器通过 NTP 服务与主服务器进行时间同步。

在 CentOS 7 中，默认放弃了 NTP 服务，改用 Chrony 服务。CentOS 8 也沿用了 CentOS 7 的方式。Chrony 是一个开源的自由软件，它能保持系统时钟与时间服务器同步，让时间保持精准。它由两个程序组成：Chronyd 和 Chronyc。

Chronyd 实现了 NTP 协议且可以作为服务端或客户端。Chronyd 是一个后台运行的守护进程，用于调整内核运行的系统时间。

Chronyc 是用来监控 Chronyd 性能和配置其参数的用户界面，Chronyc 可以控制 Chronyd 进程。

5.2.3 文件同步服务

1. Rsync（文件实时同步）

Rsync（Remote sync）即远程同步，是一种用途广泛的文件实时同步工具。它能通过网络让服务器之间同步文件。Rsync 使用 rsync 算法进行数据同步，这种算法只能同步两个文件的不同部分，所以同步速度相当快。Rsync 被广泛用于备份数据和文件，并作为增量备份的工具。

Rsync 有三种工作方式，以下是 Rsync 使用的语法。

通过本地使用：

```
rsync [OPTION...] SRC... [DEST]
```

通过远程 shell 使用：

```
Pull: rsync [OPTION...] [USER@]HOST:SRC... [DEST]
Push: rsync [OPTION...] SRC... [USER@]HOST:DEST
```

通过 Rsync 服务使用：

```
Pull: rsync [OPTION...] [USER@]HOST::SRC... [DEST]
      rsync [OPTION...] rsync://[USER@]HOST[:PORT]/SRC... [DEST]
Push: rsync [OPTION...] SRC... [USER@]HOST::DEST
      rsync [OPTION...] SRC... rsync://[USER@]HOST[:PORT]/DEST
```

其中一些参数解释如下所述：

- SRC 为需要进行同步的源位置。
- DEST 为需要进行同步的目标位置。
- 当本地用户与远程用户不同时，需要使用 USER@指令。
- Pull 是指从远程主机将文件拉取到本地主机上。
- Push 是指从本地主机将文件推送到远程主机上。
- 使用远程 shell 进行同步时，使用冒号分隔主机名和资源，用法类似 scp。
- 使用 Rsync 服务进行同步时，使用两个冒号分隔主机名和资源。
- 使用 Rsync 服务进行同步时，也可以使用协议名。
- 使用 Pull 时，若省略 DEST，则用法为列出文件。

Rsync 文件常用选项及说明如表 5.1 所示。

表 5.1　Rsync 文件常用选项及说明

Rsync 文件常用选项	说　明
-a	递归方式,并保持所有文件属性,等价于 -rlptgoD
-r	对子目录以递归模式处理
-l	保留符号链接文件
-H	保持硬链接文件
-p	保持文件权限
-t	保持文件时间信息
-g	保持文件属组信息
-o	保持文件属主信息
-D	保持设备文件和特殊文件
-P	在传输时显示传输过程
-v	详细输出模式
-q	精简输出模式
-h	使用易读的单位输出文件大小（如 KB、MB 等）
-n	显示哪些文件将被传输
-z	在传输文件时进行压缩处理
-4	使用 IPv4
-6	使用 IPv6
-b	当有变化时,对目标目录中的旧版文件进行备份
--backup-dir=DIR	与 -b 结合使用,将备份的文件存到 DIR 目录中
--exclude=PATTERN	从标准输入中排除一个不需要传输的文件匹配模式
--exclude-from=FILE	从文件中读取排除规则
--include=PATTERN	从标准输入中包含需要传输的文件匹配模式
--include-from=FILE	从文件中读取包含规则
--existing	只更新已存在于接收端的文件,而不备份新创建的文件
--gnore-existing	不更新已存在于接收端的文件,只备份新创建的文件
--delete	删除接收端存在而发送端不存在的文件
--password-file=FILE	从文件中读取密码
--version	打印版本信息
--help	显示帮助信息

2. Sersync（文件快速同步）

Sersync 可以记录被监听目录中增、删、改的具体某个文件或目录的名字,结合 Rsync 可以快速自动同步文件,效率更高。Sersync 的实时同步是单向的,只有安装了 Sersync 服务的主机才能实现快速同步文件。

5.2.4　Linux 防火墙

在如今这个非常发达的网络世界中,网络安全问题成为人们关注的一个重点。数据泄露、病毒攻击、盗取资产等事件时常发生，特别是处于公网中的服务器，如果没有防火墙或相关防护，那么服务器将存在被盗取重要信息和被攻击的风险。防火墙可以保障数据的安全。Linux中使用的防火墙有 Iptables 和 Firewalld。

1. Iptables

在早期的 Linux 中，默认使用 Iptables 防火墙来防护系统。Iptables 防火墙可以用于创建过滤与 NAT 规则，所有 Linux 发行版本都可以使用 Iptables。

Iptabls 防火墙默认由上往下读取规则，在找到匹配的规则后就会停止匹配，并执行匹配规则中定义的动作，一般有允许和拒绝两种动作。如果在所有的规则中都找不到匹配，Iptables 将会执行默认规则的动作。也就是说，当 Iptabls 的默认规则为拒绝时，就要设置允许的规则，否则所有其他行为都会被拒绝；当默认规则为允许时，就要设置拒绝的规则，否则所有其他行为都会被允许。

Iptables 的规则流程图如图 5.3 所示。

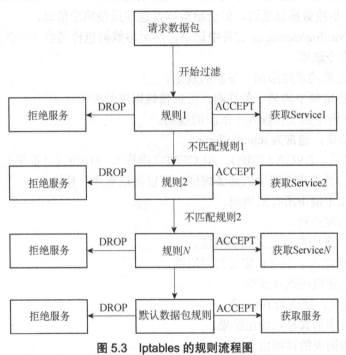

图 5.3 Iptables 的规则流程图

1）Iptables 的四表五链

Iptables 通常用表来存储规则，在收到数据包后，Iptables 会去对应表中查询设置的规则，然后决定数据包的去向。Iptables 默认有四表，四表及作用如表 5.2 所示。

表 5.2　Iptables 四表及作用

表	作用
Filter	用于过滤数据包
Nat	用于网络地址转换（IP、端口）
Mangle	修改数据包的服务类型、TTL，并且可以配置路由
Raw	决定数据包是否被状态跟踪机制处理

Iptables 多条规则可以组成规则链，规则链依据数据包处理位置的不同进行分类，Iptables 默认有五链，五链及作用如表 5.3 所示。

表 5.3　Iptables 五链及作用

链	作　用
INPUT	当数据包访问防火墙本地主机时，应用此链的规则
OUTPUT	当防火墙本地主机向外发送数据时，应用此链的规则
FORWARD	当数据包通过防火墙转发给其他地址时，应用此链的规则
PREROUTING	在对数据包做路由选择之前，应用此链的规则
POSTROUTING	在对数据包做路由选择之后，应用此链的规则

仅有规则还不够，还需要有对应的动作才行，Iptables 的动作有以下四种：
- ACCEPT：允许数据包通过。
- DROP：直接丢弃数据包，不返回任何响应信息。
- REJECT：拒绝数据包通过，但会给数据发送端反馈响应信息。
- LOG：在 /var/log/messages 文件中记录，然后将数据包传递给下一条规则。

2）Iptables 命令选项
- -A：在指定链的末尾添加一条新的规则。
- -D：删除指定链中的某一条规则，可以按规则序号删除。
- -I：在指定链中第一行插入一条新的规则。
- -p：指定协议，通常为 tcp/udp/icmp。
- -j：指定方法，DROP（拒绝）、ACCEPT（准许）、REJECT（拒绝）。
- -R：修改、替换指定链中的某条规则，可以按规则序号替换。
- -L：列出指定链中所有的规则。
- -F：清空当前规则。
- -N：新建一条用户自定义的规则链。
- -X：删除指定表中用户自定义的规则链。
- -P：设置指定链的默认策略。
- -t：指定表名，默认为 filter 表。
- -n：使用数字形式显示输出结果。
- -v：查看规则表的详细信息。
- -V：查看版本。
- -h：获取帮助。
- -d：指定目标 IP 地址。
- -s：指定源 IP 地址。
- --dport：指定目标端口。
- --sport：指定源端口。

3）Iptables 规则表之间的优先顺序流向

Raw→Mangle→Nat→Filter

4）Iptables 规则链之间的优先顺序流向

（1）入站数据流向。

来自外界的数据包到达防火墙后，首先被 PREROUTING 规则链处理，判断是否需要修改该数据包地址。之后会进行路由选择，判断该数据包将发往何处。若数据包的目标主机是防火墙本地主机，例如，Internet 用户访问 Web 服务器的数据包，则内核会将其传递给 INPUT 链进行处理，决定是否通过等，再交给系统的 Web 应用程序进行响应。

（2）转发数据流向。

来自外界的数据包到达防火墙后，首先被 PREROUTING 规则链处理，之后会进行路由选择，如果数据包的目标地址是其他的外部地址，如局域网用户通过网关访问 QQ 站点的数据包，则内核会将其传递给 FORWARD 链进行处理，决定转发还是拦截数据包。再交给 POSTROUTING 规则链进行处理，判断是否需要修改数据包的地址。

（3）出站数据流向。

防火墙本地主机向外部地址发送的数据包，首先被 OUTPUT 规则链处理，之后进行路由选择，传递给 POSTROUTING 规则链进行处理，判断是否需要修改数据包的地址。

2．Firewalld

在 CentOS 7 中，默认使用 Firewalld 防火墙，CentOS 8 也沿用了这种方式。其实，Firewalld 和 Iptables 并不是真正意义上的防火墙，它们应该属于防火墙管理工具，或者称为防火墙服务。Iptables 是交由内核层面的 netfilter 网络过滤器来处理数据包的，而 Firewalld 则是交由内核层面的 nftables 包过滤框架来处理数据包的。

Firewalld 加入了区域（zone）的概念。Firewalld 预先准备了几份策略模板，用户可以根据使用情况来设置对应的模板。

1）对应的模板和策略规则
- public：公共区域，默认的区域，不信任网络上的任何主机。
- block：阻塞区域，任何传入的网络数据包都将被阻止。
- work：工作区域，信任网络上的其他主机。
- home：家庭区域，信任网络上的其他主机。
- dmz：隔离区域，内外网络之间增加的一层网络，起到缓冲作用。
- trusted：信任区域，任何传入的网络连接都被接受。
- drop：丢弃区域，任何传入的网络连接都被拒绝。
- internal：内部区域，信任网络上的其他主机。
- external：外部区域，不信任网络上的其他主机。

2）Firewalld 管理工具

Firewalld 有两个管理工具，分别为 firewall-config 和 firewall-cmd。

firewall-config 是 Firewalld 的图形化配置工具，如图 5.4 所示。

Firewalld 管理工具的具体功能如下：
- 配置选择，选择"运行时"，将会立即生效；选择"永久模式"，将会永久生效。
- 常用的区域列表。
- 常用的系统服务列表。
- 可使用 IPSet 创建白名单或黑名单。
- 当前默认使用的区域。
- 当前默认区域中的服务。
- 当前默认区域中的端口。
- 当前默认区域中的协议。

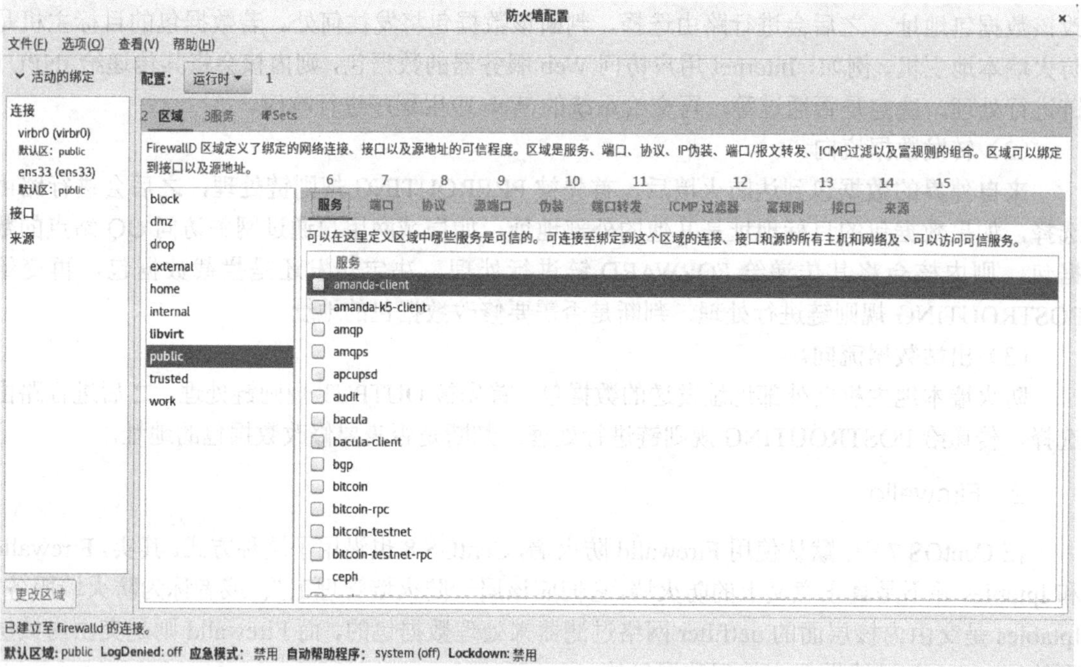

图 5.4 防火墙图形化配置工具

- 可配置额外的源端口或端口范围。
- 伪装本地网络不可见，仅适用于 IPv4。
- 设置端口转发策略。
- 标记拒绝的 ICMP 类型，其他的 ICMP 类型都允许通过防火墙。
- 配置富规则，区别于直接规则的另外一种规则，为管理员提供了一种表达性语言。
- 管理网卡设备。
- 绑定源地址或地址范围，也可以绑定 MAC 源地址。

firewall-config 虽然使用起来比较方便，但是需要有 GUI 界面才能使用。在实际的运维工作中，Linux 通常只安装了命令行界面，运维人员需要使用命令行进行操作，这时就可以使用 Firewalld 的命令行管理工具 firewall-cmd 来进行防火墙的配置。

（1）与区域 zone 相关的命令。

--get-default-zone   查询默认的区域。
--set-default-zone=<区域名称>   设置默认的区域。
--get-active-zones   查询当前正在使用的区域与网卡名称。
--get-zones   查询所有可用的区域。
--new-zone= <区域名称>   新增区域。

（2）与服务 service 相关的命令。

--get-services   查询默认区域的服务。
--add-service=<服务名>   新增默认区域的服务。
--remove-service=<服务名>   删除默认区域的服务。

（3）与端口 port 相关的命令。

--get-ports   查询默认区域的端口
--add-port=<端口号/协议>   新增默认区域的端口。

--remove-port=<端口号/协议>	删除默认区域的端口。

（4）与网卡相关的命令。

--add-interface=<网卡名称>	将网卡与区域进行关联。
--change-interface=<网卡名称>	修改与区域关联的网卡。

（5）与规则相关的命令。

--list-all	查询当前区域的所有规则列表。

（6）与生效策略相关的命令。

--permanent	让配置规则永久生效。
--reload	让配置规则立即生效。

5.3 项目实施

5.3.1 安装 NFS 服务

准备两台安装了 CentOS 8 的服务器，一台作为 NFS 服务端，IP 地址为 172.16.1.11；另一台作为 NFS 客户端，IP 地址为 172.16.1.12。

NFS 服务端的配置文件为/etc/exports，此文件内容默认为空。可以按照"共享目录路径、允许访问的 NFS 客户端、共享权限参数"的格式，以空格分隔，定义要共享的目录与相应的权限。共享权限的参数及作用如表 5.4 所示。

表 5.4 共享权限的参数及作用

参　数	作　用
ro	只读
rw	读写
root_squash	当以 root 管理员身份访问时，映射为 NFS 服务端的匿名用户
no_root_squash	当以 root 管理员身份访问时，映射为 NFS 服务端的 root 管理员
all_squash	无论使用什么账户访问，均映射为 NFS 服务端的匿名用户
sync	同时将数据写入内存与硬盘中，保证不丢失数据
async	将数据保存到内存中，然后写入硬盘中，可能会丢失数据

1. NFS 服务端的配置

（1）安装 NFS，命令如下：

```
[root@nfs_server~]# dnf install nfs-utils -y
```

（2）清空 Iptables 防火墙的默认策略，命令如下：

```
[root@nfs_server~]# iptables -F
```

（3）创建共享目录，命令如下：

```
[root@nfs_server~]# mkdir /NFStest
```

（4）设置权限，命令如下：

```
[root@nfs_server~]# chmod -R 777 /NFStest
```

(5) 创建测试文件, 命令如下:

```
[root@nfs_server~]# echo "Test NFS shared storage" > /NFStest/test
```

(6) 修改配置文件, 命令如下:

```
[root@nfs_server~]# vim /etc/exports
/NFStest 172.16.1.*(rw,sync,root_squash)
```

(7) 启用 NFS 服务并设置其开机自动启动。使用 NFS 服务需要启用 RPC (Remote Procedure Call, 远程过程调用) 服务。命令如下:

```
[root@nfs_server~]# systemctl start rpcbind
[root@nfs_server~]# systemctl enable rpcbind
[root@nfs_server~]# systemctl start nfs-server
[root@nfs_server~]# systemctl enable nfs-server
```

(8) 关闭防火墙, 命令如下:

```
[root@nfs_server~]# systemctl stop firewalld
[root@nfs_server~]# systemctl disable firewalld
```

2. NFS 客户端的配置

(1) 安装 NFS 工具, 命令如下:

```
[root@nfs_client ~]# dnf install nfs-utils -y
```

(2) 查看 NFS 服务端的共享目录, 命令如下:

```
[root@nfs_client ~]# showmount -e 172.16.1.11
Export list for 172.16.1.11:
/NFStest 172.16.1.*
```

(3) 创建一个目录, 用于挂载服务端的共享目录, 命令如下:

```
[root@nfs_client ~]# mkdir NFStest
```

(4) 挂载目录, 命令如下:

```
[root@nfs_client ~]# mount -t NFS 172.16.1.11:/NFStest/ /NFStest/
```

(5) 查看目录, 文件已经成功共享, 命令如下:

```
[root@nfs_client ~]# ls /NFStest/
test
[root@nfs_client ~]# cat /NFStest/test
Test NFS shared storage
```

(6) 在 NFS 客户端中写入一个文件, 命令如下:

```
[root@nfs_client ~]# echo "Hello NFS!" > /NFStest/Hello
```

(7) 在 NFS 服务端中查看是否写入成功, 命令如下:

```
[root@NFS_server~]# ls /NFStest/
Hello  test
[root@nfs_server~]# cat /NFStest/Hello
Hello NFS!
```

5.3.2 NTP 同步公网时间

（1）安装 Chrony 服务，命令如下：

```
[root@localhost ~]# dnf install chrony -y
```

（2）检查是否安装了依赖包，命令如下：

```
[root@localhost ~]# rpm -qa |grep chrony
```

（3）启用 Chronyd 服务并设置其开机自动启动，命令如下：

```
[root@localhost ~]# systemctl start chrony
[root@localhost ~]# systemctl enable chrony
```

（4）编辑配置文件，指定时间服务器地址，命令如下：

```
[root@localhost ~]# vim /etc/chrony.conf
# pool 2.centos.pool.NTP.org iburst
server ntp1.aliyun.com iburst iburst
```

（5）重启 Chronyd 服务，命令如下：

```
[root@localhost ~]# systemctl restart chronyd
```

（6）查看 NTP 时间同步源，如图 5.5 所示，命令如下：

```
[root@localhost ~]# chronyc sources -v
```

```
[root@localhost ~]# chronyc sources -v
210 Number of sources = 1

  .-- Source mode  '^' = server, '=' = peer, '#' = local clock.
 / .- Source state '*' = current synced, '+' = combined , '-' = not combined,
| /   '?' = unreachable, 'x' = time may be in error, '~' = time too variable.
||                                                 .- xxxx [ yyyy ] +/- zzzz
||      Reachability register (octal) -.           |  xxxx = adjusted offset,
||      Log2(Polling interval)      --.|           |  yyyy = measured offset,
||                                    \|           |  zzzz = estimated error.
||                                     | |          \
MS Name/IP address            Stratum Poll Reach LastRx Last sample
===============================================================================
^* 120.25.115.20                    2    6   177    31   +177us[ +526us] +/- 6563
us
```

图 5.5 NTP 时间同步源

注意：

120.25.115.20 为 ntp1.aliyun.com 域名解析后的地址。

（7）直接输入命令 chronyc 进入交互模式，如图 5.6 所示。

```
[root@localhost ~]# chronyc
chrony version 3.3
Copyright (C) 1997-2003, 2007, 2009-2018 Richard P. Curnow and others
chrony comes with ABSOLUTELY NO WARRANTY.  This is free software, and
you are welcome to redistribute it under certain conditions.  See the
GNU General Public License version 2 for details.

chronyc>
```

图 5.6 chronyc 交互模式

输入命令 help 可查看使用帮助信息。

常用指令及说明如表 5.5 所示。

表 5.5　常用指令及说明

常用指令	说　　明
help	查看命令帮助列表信息
tracking	显示系统时间信息
activity	检查多少 NTP 源在线/离线
add server	手动添加一台新的 NTP 服务器
delete	手动移除 NTP 服务器或对等服务器
accheck	检查 NTP 访问是否对特定主机可用
clients	在客户端报告已访问到的服务器

5.3.3　NTP 同步内网时间

假如在某个使用场景中有多台服务器，其中只有主服务器能够访问外网，如果想要所有服务器时间都能同步公网时间，可以将主服务器同步公网时间，然后将主服务器同时作为 NTP 服务端供其他服务器进行时间同步。模拟此场景，准备两台预装 CentOS 8 的服务器，一台作为 NTP 服务端，IP 地址为 172.16.1.11；另一台作为 NTP 客户端，IP 地址为 172.16.1.12。

1. NTP 服务端的配置

（1）安装 Chrony 服务，命令如下：

```
[root@ntp_server ~]# dnf install chrony -y
```

（2）检查系统是否安装了依赖包，命令如下：

```
[root@ntp_server ~]# rpm -qa |grep chrony
```

（3）启动 Chrony 服务并设置其开机自动启动，命令如下：

```
[root@ntp_server ~]# systemctl start chrony
[root@ntp_server ~]# systemctl enable chrony
```

（4）编辑配置文件，命令如下：

```
[root@ntp_server ~]# vim /etc/chrony.conf
# pool 2.centos.pool.ntp.org iburst
server ntp1.aliyun.com iburst iburst
allow 172.16.1.0/24                  # 允许时间同步的客户端地址
local stratum 10                     # 即使自己未能通过网络时间服务器同步时间，
也允许将本地时间作为标准时间供客户端进行时间同步
```

（5）重启 Chronyd 服务，命令如下：

```
[root@ntp_server ~]# systemctl restart chronyd
```

2. NTP 客户端的配置

（1）安装 Chrony 服务，命令如下：

```
[root@ntp_client ~]# dnf install chrony -y
```

（2）检查系统是否安装了依赖包，命令如下：

```
[root@ntp_client ~]# rpm -qa |grep chrony
```

（3）启动 Chrony 服务并设置其开机自动启动，命令如下：

```
[root@ntp_client ~]# systemctl start chrony
[root@ntp_client ~]# systemctl enable chrony
```

（4）编辑配置文件，指定客户端向服务端同步时间，命令如下：

```
[root@ntp_client ~]# vim /etc/chrony.conf
# pool 2.centos.pool.ntp.org iburst
server 172.16.1.11
```

（5）重启 Chronyd 服务，命令如下：

```
[root@ntp_client ~]# systemctl restart chronyd
```

（6）客户端向服务端同步时间，如图 5.7 所示，命令如下：

```
[root@ntp_client ~]# chronyc sources -v
```

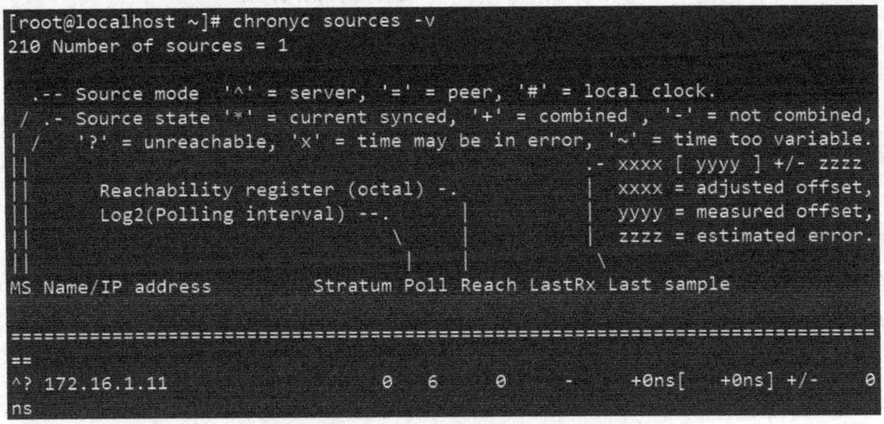

```
[root@localhost ~]# chronyc sources -v
210 Number of sources = 1

  .-- Source mode  '^' = server, '=' = peer, '#' = local clock.
 / .- Source state '*' = current synced, '+' = combined , '-' = not combined,
| /   '?' = unreachable, 'x' = time may be in error, '~' = time too variable.
||                                                 .- xxxx [ yyyy ] +/- zzzz
||      Reachability register (octal) -.           |  xxxx = adjusted offset,
||      Log2(Polling interval) --.      |          |  yyyy = measured offset,
||                                \     |          |  zzzz = estimated error.
||                                 |    |           \
MS Name/IP address         Stratum Poll Reach LastRx Last sample

===============================================================================
==
^? 172.16.1.11                   0   6     0     -     +0ns[   +0ns] +/-    0
ns
```

图 5.7　客户端向服务端同步时间

5.3.4　Rsync（文件实时同步）

1. 在本地磁盘上同步数据

命令如下：

```
[root@localhost ~]# rsync -a /opt /backups
```

在指定同步的源路径时，路径最后是否有“/”代表不同的含义，含义如下：

- /opt：会将 /opt 目录直接同步到目标目录下。
- /opt/：会将 /opt 目录中的所有内容同步到目标目录下。

2. 使用基于 ssh 的 Rsync 远程同步数据

1）Pull 同步

执行 Pull 同步，从远程主机同步文件到本地计算机上，命令如下：

```
[root@localhost ~]# rsync [hostname]:/etc/hosts /etc/hosts
```

2）Push 同步

执行 Push 同步，从本地计算机同步文件到远程主机上，命令如下：

```
[root@localhost ~]# rsync /etc/hosts [hostname]:/etc/hosts
```

3. 从 Rsync 服务端同步数据

准备两台安装了 CentOS 8 的服务器，一台作为 Rsync 服务端，IP 地址为 172.16.1.11；另一台作为 Rsync 客户端，IP 地址为 172.16.1.12。

1）服务端配置

（1）安装 Rsync 服务，命令如下：

```
[root@rsy_server ~]# dnf install rsync -y
```

（2）创建同步目录，命令如下：

```
[root@rsy_server ~]# mkdir /data/
```

（3）编辑配置文件，命令如下：

```
[root@rsy_server ~]# vim /etc/rsync.conf
uid = root                              # 运行进程的用户
gid = root                              # 运行进程的用户组
port = 873                              # 默认端口为 873
use chroot = no                         # 关闭假根功能
max connections = 200                   # 最大连接数
timeout = 600                           # 超出的时间
read only = false                       # 对备份数据可读写
list = false                            # 不允许查看模块信息
auth users = root                       # 连接时的认证用户
secrets file = /etc/rsync.passwd        # 连接时的认证密码文件
log file = /var/log/rsyncd.log          # 日志文件
[backup]                                # 定义模块信息
path = /data                            # 定义接受备份数据目录
```

（4）创建密码认证文件，命令如下：

```
[root@rsy_server ~]# vim /etc/rsync.passwd
root:123456
```

（5）修改密码认证文件的权限，命令如下：

```
[root@rsy_server ~]# chmod 600 /etc/rsync.passwd
```

（6）启动 Rsync 服务，命令如下：

```
[root@rsy_server ~]# rsync --daemon --config=/etc/rsync.conf
```

（7）创建测试文件，命令如下：

```
[root@rsy_server ~]# echo "Rsync !" > /data/test
```

（8）关闭防火墙和 SELinux 服务，命令如下：

```
[root@rsy_server ~]# systemctl stop firewalld && systemctl disable firewalld
[root@rsy_server ~]# sed -i 's/^selinux=enforcing$/selinux=disabled/' /etc/selinux/config && setenforce 0
```

2）客户端配置

（1）安装 Rsync 服务，命令如下：

```
[root@rsy_client ~]# dnf install rsync -y
```

（2）创建密码认证文件，命令如下：

```
[root@rsy_client ~]# vim /etc/rsync.passwd
123456
```

（3）修改密码认证文件的权限，命令如下：

```
[root@rsy_client ~]# chmod 600 /etc/rsync.passwd
```

（4）关闭防火墙和 SELinux 服务，命令如下：

```
[root@rsy_client ~]# systemctl stop firewalld && systemctl disable firewalld
[root@rsy_client ~]# sed -i 's/^selinux=enforcing$/selinux=disabled/' /etc/selinux/config && setenforce 0
```

（5）同步测试，命令如下：

```
[root@rsy_client ~]# rsync -avz root@172.16.1.11::backup /tmp --password-file=/etc/rsync.passwd
```

（6）检查效果，命令如下：

```
[root@rsy_client ~]# cat /tmp/test
Rsync !
```

5.3.5 Sersync（文件快速同步）

在 5.3.4 节的基础上，在 Rsync 客户端上安装 Sersync 服务。

（1）安装 Sersync 服务，命令如下：

```
[root@rsy_client ~]# wget http://down.whsir.com/downloads/sersync2.5.4_64bit_binary_stable_final.tar.gz
[root@rsy_client ~]# tar zxvf sersync2.5.4_64bit_binary_stable_final.tar.gz -C /usr/local/
[root@rsy_client ~]# cd /usr/local/GNU-Linux-x86/
```

（2）配置 Sersync 服务，命令如下：

```
[root@rsy_client GNU-Linux-x86]# vim confxml.xml
<localpath watch="/data">                        # 本地同步的监控目录
    <remote ip="172.16.1.11" name="backup"/>     # 远程服务端 ip 地址和模块
<rsync>
    <auth start="true" users="root" passwordfile="/etc/rsync.passwd"/># 用户和密码配置文件
```

（3）创建实时同步目录，命令如下：

```
[root@rsy_client ~]# mkdir /data
```

（4）启用 Sersync 服务，命令如下：

```
[root@rsy_client ~]# /usr/local/GNU-Linux-x86/sersync2 -d
```

（5）检查服务端和客户端的同步目录，命令如下：

```
[root@rsy_server ~]# ll /data
total 0
[root@rsy_client ~]# ll /data
total 0
```

（6）测试客户端与服务端的通信情况，命令如下：

```
[root@rsy_client ~]# touch /data/1.txt
[root@rsy_client ~]# rsync -avz /data/ root@172.16.1.11::backup --password-file=/etc/rsync.passwd
```

（7）在服务端上进行测试，可以看到 1.txt 已经同步到服务端上，命令如下：

```
[root@rsy_server ~]# ls /data/1.txt
/data/1.txt
```

（8）在客户端上创建文件，命令如下：

```
[root@rsy_client ~]# touch /data/2.txt
```

（9）在服务端上查看同步目录，可看到已自动同步在客户端上创建的文件，命令如下：

```
[root@rsy_server ~]# ls /data/2.txt
2.txt
```

5.3.6 Iptables 防火墙

1. 系统环境准备

（1）安装 Iptables 服务，命令如下：

```
[root@localhost ~]# dnf install iptables-services
```

（2）启用 Iptables 服务，命令如下：

```
[root@localhost ~]# systemctl is-active iptables
inactive
```

CentOS 8 中默认不启用 Iptables 服务，使用以上命令查看是否启用。

（3）禁用 Firewalld 服务，启用 Iptables 服务，命令如下：

```
[root@localhost ~]# systemctl stop firewalld
[root@localhost ~]# systemctl disable firewalld
[root@localhost ~]# systemctl start iptables
[root@localhost ~]# systemctl enable iptables
```

2. Iptables 防火墙常用的策略

（1）拒绝进入防火墙的所有 ICMP 协议数据包，命令如下：

```
[root@localhost ~]# iptables -I INPUT -p icmp -j REJECT
```

（2）允许防火墙转发除 ICMP 协议以外的所有数据包，命令如下：

```
[root@localhost ~]# iptables -A FORWARD -p ! icmp -j ACCEPT
```

注意：

使用"!"可以将条件取反。

（3）允许转发来自 192.168.1.0/24 网段的数据包，但拒绝转发来自 192.168.1.10 的数据包。命令如下：

```
[root@localhost ~]# iptables -A FORWARD -s 192.168.1.10 -j REJECT
[root@localhost ~]# iptables -A FORWARD -s 192.168.1.0/24 -j ACCEPT
```

注意：

由于 Iptables 默认由上往下读取规则，匹配到规则就不会继续往下匹配。所以需要把拒绝的规则放在允许的规则前面。

（4）丢弃从网络接口 eth1 进入且源地址为网段 192.168.1.0/16 的数据包，命令如下：

```
[root@localhost ~]# iptables -A INPUT -i eth1 -s 192.168.1.0/16 -j DROP
```

（5）仅允许从 202.13.0.0/16 网段使用 SSH 远程登录主机，命令如下：

```
[root@localhost ~]# iptables -A INPUT -p tcp --dport 22 -s 202.13.0.0/16 -j ACCEPT
[root@localhost ~]# iptables -A INPUT -p tcp --dport 22 -j DROP
```

（6）允许访问 TCP 20～1024 端口，命令如下：

```
[root@localhost ~]# iptables -A INPUT -p tcp --dport 20:1024 -j ACCEPT
[root@localhost ~]# iptables -A OUTPUT -p tcp --sport 20:1024 -j ACCEPT
```

（7）允许转发来自 192.168.1.0/24 网段的 DNS 解析请求数据包，命令如下：

```
[root@localhost ~]# iptables -A FORWARD -s 192.168.1.0/24 -p udp --dport 53 -j ACCEPT
[root@localhost ~]# iptables -A FORWARD -d 192.168.1.0/24 -p udp --sport 53 -j ACCEPT
```

（8）禁止转发源 IP 地址为 192.168.1.20～192.168.1.99 的 TCP 数据包，命令如下：

```
[root@localhost ~]# iptables -A FORWARD -p tcp -m iprange --src-range 192.168.1.20-192.168.1.99 -j DROP
```

 注意：

用 "-m –iprange –src-range" 指定 IP 地址的范围。

5.3.7　Firewalld 防火墙

（1）查看防火墙状态，命令如下：

```
[root@localhost ~]# firewall-cmd --state
```

①查看区域信息，命令如下：

```
[root@localhost ~]# firewall-cmd --get-active-zones
```

②查看指定接口所属区域，命令如下：

```
[root@localhost ~]# firewall-cmd --get-zone-of-interface=eth0
```

③查看现有的规则，命令如下：

```
[root@localhost ~]# firewall-cmd --list-all
```

（2）重载防火墙配置，命令如下：

```
[root@localhost ~]# firewall-cmd --reload
```

（3）开放 80 端口供用户进行访问，命令如下：

```
[root@localhost ~]# firewall-cmd --permanent --zone=public --add-port=80/tcp
```

（4）开放 8080～8083 端口供用户进行访问，命令如下：

```
[root@localhost ~]# firewall-cmd --permanent --zone=public --add-port=8080-
```

```
8083/tcp
```

（5）从开放端口列表中删除 8081 端口，命令如下：

```
[root@localhost ~]# firewall-cmd --permanent --zone=public --remove-port=8081/tcp
```

（6）对 IP 地址 192.168.1.166 开放 3306 端口，命令如下：

```
[root@localhost ~]# firewall-cmd --permanent --add-rich-rule="rule family="ipv4" source address="192.168.1.166" port protocol="tcp" port="3306" accept"
```

（7）对网段 192.168.1.0/24 开放 3306 端口，命令如下：

```
[root@localhost ~]# firewall-cmd --permanent --add-rich-rule="rule family="ipv4" source address="192.168.1.0/24" port protocol="tcp" port="3306" accept"
```

5.4　项目小结

本项目仿照某公司的发展情况部署 Rsync 服务，结合 Sersync 可以自动实时同步公司的重要数据，集群服务器使用 NTP 来进行时间同步，并搭建了 NFS 来共享服务器之间的文件，同时使用 Linux 防火墙保障各项业务的信息安全。

5.5　课后习题

1. Rsync 服务默认端口为（　　）。
   A．871　　　　　　B．872　　　　　　C．873　　　　　　D．874
2. NTP 的全名是什么？

3. 如何使用 firewalld-cmd 设置允许 172.16.1.0/24 的网段访问 80 端口？

4. Rsync 和 Sersync 服务结合使用有什么特点？

5. 在 CentOS 8 中搭建 NFS 服务器，要求如下：共享目录为/opt/NFS；设置共享目录为只读；无论使用什么账号访问，均映射为 NFS 服务器的匿名账号；同时将数据写入内存与硬盘中，保证数据不丢失。

第 6 章　shell 编程

扫一扫
获取微课

　　shell 是操作系统的最外层。shell 俗称壳，用来区别于核。shell 是一个命令行解释器，它向用户提供了一个向 Linux 内核发送请求以便运行程序的界面系统级程序，用户可以用 shell 来启动、挂起、停止甚至编写程序。

6.1　项目背景分析

　　一名运维人员在维护少许的几台服务器和处理少量的业务时，就会显得得心应手。但是，当一名运维人员需要维护的服务器数量较大、处理的业务较多时，人工逐一收集信息进行维护，就会显得力不从心，效率低下。面对上述情况，学会使用 shell 处理一系列任务，有助于运维人员处理日常工作，提高工作效率。shell 是一种程序设计语言，它定义了各种变量和参数，并提供了许多在高级语言中才具有的控制结构，包括循环和分支。同时，它又是命令语言，交互式解释和执行用户输入的命令，或者自动解释和执行预先设定好的一连串命令。

6.2　项目相关知识

6.2.1　Bash shell

1. shell 是什么？

　　Linux 大多是直接通过命令窗口来进行系统控制的，shell 就在其中起了重要的作用。可以简单地将 shell 理解为命令行，与之相关的还有 shell 脚本，就是 shell 能识别的一连串命令行。官方定义：UNIX shell 是一种壳层与命令行界面，是 UNIX 中传统的用户和计算机的交互界面。普通意义上的 shell 就是可以接受用户输入命令的程序。它之所以被称为 shell，是因为它隐藏了操作系统底层的细节。UNIX 中的 shell 既是用户交互的界面，也是控制系统的脚本语言。

2. Bash 是什么？

　　shell 的种类有 Bourne shell(sh)、Bourne Again shell(Bash)、C shell(csh)、K shell(ksh)、shell for Root(sh)等，而 Linux 中默认的 shell 是 Bourne Again shell（简称 Bash），shell 的发明者较多，因此 shell 有很多不同的版本，每种 shell 都有相应的作用。不过众多的 shell 版本其基本都是大同小异的，而 Bash 是 Linux 中的默认 shell 版本，掌握 Bash 对于 Linux 系统使用者来说就显得颇为重要。

6.2.2 shell 语法基础

1. 一个简单的 shell 脚本

（1）用编辑器编辑一个 shell.sh 文件，.sh 为扩展名，说明这是一个 shell 文件，命令如下：

```
#!/bin/bash
echo This is a shell !
```

#! 为一个脚本标记，用于告诉系统使用何种 shell 来解释。
（2）编写完成，赋予 shell 脚本执行权限，执行命令即可得到输出结果，命令如下：

```
[root@shell ~]#chmod +x shell.sh
[root@shell ~]#./shell.sh
This is a shell !
```

2. 变量

在 shell 里，需要使用变量的时候直接创建即可，不需要事先声明它们。
1）变量的命名
- 变量名和等号之间不能存在空格。
- 变量名首个字符不能为数字，只能为英文字母（区分大小写）、数字或下画线。
- 不能使用标点符号。
- 不能使用 Bash 中的保留字。

（1）有效的变量名如下：

```
by
BY_bL
_qla
By2
```

（2）无效的变量名如下：

```
?by
By*lo=lisan
```

2）变量的赋值
（1）变量赋值的使用，其命令格式如下：

```
变量名=值
```

　注意：

赋值两边（等号两边）不能有空格，如等号右边有空格需要加引号。在 shell 中引用变量时在字符前面加$，进行取值，比如：

```
by="HI shell! "
echo $by
echo "$by"
echo '$by'
echo \$by
```

结果如下：

```
HI shell!
HI shell!
$by
$by
```

3）变量的类型

shell 变量的类型分为四种：预定义变量、位置参数变量、环境变量、用户自定义变量。

（1）预定义变量：预定义变量是 Bash 中定义好的变量，它的变量名不能自定义，其作用也是固定的。

$?：保存最后一次的执行命令返回状态。值为 0，则代表命令执行成功；如果值为非 0，则表明命令执行没有成功。

$!：运行的最后一个进程的 PID 号。

（2）位置参数变量：用于向脚本中传递数据或参数，它的变量名不能自定义，其作用也是固定的。

$1、$2、$3……：分别代表程序的第 1 个参数、第 2 个参数……，如参数为 10 个以上需要加上大括号，如${10}。

$*：代表命令行中的所有参数。在一个变量中将所有参数列出，各参数之间用环境变量 IFS 中的第一个字符分隔开。

（3）环境变量：环境变量可以作用于当前 shell 和该 shell 的所有子 shell 中，一般用大写字母作为名字，便于与用户自定义区分开。如果把环境变量写入相应配置文件（如/etc/profile）中，那么该变量会在所有的 shell 中生效。系统自带的环境变量名字不可以更改，其值可以进行修改。用户可以使用 export 自己创建环境变量，命令格式如下：

```
export 变量名=值   #在 shell 中创建环境变量
```

常用的环境变量有以下几种：

- $HOME   #当前用户的家目录。
- $PATH   #以冒号分隔用来搜索命令的目录列表，决定了 shell 将到哪些目录中去寻找命令或程序。
- $PS1   #命令提示符，通常是$字符。
- $IFS   #输入域分隔符。当 shell 读取输入内容时，它给出用来分隔单词的一组字符。
- $0   #shell 脚本的名字。

（4）用户自定义变量：用户自定义变量只会在当前 shell 中生效，也就是"局部变量"，上面程序中的 by、By2 等都是用户自定义变量，只能在变量所在的那个 shell 脚本中生效。用户自定义变量一般用小写字母来命名。

3. 基本运算符

shell 支持多种运算符，如算术运算符、关系运算符、字符串运算符等。但是 Bash 需要通过其他命令来实现简单的数学运算，expr 就是其中一款表达式计算工具。比如：

```
#!/bin/bash
by=`expr 9 + 9`    //两个数相加要注意使用的是反引号`，而不是单引号'，符号前后要有空格
echo "和为：$by"
```

（1）算术运算符的使用。

算术运算符如表 6.1 所示。

表 6.1　算术运算符

运　算　符	说　　　明
+	加法
-	减法
*	乘法
/	除法
%	取余
=	赋值
==	相等
!=	不相等

算术运算符的命令如下：

```
#!/bin/bash
a=1
b=2

by=`expr $a + $b`         //计算a+b的值
echo "a + b = $by"        //输出a+b的值
by=`expr $a - $b`         //计算a-b的值
echo "a - b = $by"        //输出a-b的值
by=`expr $a * $b`         //计算a*b的值
echo "a * b = $by"        //输出a*b的值
by=`expr $b / $a`         //计算a/b的值
echo "b / a = $by"        //输出a/b的值
by=`expr $b % $a`         //计算a%b的值
echo "b % a = $by"        //输出a%b的值
if [ $a == $b ]           //判断a是否等于b，相等则返回a 等于b
then
    echo "a 等于 b"
fi
if [ $a != $b ]           //判断a是否不等于b，不相等则返回a 不等于b
then
    echo "a 不等于 b"
```

```
fi
```
结果为:
```
a + b = 3
a - b = -1
a * b = 2
b / a = 2
b % a = 0
a 不等于 b
```

(2) 关系运算符的使用。

关系运算符见表 6.2。

表 6.2 关系运算符

运算符	说 明
-eq	检测两数是否相等,相等则返回 true
-ne	检测两数是否不相等,不相等则返回 true
-gt	检测左边数是否大于右边数,正确则返回 true
-lt	检测左边数是否小于右边数,正确则返回 true
-ge	检测左边数是否大于等于右边数,正确则返回 true
-le	检测左边数是否小于等于右边数,正确则返回 true

关系运算符的命令如下:

```
#!/bin/bash
a=1
b=2

#检测两数是否相等
if [ $a -eq $b ]
then
#相等则返回 a 等于 b
    echo "$a -eq $b : a 等于 b"
else
#不相等则返回 a 不等于 b
    echo "$a -eq $b: a 不等于 b"
fi
#检测两数是否不相等
if [ $a -ne $b ]
then
    echo "$a -ne $b: a 不等于 b"
else
    echo "$a -ne $b : a 等于 b"
fi
#检测左边数是否大于右边数
if [ $a -gt $b ]
then
```

```
        echo "$a -gt $b: a 大于 b"
    else
        echo "$a -gt $b: a 不大于 b"
    fi
    #检测左边数是否小于右边数
    if [ $a -lt $b ]
    then
        echo "$a -lt $b: a 小于 b"
    else
        echo "$a -lt $b: a 不小于 b"
    fi
    #检测左边数是否大于等于右边数
    if [ $a -ge $b ]
    then
        echo "$a -ge $b: a 大于或等于 b"
    else
        echo "$a -ge $b: a 小于 b"
    fi
    #检测左边数是否小于等于右边数
    if [ $a -le $b ]
    then
        echo "$a -le $b: a 小于或等于 b"
    else
        echo "$a -le $b: a 大于 b"
    fi
```

执行以上命令的运行结果为:

```
1 -eq 2: a 不等于 b
1 -ne 2: a 不等于 b
1 -gt 2: a 不大于 b
1 -lt 2: a 小于 b
1 -ge 2: a 小于 b
1 -le 2: a 小于或等于 b
```

（3）字符串运算符的使用。

字符串运算符如表 6.3 所示。

表 6.3　字符串运算符

运算符	说　明
=	检测两个字符串是否相等，相等则返回 true
!=	检测两个字符串是否不相等，不相等则返回 true
-z	检测字符串长度是否为 0，为 0 则返回 true
-n	检测字符串长度是否不为 0，不为 0 则返回 true
$	检测字符串是否为空，不为空则返回 true

字符串运算符命令如下：

```
#!/bin/bash
a="qwe"
b="asd"

#检测两边字符串是否相等
if [ $a = $b ]
then
#若字符串a等于b，则返回a等于b
    echo "$a = $b : a 等于 b"
else
#$若字符串a不等于b，则返回a不等于b
    echo "$a = $b: a 不等于 b"
fi
#检测两边字符串是否不相等
if [ $a != $b ]
then
    echo "$a != $b : a 不等于 b"
else
    echo "$a != $b: a 等于 b"
fi
#检测字符串长度是否为0
if [ -z $a ]
then
    echo "-z $a : 字符串长度为 0"
else
    echo "-z $a : 字符串长度不为 0"
fi
#检测字符串是否不为0
if [ -n "$a" ]
then
    echo "-n $a : 字符串长度不为 0"
else
    echo "-n $a : 字符串长度为 0"
fi
#检测字符串是否为空
if [ $a ]
then
    echo "$a : 字符串不为空"
else
    echo "$a : 字符串为空"
fi
```

执行以上命令的运行结果为：

```
qwe = asd : a 不等于 b
```

```
qwe != asd  : a 不等于 b
-z qwe  : 字符串长度不为 0
-n qwe  : 字符串长度不为 0
qwe  : 字符串不为空
```

4. 流程控制

在 shell 的流程控制中需要注意的是 shell 的流程控制不能为空。

（1）if else 语法格式如下：

```
if  条件
then
    命令
    命令
else
    命令
fi
```

（2）if elif else 语法格式如下：

```
if  条件 1
then
    命令 1
elif 条件 2
then
    命令 2
else
    条件 N
fi
```

上述语法解释为：当条件 1 满足时，执行命令 1；不满足则执行条件 2，当条件 2 满足时，执行命令 2；不满足就执行条件 N。

（3）if elif else 的使用，其命令如下：

```
#!/bin/bash
a=1
b=2

if [ $a == $b ]      //判断 a 是否等于 b
then
    echo "a 等于 b"   //若 a 等于 b，则输出 a 等于 b，不相等则执行 elif 语句
elif [ $a -gt $b ] //判断 a 是否大于 b
then
    echo "a 大于 b"   //若 a 大于 b，则输出 a 大于 b，不大于则执行 elif 语句
elif [ $a -lt $b ] //判断 a 是否小于 b
then
    echo "a 小于 b"   //若 a 小于 b，则输出 a 小于 b，不小于则执行 else 语句
```

```
else
    echo "没有符合的条件"    //若以上条件都不满足，则输出没有符合的条件
fi
```
结果为：
```
a 小于 b
```

（4）for 循环语法格式如下：
```
for by in t1 t2 … tN
do
    命令1
    命令2
    …
    命令N
done
```

for 循环即执行一次所有命令，使用变量名获取列表中的当前取值。命令可为任何有效的 shell 命令和语句。

（5）for 循环的使用，其命令如下：
```
#!/bin/bash
for by in 'so' 'how'
do
    echo $by
done
```

执行以上命令的运行结果为：
```
so
how
```

（6）while 循环的命令格式如下：
```
while 条件
do
    命令
done
```

while 循环用于不断执行一系列命令，也用于从输入文件中读取数据，命令通常为测试条件。

（7）while 的使用，其命令如下：
```
#!/bin/bash
by=1
while(( $by<=3 ))
do
    echo $by
    let "by++"
done
```

执行以上命令的运行结果为：

```
1
2
3
```

5. shell 函数格式

```
function name() {
    statements
    [return value]
}
```

对上述各部分解释为：function 是 shell 中的关键字，用来定义函数；name 为函数名；statements 为函数要执行的代码；return value 为函数的返回值。

函数的使用，其命令如下：

```
#!/bin/bash
function getsum(){
    local sum=0
    for n in $@      #表示函数的所有参数
    do
        ((sum+=n))
    done
    return $sum
}
getsum 1 2 5         #调用的函数
echo $?              #$?表示函数退出的返回值
```

执行以上命令的运行结果为：

```
8
```

6. 输出/输入重定向

输出/输入重定向符号说明如表 6.4 所示。

表 6.4　输出/输入重定向符号说明

命　　令	说　　明
命令 > 文件	将输出重定向到文件中
命令 < 文件	将输入重定向到文件中
命令 >> 文件	将输出以追加的方式重定向到文件中
a > 文件	将文件描述符为 a 的文件重定向到文件中
a >> 文件	将文件描述符为 a 的文件以追加的方式重定向到文件中
a >& b	将输出文件 a 和 b 合并
a <& b	将输入文件 m 和 n 合并

（1）输出重定向的命令格式如下：

```
命令1 > file1
```

将命令 1 执行的输出内容写入 file1 中，如果不希望 file1 已存在的内容被覆盖，需要使用>>。

（2）输出重定向的使用方法 1，其命令如下：

```
[root@shell ~]#echo "这是一个输出重定向" > test1
[root@shell ~]#cat test1
这是一个输出重定向
```

（3）输出重定向使用方法 2，其命令如下：

```
[root@shell ~]#echo "这还是一个输出重定向" >> test1
[root@shell ~]#cat test1
这是一个输出重定向
这还是一个输出重定向
```

（4）输入重定向的命令格式如下：

```
命令 1 < file1
```

（5）输入重定向的使用方法 1，其命令如下：

```
[root@shell ~]#cat test1
这是一个输出重定向
这还是一个输出重定向
[root@shell ~]#wc -l < test1       //统计 test1 文件的行数
2
```

（6）输入重定向的使用方法 2，其命令如下：

```
[root@shell ~]#命令 1 < test1 > test2    //将 test1 读取的内容写入 test2 中
```

6.2.3 正则表达式

正则表达式是用于描述字符排列和匹配模式的一种语法规则，但在 shell 的一些命令中，有的命令并不支持正则表达式，这就需要用到通配符。正则表达式用来在文件中匹配符合条件的字符串，正则表达式为包含匹配。而通配符用来匹配符合条件的文件名，通配符为完全匹配。常用的 grep、awk、sed 等命令都是支持正则表达式的，而 ls、find、cp 这些命令则不支持正则表达式，只能使用 shell 的通配符来进行匹配。

1. 通配符

常用的通配符如表 6.5 所示。

表 6.5　常用的通配符

符　号	说　明
*	匹配任意字符
?	匹配任何单个字符，不能为空字符
[]	匹配中括号中的一个字符

通配符的使用，其命令如下：

```
[root@shell ~]#ls
abc eat ert qwe
[root@shell ~]#ls ab?
abc
[root@shell ~]#ls e[r,a]t
eat ert
```

2. 正则表达式

正则表达式的符号及说明如表 6.6 所示。

表 6.6　正则表达式的符号及说明

符　　号	说　　明
*	前一个字符匹配 0 次或任意多次
.	匹配除了换行符外的任意一个字符
^	匹配行首
$	匹配行尾
[]	匹配中括号中指定的任意一个字符，只匹配一个字符
[^]	匹配中括号的字符以外的任意一个字符
\	转义符，用于取消特殊符号的含义
\{a\}	表示其前面的字符恰好出现 a 次
\{a,\}	表示其前面的字符出现不小于 a 次
\{a,b\}	表示其前面的字符至少出现 a 次，最多出现 b 次

正则表达式符号的使用，其命令如下：

```
[root@shell ~]#grep -n '^#' test.txt      //搜索行首为#开始的一行，列出行号
[root@shell ~]#grep -n '!$' test.txt      //搜索行尾为!的那一行，列出行号
[root@shell ~]#grep -n 'a.a' test.txt     //搜索 a 与 a 之间有一个字符的字符串
[root@shell ~]#grep -n '\'' test.txt      //搜索含有单引号的那一行
[root@shell ~]#grep -n 'ab*' test.txt     //找出以 a 开头，后面有任意个 b 的字符串
[root@shell ~]#grep -n 'a[bc]' test.txt   //找出含有 ab 或 ac 的那一行
[root@shell ~]#grep -n 'ab\{1,2\}c' test.txt  //在 a 与 c 之间有 1～2 个 b 存在的字符
```

6.3　项目实施

6.3.1　sed、awk 及 grep 命令的使用

1. sed 的用法

sed 是 Linux 中一款功能强大的非交互式文本编辑器，可以对文本文件进行增、删、改、查等操作，支持按行、按字段、按正则表达式匹配文本内容，灵活方便，特别适合于大文件

的编辑。

1）sed 的使用方法

使用 sed 命令处理文本，其命令格式如下：

sed 选项 指令文件

先将 sed 命令保存到文件中，使用参数调用文件：sed 选项 -f sed 指令文件。

2）sed 的常用选项及命令

（1）sed 的常用选项如下：

- -e：它告诉 sed 将下一个参数解释为一个 sed 命令，只有当命令行上给出多个 sed 命令时，才需要使用-e 选项。
- -f：后跟保存了 sed 命令的文件。
- -i：直接对内容进行修改，不加-i 时默认只是预览，不会对文件进行实际修改。
- -n：取消默认输出，sed 默认会输出所有文本内容，使用-n 后只显示处理过的行。

（2）sed 的常用命令如下：

- a：在匹配行后面插入内容。
- c：更改匹配行的内容。
- i：在匹配行前插入内容。
- d：删除匹配的内容。
- s：替换匹配的内容。
- p：打印出匹配的内容，通常与-n 选项一起使用。
- =：用来打印被匹配的行的行号。
- n：读取下一行，遇到 n 时会自动跳到下一行。
- r：用于读文件。
- w：用于将匹配内容写入文件中。

3）sed 命令使用实例

（1）在文件中插入内容，其命令如下：

```
[root@shell ~]#cat shell.txt
zhangsan
369
lisi
957
369
[root@shell ~]#sed '2asusu' shell.txt        //在第二行后添加 susu，2 为行号
zhangsan
369
susu
lisi
957
369
[root@shell ~]#sed '/369/isusu' shell.txt   //在包含 369 的行前插入 susu
zhangsan
susu
369
```

```
lisi
957
susu
369
```

（2）更改文件中指定的行，其命令如下：

```
[root@shell ~]#cat shell.txt
zhangsan
369
lisi
957
369
[root@shell ~]#sed '3csusu' shell.txt
zhangsan
369
susu
957
369
```

（3）替换文件中的内容，其命令如下：

```
[root@shell ~]#cat shell.txt
zhangsan
369 369
lisi
957
369
[root@shell ~]#sed 's/369/susu/' shell.txt    //默认只替换每行匹配的第一个内容
zhangsan
susu 369
lisi
957
susu
[root@shell ~]#sed 's/369/susu/2' shell.txt    //替换每行匹配的第二个内容
zhangsan
369 susu
lisi
957
369
[root@shell ~]#sed 's/369/susu/g' shell.txt    //将匹配到的内容全部替换
zhangsan
susu susu
lisi
957
susu
[root@shell ~]#sed -n 's/369/susu/gpw shell2.txt' shell.txt    //将每行匹配到
的 369 替换为 susu，并打印及写入 shell2.txt 文件中
```

```
susu susu
susu
[root@shell ~]#cat shell2.txt
susu susu
susu
```

(4) 删除文件中的某行，其命令如下：

```
[root@shell ~]#cat shell.txt
zhangsan
369
lisi
957
369
[root@shell ~]#sed '3d' shell.txt      //删除第三行
zhangsan
369
957
369
[root@shell ~]#sed '/lisi\|957/!d' shell.txt     //删除不匹配lisi或957的行,!为取反
lisi
957
```

(5) 打印文件中的行，其命令如下：

```
[root@shell ~]#cat shell.txt
zhangsan
369
lisi
957
369
[root@shell ~]#sed -n '3p' shell.txt        //打印文件中的第三行
lisi
[root@shell ~]#sed -n '1~2p' shell.txt      //从第一行开始,每隔一行打印一次
zhangsan
lisi
369
[root@shell ~]#sed -n '/369/p' shell.txt    //逐行读取,打印匹配到369的行
369
369
```

(6) 打印文件中的行号，其命令如下：

```
[root@shell ~]#cat shell.txt
zhangsan
369
lisi
957
```

```
369
[root@shell ~]#sed -n '/369/=' shell.txt      //打印匹配369的行号
2
5
```

(7) 从文件中读取内容，其命令如下：

```
[root@shell ~]#cat shell.txt
zhangsan
369
lisi
957
369
[root@shell ~]#cat shell2.txt
susu susu
susu
[root@shell ~]#sed '1r shell2.txt' shell.txt  //在shell.txt文件的第一行后插入shell2.txt文件中的内容
zhangsan
susu susu
susu
369
lisi
957
369
[root@shell ~]#sed '/369/r shell2.txt' shell.txt   //在匹配到369的行后插入shell2.txt文件的内容
zhangsan
369
susu susu
susu
lisi
957
369
susu susu
susu
```

(8) 在文件中写入内容，其命令如下：

```
[root@shell ~]#cat shell.txt
zhangsan
369
lisi
957
369
[root@shell ~]#cat shell2.txt
susu susu
susu
```

```
[root@shell ~]#sed -n 'w shell2.txt' shell.txt    //将 shell.txt 文件中的内容写
入 shell2.txt 文件中
[root@shell ~]#cat shell2.txt
zhangsan
369
lisi
957
369
[root@shell ~]#sed -n '/369/w shell2.txt' shell.txt    //将 shell.txt 文件中匹
配到的 369 写入 shell2.txt 文件中，如 shell 文件不存在则创建，存在则覆盖文件内容
369
369
```

4）在 shell 脚本中使用 sed 实例

替换文件中的内容，其命令如下：

```
[root@shell ~]#cat test1.sh
#!/bin/bash
If [ $# -ne 3 ];then              #判断参数的个数
    echo "old new file"           #脚本用法
    exit
fi
sed -i "s#$1#$2#" $3              #将旧内容进行替换
[root@shell ~]#cat 1.txt
222aaa
bbb333
ccc222
222asd
222qwe
[root@shell ~]#./test1.sh 222 999 1.txt
999aaa
bbb333
ccc999
999asd
999qwe
```

2．awk 的用法

awk 认为文本文件都是结构化的，它将每个输入行定义为一个记录，行中的每个字符串定义为一个域（段），域和域之间使用分隔符分隔。

1）awk 的使用方法

命令行使用 awk 处理文本，其命令格式如下：

```
awk 选项 指令 文件
```

2）awk 的常用选项及命令

（1）awk 的常用选项如下：

- -F：指定分隔符，分隔符用""引起来。

- -v：var 在 awk 程序开始之前指定一个值给变量 var。
- -f：调用指令文件。

（2）awk 的常用命令如下：
- $0：当前记录。
- FS：输入字段分隔符，默认是空格。
- NF：当前记录中的字段个数，即有多少列。
- NR：已经读出的记录数，从 1 开始。
- RS：输入的记录分隔符，默认是换行符。
- OFS：输出的字段分隔符，默认是空格。
- ORS：输出的记录分隔符，默认是换行符。
- ARGC：命令行参数个数。
- ARGV：命令行参数数组。

3）awk 命令使用实例

（1）在命令行中输入 awk，其命令如下：

```
[root@shell ~]#awk '{print}' 1.txt
999:aaa
bbb:333
ccc:999
999:asd
999:qwe
```

（2）逐行读取文本内容，每行结束后打印指定内容，其命令如下：

```
[root@shell ~]#awk '{print "awk"}' 1.txt
awk
awk
awk
awk
awk
```

（3）以":"为分隔符打印文件的第一列内容，其命令如下：

```
[root@shell ~]#awk -F ":" '{print $1}' 1.txt
999
bbb
ccc
999
999
```

（4）将指令写入文件中，并通过 -f 选项调用该文件，其命令如下：

```
[root@shell ~]#cat awkfile
BEGIN {
FS=":"
}
{print $1}
[root@shell ~]#awk -f awkfile 1.txt
```

```
999
bbb
ccc
999
999
```

（5）使用正则表达式进行匹配，正则表达式必须要放在//（双斜杠）之间，其命令如下：

```
[root@shell ~]#awk '/999/{print}' 1.txt
999:aaa
ccc:999
999:asd
999:qwe
```

4）在 shell 脚本中使用 awk 实例

打印文本中的每列内容，其命令如下：

```
[root@shell ~]#cat 1.txt
111 222 333 444 555 666 777
[root@shell ~]#cat awk.sh
#!/bin/bash
num=`wc 1.txt | awk '{print $2}'`      #统计文件有多少列
for i in `seq 1 $num`            #根据文件列数进行循环
do
awk -v a=$i '{print $a}' 1.txt    #打印每列的内容，-v 参数指定一个变量保存外部变量的值，并将外部变量的值传递给 awk
done
[root@shell ~]#./awk.sh
111
222
333
444
555
666
777
```

3. grep 的用法

grep 是一种强大的文本搜索工具，它能使用正则表达式搜索文本，并把匹配到的行打印出来。grep 命令用于过滤或搜索特定的字符，可使用正则表达式等多种命令配合使用，在使用上十分灵活。

1）grep 命令

命令格式如下：

```
grep 选项 指令 文件
```

2）grep 的常用选项

- -c：只输出匹配到的行的数量。
- -i：搜索时忽略大小写。

- -h：查询多个文件时不显示文件名。
- -l：只搜索匹配到内容的文件名，而不列出具体的行。
- -n：列出所有匹配到的行，并显示行号。
- -s：不显示不存在或无匹配内容的错误信息。
- -v：显示不包含匹配内容的所有行。
- -w：匹配整词。
- -x：匹配整行。
- -r：递归搜索，不仅搜索所属当前工作目录，而且搜索子目录。
- -q：不显示任何信息。
- -b：打印匹配到的行距文件的头部的偏移量，以字节为单位。
- -o：与-b 选项结合使用，打印匹配到的词距文件头部的偏移量，以字节为单位。
- -E：支持扩展正则表达式。

3）grep 命令使用实例

（1）在文件中搜索某个词，命令会返回包含该词的文本行，其命令如下：

```
[root@shell ~]#grep system /etc/passwd     #在文件中搜索带有 system 的行
systemd-coredump:x:999:997:systemd Core Dumper:/:/sbin/nologin
systemd-resolve:x:193:193:systemd Resolver:/:/sbin/nologin
```

（2）在多个文件中搜索某个词，命令会返回包含该词的文本行，其命令如下：

```
[root@shell ~]#grep "system" /etc/passwd /etc/passwd1
/etc/passwd:systemd-coredump:x:999:997:systemd Core Dumper:/:/sbin/nologin
/etc/passwd:systemd-resolve:x:193:193:systemd Resolver:/:/sbin/nologin
/etc/passwd1:systemd-coredump:x:999:997:systemd Core Dumper:/:/sbin/nologin
/etc/passwd1:systemd-resolve:x:193:193:systemd Resolver:/:/sbin/nologin
```

（3）输出除某个词外的所有行，其命令如下：

```
[root@shell ~]#grep -v "a" /etc/passwd
in:x:1:1:bin:/bin:/sbin/nologin
sync:x:5:0:sync:/sbin:/bin/sync
```

（4）配合正则表达式使用，只输出文件中匹配到的部分，其命令如下：

```
[root@shell ~]#cat 1.txt
ab ab. abc
[root@shell ~]#grep -o -E "[a-z]+\." 1.txt    #匹配结尾带.的词
ab.
```

（5）统计文件或文本中包含匹配字符串的行数，其命令如下：

```
[root@shell ~]#grep -c "system" /etc/passwd
2
```

（6）输出包含匹配字符串的行数，其命令如下：

```
[root@shell ~]#grep -n "system" /etc/passwd
15:systemd-coredump:x:999:997:systemd Core Dumper:/:/sbin/nologin
16:systemd-resolve:x:193:193:systemd Resolver:/:/sbin/nologin
```

（7）在搜索结果中包含或排除指定文件，其命令如下：

```
[root@shell ~]#grep "admin" . -r -include *.{php,html}    #在目录所有的.php
文件和.html文件中递归搜索字符admin
[root@shell ~]#grep "admin" . -r -exclude "README"         #在搜索结果中排除
所有README文件
```

6.3.2　shell 脚本编程

（1）使用 shell 脚本实现自动安装 LAMP，其命令如下：

```
[root@shell ~]#cat lamp.sh
#!/bin/bash
yum -y install httpd
yum -y install mariadb mariadb-devel
yum -y install php
```

（2）判断文件或目录是否存在，其命令如下：

```
[root@shell ~]#cat list.sh
#!/bin/bash
if [ $# -eq 0 ];then
        echo "请输入内容"
fi
if [ -f $1 ];then
        echo "文件存在"
        ls -l $1
else
        echo "文件不存在"
fi
if [ -d $1 ];then
        echo "目录存在"
        ls -ld $2
else
        echo "目录不存在"
fi
```

6.4　项目小结

本项目讲述了 shell 编程的基础内容，通过学习 shell 知识、掌握 shell 知识，运维人员在日常工作中往往会大大提高工作效率，减少一些不必要的操作。

6.5 课后习题

1. 命名变量的名字应该注意什么？

2. 变量的类型有哪几种？

3. 编写一个脚本生成 9×9 乘法表。

第 7 章 Linux 网站服务器搭建与管理

扫一扫
获取微课

我们经常访问的网站有百度、腾讯、淘宝、新浪等，如今几乎所有公司都拥有自己的网站，它们利用网站来进行公司宣传、产品信息发布、人员招聘等。随着网页制作技术的发展，很多人也开始制作自己的个人网站，他们通过在个人网站上发表自己的见闻、展示自己的产品等。本章我们将探究 Linux 中网站服务器搭建与管理的相关知识。

7.1 项目背景分析

某公司是一家大型的互联网公司，现需要部署一个大型网站，该网站包含了两个子站点，其中一个子站点域名为 www.abc.com，另一个子站点域名为 shop.abc.com。子站点 www.abc.com 为公司的主页，用于展示公司的组成架构和最新活动等，该子站点使用 PHP 语言开发，所以需要配置服务器以支持 PHP 编程语言。子站点 shop.abc.com 为公司的产品信息页，用于产品的展示和订购等服务，该子站点使用 Java 语言开发，所以需要配置服务器以支持 Java 语言。

7.2 项目相关知识

7.2.1 Apache 服务器

Apache HTTP Server（简称 Apache）是 Apache 软件基金会旗下一个开放源代码的 Web 服务器软件，该软件可以运行在几乎所有的 UNIX、Linux、Windows 系统上，因其显著的跨平台和安全性及可移植性的特点而被广泛采用，是最流行的 Web 服务器软件之一，全球很多著名的网站都是使用 Apache 进行部署的。

1. 安装 Apache 服务

（1）配置国内软件源以加快下载速度，其命令如下：

```
# mkdir /etc/yum.repos.d/bak
# mv /etc/yum.repos.d/CentOS-Base.repo /etc/yum.repos.d/bak
# mv /etc/yum.repos.d/CentOS-AppStream.repo /etc/yum.repos.d/bak
```

```
# wget -O /etc/yum.repos.d/CentOS-Base.repo http://mirrors.aliyun.com/repo/Centos-8.repo
# dnf clean all
# dnf makecache        //把软件元数据源缓存到本地上
# dnf repolist         //检查软件源是否正常
```

（2）安装 Apache 服务，其命令如下：

```
# dnf install -y httpd
```

（3）安装完成。安装步骤非常简单，安装完成后需要记住如表 7.1 所示的 Apache 的常用目录。

表 7.1　Apache 的常用目录

目录／文件名	描　　述
/var/www	存放网站内容
/etc/httpd/conf/httpd.conf	Apache 主配置文件
/usr/sbin/httpd	Apache 执行程序

（4）配置 Apache 服务为开机自动启动，其命令如下：

```
# systemctl start httpd
# systemctl enable httpd
```

（5）至此 Apache 服务已启动并配置为开机自动启动，如果服务无法正常访问，则请确认防火墙是否已经开放 80 端口，其命令如下：

```
# firewall-cmd --permanent --add-port=80/tcp
# firewall-cmd --reload
```

2. Apache 配置文件

Apache 的配置文件非常冗长，但大部分都是注释内容，真正起作用的配置内容不多，接下来学习 Apache 配置文件的结构和作用。

1）全局配置部分

Apache 的安装目录通过 ServerRoot 关键字进行设置，其命令如下：

```
ServerRoot "/etc/httpd"
```

指定 Apache 服务器的监听端口号，一般为 80 端口，其命令如下：

```
Listen 80
```

通过设置 Include 指令可以把 conf.modules.d 目录下以 .conf 结尾的配置文件合并到主配置文件中，这样做的优势是将配置文件模块化，其命令如下：

```
Include conf.modules.d/*.conf
```

通过 User 和 Group 指令设置运行 Apache 程序的用户和用户组，使得 Apache 程序获得该用户和用户组对应的权限，其命令如下：

```
User apache
Group apache
```

2）主服务配置部分

通过 ServerAdmin 指令设置网站管理员邮箱，当网站出现异常时可将异常信息发送至该邮箱地址，其命令如下：

```
ServerAdmin root@localhost
```

通过 ServerName 指令设置主站点域名，使得网站可通过该域名进行访问，其命令如下：

```
#ServerName www.example.com:80
```

通过 Directory 指令设置目录权限，如下示例为配置全局目录默认规则，拒绝所有访问根目录的请求，其命令如下：

```
<Directory />
    AllowOverride none
    Require all denied
</Directory>
```

通过 DocumentRoot 指令指定网站主目录的位置，即网站内容的存放路径，其命令如下：

```
DocumentRoot "/var/www/html"
```

通过 Directory 指令设置目录权限，如下示例为配置/var/www 目录的权限，规则为允许所有访问/var/www 目录的请求，其命令如下：

```
<Directory "/var/www">
    AllowOverride None
    Require all granted
</Directory>
```

通过 Directory 指令设置目录权限，如下示例为配置/var/www/html 目录的权限，规则为允许所有访问/var/www/html 目录的请求，并且禁止显示该文件的目录列表，其命令如下：

```
<Directory "/var/www/html">
    Options Indexes FollowSymLinks
    AllowOverride None
    Require all granted
</Directory>
```

通过 ErrorLog 指令设置主站点的错误日志存储文件名，其命令如下：

```
ErrorLog "logs/error_log"
```

通过 LogLevel 指令设置日志级别，当日志级别大于等于所设置级别后才记录在日志文件中，命令如下：

```
LogLevel warn
```

<IfModule>块用于判断是否加载某模块，如果已加载则执行块内的配置，否则块内的配置不生效，如下示例中模块内容为设置日志格式，其命令如下：

```
<IfModule log_config_module>
    LogFormat "%h %l %u %t \"%r\" %>s %b \"%{Referer}i\" \"%{User-Agent}i\"" combined
    LogFormat "%h %l %u %t \"%r\" %>s %b" common
    <IfModule logio_module>
```

```
        LogFormat "%h %l %u %t \"%r\" %>s %b \"%{Referer}i\" \"%{User-Agent}i\
" %I %O" combinedio
        </IfModule>
        CustomLog "logs/access_log" combined
</IfModule>
```

通过 IncludeOptional 指令把 conf.d 目录下以.conf 结尾的配置文件合并到主配置文件中，其命令如下：

```
IncludeOptional conf.d/*.conf
```

3. 部署静态网站

（1）在安装并启动 Apache 服务后，软件会带有默认的欢迎页，我们要把这些默认的配置删除，然后部署我们的 Web 项目，其命令如下：

```
# rm -rf /etc/httpd/conf.d/welcome.conf
```

（2）接下来只需把我们的静态 Web 项目存放在 /var/www/html 目录中（假设 Web 项目中的主页为 index.html 文件），然后重新启动 Apache 服务即可通过浏览器访问该静态网站，其命令如下：

```
# echo "My First Page" > /var/www/html/index.html
# systemctl restart httpd
```

（3）在浏览器中输入网址 http://localhost 或 http://<服务器 IP 地址> 即可看到新的页面，如图 7.1 所示。

图 7.1　通过浏览器访问 Apache 服务器

7.2.2　Nginx 服务器

Nginx 是一款高性能的 HTTP 服务器，相较于 Apache 有占用内存少、稳定性高等优势。该软件的设计充分使用了异步逻辑，削减了上下文调度开销，所以并发服务能力更强；整体采用模块化设计，有丰富的官方模块库和第三方模块库，配置非常灵活。Nginx 在 Linux 中使用的是 epoll 事件模型，得益于此，Nginx 在 Linux 中使用效率十分高。Nginx 的功能强大，可作为 HTTP 服务器、反向代理服务器和邮件服务器。

1. 安装 Nginx 服务

（1）创建 /etc/yum.repos.d/nginx.repo 文件并添加 Nginx 软件源，nginx.repo 文件内容如下：

```
vim/etc/yum.repos.d/nginx.repo
[nginx-stable]
name=nginx stable repo
baseurl=http://nginx.org/packages/centos/$releasever/$basearch/
gpgcheck=1
enabled=1
gpgkey=https://nginx.org/keys/nginx_signing.key
module_hotfixes=true
```

（2）安装 Nginx 服务，其命令如下：

```
# dnf install -y nginx
```

（3）安装完成。安装步骤非常简单，安装完成后需要记住如表 7.2 所示的 Nginx 的常用目录。

表 7.2 Nginx 的常用目录

目录 / 文件名	描 述
/usr/share/nginx/html	存放网站内容
/etc/nginx/nginx.conf	主配置文件
/usr/sbin/nginx	执行程序
/var/log/nginx	日志文件

（4）配置 Nginx 服务为开机自动启动，其命令如下：

```
# systemctl enable nginx
# systemctl start nginx
```

（5）至此 Nginx 服务已启动并配置为开机自动启动。如果服务无法正常访问请确认防火墙是否已经开放 80 端口，其命令如下：

```
# firewall-cmd --permanent --add-port=80/tcp
# firewall-cmd --reload
```

2. Nginx 配置文件

Nginx 的配置文件非常简洁，主要分为三部分：全局块、events 块、http 块。
（1）全局块：配置服务器整体运行的配置指令，如 worker_processes 1。
（2）events 块：影响 Nginx 服务器与用户的网络连接，如 worker_connections 1024。
（3）http 块：此块包含两个子块，http 全局块和 server 块。
Nginx 配置文件的常用配置及说明如下：

```
## 定义 Nginx 运行的用户和用户组
```

```
user www www;

## Nginx 进程数，通常设置成和 CPU 的数量相等
worker_processes 4;

## 全局错误日志定义类型，[debug | info | notice | warn | error | crit]
#error_log  logs/error.log;
#error_log  logs/error.log  notice;
#error_log  logs/error.log  info;

## 进程 pid 文件
#pid /usr/local/nginx/logs/nginx.pid;

## 指定进程可以打开的最大描述符：数量
## 工作模式与连接数上限
## 这个指令是指一个 Nginx 进程打开的最多文件描述符数量，最好与 ulimit -n 的值保持一致
worker_rlimit_nofile 65535;

events {
    ## 参考事件模型，use [ kqueue | rtsig | epoll | /dev/poll | select | poll ];
    ## 如果是 Linux 2.6 以上版本内核中的高性能网络 I/O 类型，Linux 建议使用 epoll 模型
    use epoll;

    ## 单个进程最大连接数（最大连接数=连接数+进程数）
    ## 根据硬件调整，与前面工作进程配合起来使用
    worker_connections 1024;

    ## keepalive 超时时间
    keepalive_timeout 60;
}

## 设置 HTTP 服务器，可利用它的反向代理功能提供负载均衡支持
http{
    ## 文件扩展名与文件类型映射表
    include mime.types;

    ## 默认文件类型
    default_type application/octet-stream;

    ## 默认编码
    charset utf-8;

    ## 设定通过 Nginx 上传文件的大小
    client_max_body_size 8m;
```

```
## 开启高效文件传输模式
## sendfile 指令指定 Nginx 是否调用 sendfile 函数（zero copy 方式）来输出文件
## 对于普通应用，sendfile 的值必须设为 on
## 如果应用需要较高的磁盘 I/O 速度，sendfile 的值可设置为 off，以平衡磁盘与网络 I/O
处理速度，降低系统 uptime
sendfile on;

## 该参数用于开启目录列表访问权限默认关闭
autoindex on;

## 此选项允许或禁止使用 socke 的 TCP_CORK 选项，此选项仅在使用 sendfile 函数的时候使用
tcp_nopush on;
tcp_nodelay on;

## 长连接超时时间，单位是秒
keepalive_timeout 120;

## 配置 FastCGI 相关参数
## 以下参数是为了改善网站的性能，减少占用的资源，提高访问速度
fastcgi_connect_timeout 300;
fastcgi_send_timeout 300;
fastcgi_read_timeout 300;
fastcgi_buffer_size 64k;
fastcgi_buffers 4 64k;
fastcgi_busy_buffers_size 128k;
fastcgi_temp_file_write_size 128k;

## 设置 gzip 模块
## 开启 gzip 压缩输出功能
gzip on;
## 设置文件压缩后的最小文件大小
gzip_min_length 1k;
## 压缩缓冲区
gzip_buffers 4 16k;
## 压缩版本（默认为 1.1 版本，前端如果是 squid2.5，则请使用 1.0 版本）
gzip_http_version 1.0;
## 压缩等级
gzip_comp_level 2;
## 压缩类型，默认包含了 textml，所以下面就不用再写了，写上去也不会有问题，但是会有一个 warning（警告）
gzip_types text/plain application/x-javascript text/css application/xml;
gzip_vary on;
```

```nginx
## 开启限制 IP 连接数功能的时候需要使用
limit_zone crawler $binary_remote_addr 10m;

## 配置虚拟主机
server {
  ## 监听端口
  listen 80;
  ## 域名可以有多个，用空格隔开
  server_name www.web01.com web01.com;
  ## 默认入口文件名称
  index index.html index.htm index.php;
  root /data/www/web01;
  ## 配置 PHP
  location ~ .*.(php|php5)?$
  {
    fastcgi_pass 127.0.0.1:9000;
    fastcgi_index index.php;
    include fastcgi.conf;
  }

  ## 设置图片缓存时间
  location ~ .*.(gif|jpg|jpeg|png|bmp|swf)$
  {
    expires 10d;
  }

  ## 设置 JS 和 CSS 的缓存时间
  location ~ .*.(js|css)?$
  {
    expires 1h;
  }

  ## 设定日志格式
  ## $remote_addr 与$http_x_forwarded_for 用来记录客户端的 IP 地址
  ## $remote_user：用来记录客户端的用户名
  ## $time_local：  用来记录访问时间与时区
  ## $request：  用来记录请求的 URL 与 HTTP 协议
  ## $status：  用来记录请求状态，成功是 200
  ## $body_bytes_sent ：记录发送给客户端文件主体内容大小
  ## $http_referer：用来记录当前页面的上一个链接
  ## $http_user_agent：记录客户浏览器的相关信息
  log_format access '$remote_addr - $remote_user [$time_local] "$request" '
  '$status $body_bytes_sent "$http_referer" '
  '"$http_user_agent" $http_x_forwarded_for';
```

```
    ##定义本虚拟主机的访问日志
    access_log  /usr/local/nginx/logs/web01.access.log  main;
    access_log  /usr/local/nginx/logs/web01.access.404.log  log404;

    ##对 "/web02" 启用反向代理功能
    location /web02 {
        ##请注意此处端口号不能与虚拟主机监听的端口号一样（也就是 server 监听的端口号）
        proxy_pass http://127.0.0.1:8080;
        proxy_redirect off;
        proxy_set_header X-Real-IP $remote_addr;
        ##后端的 Web 服务器可以通过 X-Forwarded-For 获取用户真实 IP 地址
        proxy_set_header X-Forwarded-For $proxy_add_x_forwarded_for;
        proxy_set_header Host $host;
        ##允许客户端请求的最大单文件字节数
        client_max_body_size 10m;
        ##设置缓冲区可缓冲的客户端请求字节数
        client_body_buffer_size 128k;
        ##设置 Nginx 服务器若不响应 HTTP 代码则为 400 或更高的请求
        proxy_intercept_errors on;
        ## Nginx 与后端服务器连接超时时间（代理连接超时）
        proxy_connect_timeout 90;
        ##后端服务器数据回传时间（代理发送超时）
        proxy_send_timeout 90;
        ##连接成功后，后端服务器响应时间（代理接收超时）
        proxy_read_timeout 90;
      }
   }
 }
```

3. 部署静态网站

（1）在安装并启动 Nginx 服务后，软件会带有默认的欢迎页，要把这些默认的配置删除，然后部署 Web 项目，其命令如下：

```
# rm -rf /usr/share/nginx/html/index.html
```

（2）接下来只需把静态 Web 项目存放在 /usr/share/nginx/html/ 目录中（假设 Web 项目中的主页为 index.html 文件），然后重新启动 Nginx 服务即可通过浏览器访问该静态网站，其命令如下：

```
# echo "My First Page" > /usr/share/nginx/html/index.html
# systemctl restart nginx
```

（3）在浏览器中输入网址 http://localhost 或 http://<服务器 IP 地址> 即可看到新的页面，如图 7.2 所示。

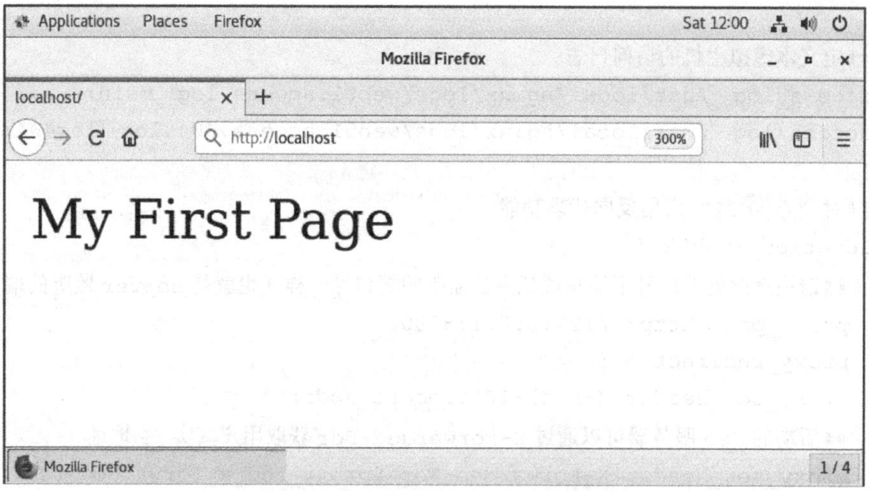

图 7.2 通过浏览器访问 Nginx 服务器

 7.3 项目实施

7.3.1 配置基于域名的虚拟主机

1. 安装 Nginx 服务

（1）添加阿里云软件源以加快下载速度，其命令如下：

```
# mkdir /etc/yum.repos.d/bak
# mv /etc/yum.repos.d/CentOS-Base.repo /etc/yum.repos.d/bak
# mv /etc/yum.repos.d/CentOS-AppStream.repo /etc/yum.repos.d/bak
# curl -o /etc/yum.repos.d/CentOS-Base.repo http://mirrors.aliyun.com/repo/Centos-8.repo
# dnf clean all
# dnf makecache
```

（2）安装 Nginx 服务，其命令如下：

```
# dnf install -y nginx
```

（3）配置 Nginx 服务为开机自动启动，其命令如下：

```
# systemctl enable nginx
# systemctl start nginx
```

（4）至此 Nginx 服务已启动并配置为开机自动启动，如果服务无法正常访问，请确认防火墙是否已开放 80 端口，其命令如下：

```
# firewall-cmd --permanent --add-port=80/tcp
# firewall-cmd --reload
```

2. 配置虚拟主机

（1）编辑配置文件/etc/nginx/conf.d/default.conf，添加如下内容：

```
server {
    listen       80;
    server_name  www.abc.com;
    root    /usr/share/nginx/html/www.abc.com;
}

server{
    listen 80;
    server_name shop.abc.com;
    location / {
        root /usr/share/nginx/html/shop.abc.com;
        index index.html index.htm;
    }
}
```

（2）创建虚拟主机站点对应的目录和文件，其命令如下：

```
# mkdir -p /usr/share/nginx/html/{www,shop}.abc.com
# echo "Welcome to www.abc.com <?php phpinfo(); ?>" > /usr/share/nginx/html/www.abc.com/index.html
# echo "Welcome to shop.abc.com" > /usr/share/nginx/html/shop.abc.com/index.html
```

（3）编辑/etc/hosts 文件，用于解析域名，其命令如下：

```
# echo "127.0.0.1 www.abc.com shop.abc.com" >> /etc/hosts
```

（4）重新加载 Nginx 服务使得配置生效，其命令如下：

```
# systemctl reload nginx
```

（5）访问测试，其命令如下：

```
# curl http://www.abc.com
Welcome to www.abc.com
# curl http://shop.abc.com
Welcome to shop.abc.com
```

至此，虚拟主机已配置完成。

7.3.2 配置站点 www.abc.com 支持 PHP 语言

1. 安装 MariaDB 数据库

（1）安装 MariaDB 数据库，其命令如下：

```
# dnf install -y mariadb-server mariadb
```

（2）启动 MariaDB 服务并设置为开机自动启动，其命令如下：

```
# systemctl start mariadb
# systemctl enable mariadb
```

（3）运行安全脚本，其命令如下：

```
# mysql_secure_installation
```

（4）根据提示设置密码并进行初始化。

2. 安装 PHP-FPM 服务

（1）安装 PHP 和相关模块，其命令如下：

```
# dnf install -y install php php-mysqlnd php-fpm php-opcache php-gd php-xml php-mbstring
```

（2）启动 PHP-FPM 服务并设置为开机自动启动，其命令如下：

```
# systemctl start php-fpm
# systemctl enable php-fpm
```

（3）修改 PHP-FPM 配置文件中 user 和 group 两项，其命令如下：

```
user = nginx
group = nginx
```

（4）重新加载配置使配置生效，其命令如下：

```
# systemctl reload php-fpm
# systemctl reload nginx
```

3. 测试 PHP

在浏览器中输入 http://www.abc.com 即可看到 PHP 的相关信息，如图 7.3 所示。

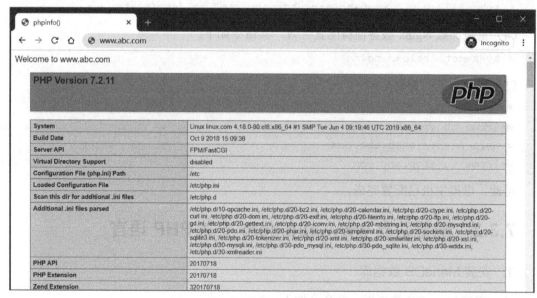

图 7.3　通过浏览器访问 www.abc.com

7.3.3　配置站点 shop.abc.com 支持 Java 语言

1. 配置 JDK 环境

（1）下载 JDK 工具包（请自行到官网上下载），并解压，其命令如下：

```
# mkdir /usr/local/java
# tar xf jdk-8u241-linux-x64.tar.gz -C /usr/local/java/
```

（2）在/etc/profile 文件中添加环境变量的配置命令，其命令如下：

```
# vi /etc/profile
export JAVA_HOME=/usr/local/java/jdk1.8.0_241
export CLASSPATH=.:$JAVA_HOME/lib/dt.jar:$JAVA_HOME/lib/tools.jar
export PATH=$PATH:$JAVA_HOME/bin
```

（3）重新读取文件中的配置内容，其命令如下：

```
# source /etc/profile
```

2. 安装 Tomcat 服务

（1）下载 Tomcat 软件包，其命令如下：

```
# wget http://mirrors.tuna.tsinghua.edu.cn/apache/tomcat/tomcat-9/v9.0.30/bin/apache-tomcat-9.0.30.tar.gz
```

（2）解压 Tomcat 软件包，并启动 Tomcat 服务器，其命令如下：

```
# mkdir /root/tomcat
# tar xf apache-tomcat-9.0.30.tar.gz -C /root/tomcat
# cd /root/tomcat/apache-tomcat-9.0.30/bin
# ./startup.sh
```

（3）因为 Tomcat 服务默认使用 8080 端口，所以需要配置防火墙允许 8080 端口的数据包通过，其命令如下：

```
# firewall-cmd --add-port=8080/tcp --permanent
# firewall-cmd --reload
```

3. 配置 Nginx

（1）添加如下加粗配置项 proxy_pass，其命令如下：

```
server {
    listen  80;
    server_name    shop.abc.com;
    location / {
         proxy_pass http://127.0.0.1:8080;
         root    /usr/share/nginx/html/shop.abc.com;
         index   index.html index.htm;
    }
}
```

（2）重新加载 Nginx 服务使配置生效，其命令如下：

```
# systemctl reload nginx
```

（3）如果开启 SELinux 服务，可能还需要执行以下命令才能正常访问：

```
# setsebool -P httpd_can_network_connect true
```

4. 测试 Tomcat

在浏览器中输入 http://shop.abc.com 即可看到 Tomcat 相关信息，如图 7.4 所示。

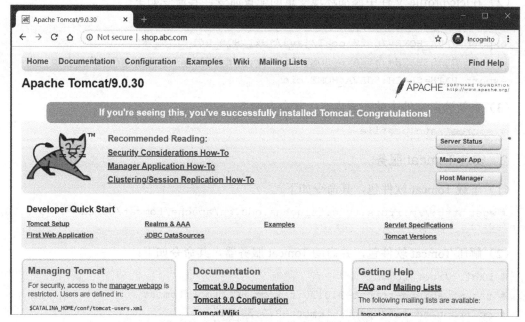

图 7.4 通过浏览器访问 shop.abc.com

7.4 项目小结

本章讲解了两个主流 Web 服务器 Apache、Nginx 的安装和配置等操作，并通过项目实施模拟了一个公司网站的搭建过程，其中包括了虚拟主机的配置、整合 PHP 和 Nginx、整合 Tomcat 和 Nginx 等。该项目涉及了运维工作中的绝大部分内容，应多加练习，熟练掌握。

7.5 课后习题

1．常用的 Web 服务器端口是（　　）。
A．22　　　　　　　　B．80　　　　　　　　C．3306　　　　　　　　D．8080

2．Apache 的默认主配置文件在哪里？

3．Nginx 的默认主配置文件在哪里？

4．Nginx 如何修改默认监听端口？

第 8 章　Linux 数据库服务器配置

扫一扫
获取微课

数据库是按照数据结构来组织、存储和管理数据的仓库。随着信息时代的发展，用户产生的信息量逐渐增长，如游戏公司中玩家账号的信息、电商平台中顾客的交易足迹，又或是销售公司内部仓库的仓储情况，都需要数据库来组织、存储和管理信息。若使用不当，则出现数据丢失等情况，会给公司带来严重的损失。本章将介绍目前使用广泛的 MySQL 数据库和 Redis（NoSQL）数据库。

8.1　项目背景分析

A 公司是一家中小型网上商品运营公司，公司因市场扩大，收入增加，所以决定扩大规模，实现更丰富的功能，但这需要提高服务器的稳定性。公司经过讨论后决定给服务器配置主从同步服务，并为此添加一台新服务器。小张是这家公司的运维人员，一早接到了领导的通知，要将新数据库的基础环境配置完毕，并完成与原服务器的主从配置，A 公司新增数据库后的网络拓扑如图 8.1 所示。

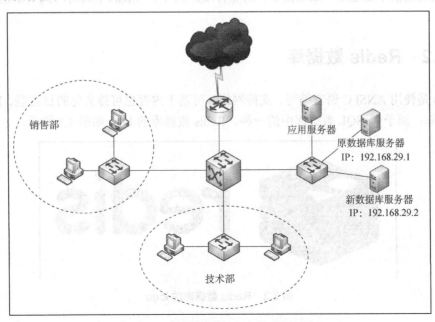

图 8.1　A 公司新增数据库后的网络拓扑

8.2 项目相关知识

8.2.1 MySQL 数据库

MySQL 是一种开放源代码的关系型数据库管理系统,原开发者为瑞典的 MYSQL_AB 公司,后来该公司于 2008 年被 Sun Microsystems 收购。2009 年,甲骨文公司(Oracle)收购 Sun Microsystems,因此 MySQL 成为 Oracle 旗下产品,MySQL 的 logo 如图 8.2 所示。

图 8.2 MySQL 的 logo

由于本身性能高、成本低、可靠性好,MySQL 成为最受欢迎的开源软件之一,现在大多数网站的数据库都使用 MySQL,如非常流行的开源软件组合 LAMP 中的"M"就是指 MySQL。MySQL 也有它的不足之处,如规模小、功能有限,但对于一般的个人用户或中小型企业来说足够了。

8.2.2 Redis 数据库

Redis 是使用 ANSI C 语言编写、支持网络、可基于内存也可持久化的日志型、Key-Value 开源数据库,属于 NoSQL 数据库中的一种。Redis 数据库的 logo 如图 8.3 所示。

图 8.3 Redis 数据库的 logo

与 MySQL 数据库不同，Redis 数据库不支持 SQL 语句，在 NoSQL 的世界中没有一种通用的语言，每种 NoSQL 数据库都有自己的 API 和语法，以及擅长的业务场景，虽然和 MySQL 数据库一样都属于数据库，可是两者使用时并不冲突。MySQL 数据库虽然广受欢迎，但是它作为关系型数据库，主要用于存放持久化数据，将数据存储在硬盘中，读取速度较慢，如果过于频繁地访问数据，则会导致负载过高。而 Redis 数据库因其具有的高性能的特性可以用来做缓存数据库，当数据依赖不再需要时，Redis 这种基于内存的性质的数据库，与在执行事务时会将每个变化都写入硬盘的数据库系统相比，执行效率会提高很多。因此在很多公司中，会同时使用 MySQL 和 Redis 两种数据库，以应付更多的工作，从而显得更加灵活。

8.2.3 主从同步

1. 主从同步的概念

主从同步是一种常见的数据库架构，主从架构的基本设计思路是，在有多台服务器的架构情况下，将其中一个服务器作为主服务器，其他为从服务器，其中从服务器不写入数据，只同步主服务器的数据，如图 8.4 所示。

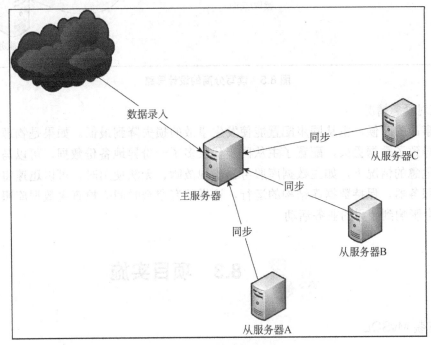

图 8.4 主从同步

2. 主从同步配置的优势

主从同步配置完毕后，主服务器的数据库内容和从服务器的数据内容会保持一致，看上去好像因为重复而浪费了资源，但是对于数据库来说，稳定和高效比占用资源更重要，这种架构带来两个明显的优势。

1）实现负载均衡

实现负载均衡即可以通过在多个服务器上分配处理客户查询的负荷，从而提高客户响应时间。常用的实现方法为读写分离。读写分离是数据库需要使用主从架构的最主要原因，其中主服务器只负责录入或修改数据，而查询数据则使用从服务器，从而减轻了服务器的压力，尤其是一些宣传网站，读的需求大于写的需求。读写分离的设计思路如图 8.5 所示。

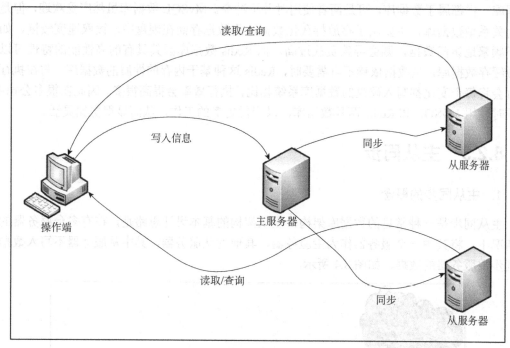

图 8.5 读写分离的设计思路

2）应对紧急情况

发生事故的时候，主从同步配置能使发生事故的损失降到最低。如果是物理情况，如硬盘拔出导致了数据丢失，配置了主从同步代表多了一份异地备份数据，可以马上恢复数据。在更危急的情况下，如主数据库服务器出现故障、无法使用时，可以迅速将从服务器提升为主服务器，保持数据库结构的运行，这样就有空余时间去检查主数据库服务器的问题，而不会影响到公司的业务活动。

 8.3 项目实施

1. 安装 MySQL

（1）使用 yum 命令安装 MySQL 数据库，其命令如下：

```
[root@MYSQL /]#yum -y install mysql-server.x86_64
```

（2）检查 MySQL 是否成功安装，命令和输出结果如下：

```
[root@MYSQL /]# rpm -qa | grep mysql
mysql-common-8.0.17-3.module_el8.0.0+181+899d6349.x86_64
mysql-8.0.17-3.module_el8.0.0+181+899d6349.x86_64
mysql-server-8.0.17-3.module_el8.0.0+181+899d6349.x86_64
mysql-errmsg-8.0.17-3.module_el8.0.0+181+899d6349.x86_64
```

```
#显示有 mysql 相关文件即安装成功
```

（3）启动 MySQL 数据库相关服务，其命令如下：

```
[root@MYSQL /]# systemctl start mysqld.service      //启动 MySQL 服务
[root@MYSQL /]# systemctl enable mysqld.service     //设置MySQL服务开机自动启动
```

（4）查看 root 用户的初始密码，命令和输出结果如下：

```
[root@MYSQL /]# grep "password" /var/log/mysql/mysqld.log
2019-11-14T09:59:34.476906Z 5 [Warning] [MY-010453] [Server] root@localhost
is created with an empty password ! Please consider switching off the
--initialize-insecure option.
```

由上述输出可以看到 root@localhost is created with an empty password!，意思是 root 密码是空的。MySQL 数据库的默认密码和 MySQL 数据库的版本有关系，有一些版本会设置初始密码，所以要先在 mysqld.log 文件中查看。

（5）MySQL 管理工具 mysqladmin。

mysqladmin 是一个执行管理操作的客户端程序，它可以用来检查服务器的配置和当前状态等。使用 mysqladmin 命令修改数据库用户密码，其命令格式如下：

```
mysqladmin -u用户名 -p原密码 password 修改后密码
#若原密码为空白，则-p 后面不用加任何参数
```

例如，将 root 用户的密码从 123456 修改为 123，其命令如下：

```
[root@MYSQL /]# mysqladmin -uroot -p123456 password 123
```

使用 mysqladmin 命令查询服务器版本，其命令如下：

```
[root@MYSQL /]# mysqladmin -uroot -p123 version
```

使用 mysqladmin 命令显示服务器所有运行中的进程，其命令如下：

```
[root@MYSQL /]#mysqladmin -uroot -p123 processlist
```

mysqladmin 命令提供的功能在进入 mysql 状态下都能实现，使用 mysqladmin 命令可以减少进入 MySQL 数据库的次数，会更加方便。

2. MySQL 数据库的基本配置

my.cnf 是 MySQL 数据库的配置文件，在旧版 MySQL 数据库中，配置文件会直接写入 my.cnf 文件中，而新版的 MySQL 会将配置文件存储在 my.cnf.d 文件中。my.cnf.d 文件内容如下：

```
[root@MYSQL /]#vim /etc/my.cnf
# This group is read both both by the client and the server
# use it for options that affect everything
[client-server]
# include all files from the config directory
!includedir /etc/my.cnf.d
```

MySQL 数据库是可以直接使用的，但我们需要配置主从同步，而主从同步要求主从数据库有相同的配置，我们需要认识并确认主数据库的相关配置，以便配置从数据库。

查看原有的配置文件，其命令如下：

```
[root@MYSQL /]#ls /etc/my.cnf.d
client.cnf  MYSQL-default-authentication-plugin.cnf  MYSQL-server.cnf
```

以上可以看出三个配置文件，分别对应客户端配置、认证设置和服务器配置。虽然分成了三个文档，实际上还是依赖开头的中括号内容来判断参数所属范围，在哪个文档中写入并无影响。

其中认证设置中那一行代码与 MySQL 数据库的版本有关，如果不是跨版本无须修改，而跨版本容易遇到复杂的问题，进行主从同步配置尽量使用相同的数据库版本。

查看服务器配置，命令和输出结果如下：

```
[root@MYSQL /]#vim /etc/my.cnf.d/MYSQL-server.cnf
[MYSQLd]
datadir=/var/lib/MYSQL                    //数据目录
socket=/var/lib/MYSQL/MYSQL.sock          //socket 通信设置
log-error=/var/log/MYSQL/MYSQLd.log       //错误日志路径
pid-file=/run/MYSQLd/MYSQLd.pid           //pid 文件路径
```

除原设置提供的几个路径外，还可以添加几个常用设置，其命令如下：

```
port = 3306        //监听端口
service-startup-timeout=seconds    //等待确认服务器启动的秒数
bind-address = 0.0.0.0    //指定网络接口能连接到 MySQL server
server-id = 1      //表示本机的序号为1，唯一，配置主从同步时注意主服务器和从服务器的 id 不能相同
```

配置完服务器后，查看客户端的设置，命令和输出结果如下：

```
[root@MYSQL /]#vim /etc/my.cnf.d/client.cnf
# These two groups are read by the client library
# Use it for options that affect all clients, but not the server
[client]
# This group is not read by MYSQL client library,
# If you use the same .cnf file for MYSQL and MariaDB,
# use it for MariaDB-only client options
[client-mariadb]
```

可以看到这里没有对 client 进行配置，在 client 的范围内输入配置，其命令如下：

```
port = 3306        //监听端口
socket = /usr/local/MYSQL/tmp/MYSQL.sock    //socket 通信设置
```

3. MySQL 的基本操作

完成配置之后可以进行一些简单的操作，测试一下当前数据库是否存在问题。

（1）连接 MySQL，命令和输出结果如图 8.6 所示。

```
[root@MYSQL /]#mysql  -u[用户名]  -p[密码]
```

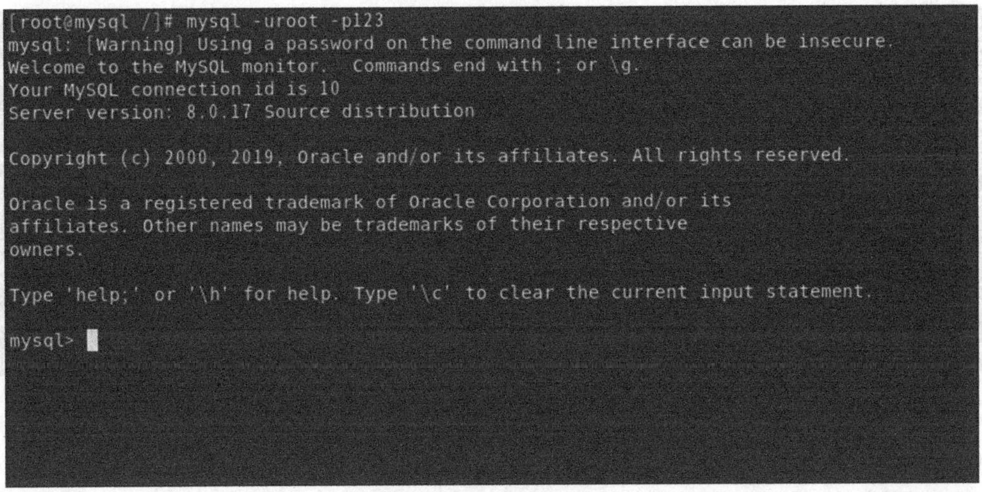

```
[root@mysql /]# mysql -uroot -p123
mysql: [Warning] Using a password on the command line interface can be insecure.
Welcome to the MySQL monitor.  Commands end with ; or \g.
Your MySQL connection id is 10
Server version: 8.0.17 Source distribution

Copyright (c) 2000, 2019, Oracle and/or its affiliates. All rights reserved.

Oracle is a registered trademark of Oracle Corporation and/or its
affiliates. Other names may be trademarks of their respective
owners.

Type 'help;' or '\h' for help. Type '\c' to clear the current input statement.

mysql>
```

图 8.6　连接 MySQL

（2）数据库的基本操作，其命令格式如下：

```
mysql>create  database [数据库名];  //新建数据库
mysql>show databases;   //查看数据库
mysql>drop database [数据库名];    //删除数据库
mysql>use  [数据库名];  //切换到数据库中
mysql>select database [数据库名];  //查看当前使用的数据库
```

例如，添加一个名为 test01 的数据库，并使用 show 命令查看后，删除原有的数据库 test01，MySQL 的基本操作如图 8.7 和图 8.8 所示。

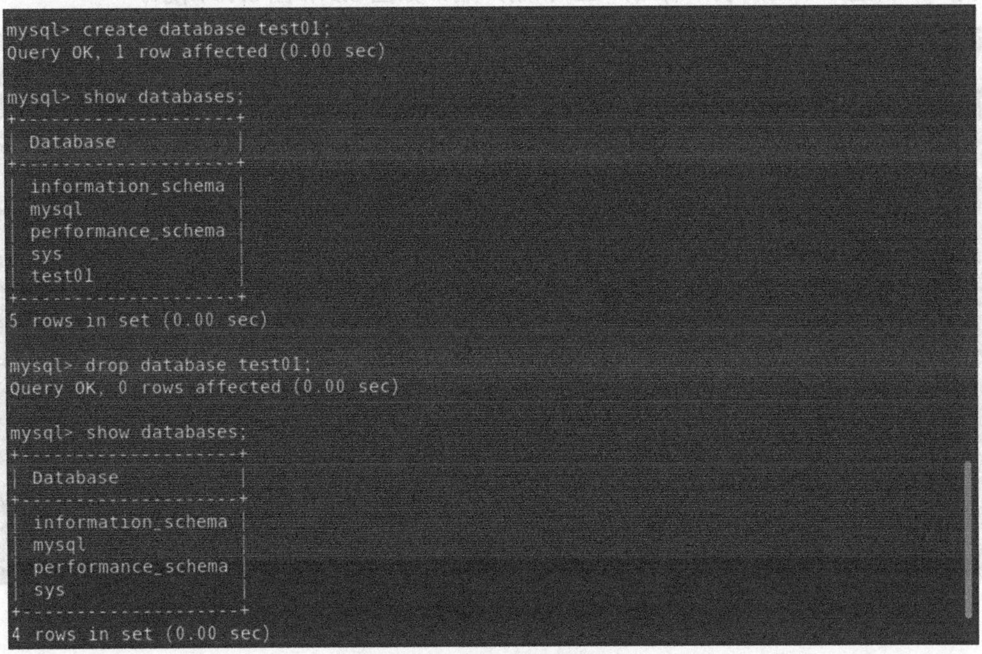

```
mysql> create database test01;
Query OK, 1 row affected (0.00 sec)

mysql> show databases;
+--------------------+
| Database           |
+--------------------+
| information_schema |
| mysql              |
| performance_schema |
| sys                |
| test01             |
+--------------------+
5 rows in set (0.00 sec)

mysql> drop database test01;
Query OK, 0 rows affected (0.00 sec)

mysql> show databases;
+--------------------+
| Database           |
+--------------------+
| information_schema |
| mysql              |
| performance_schema |
| sys                |
+--------------------+
4 rows in set (0.00 sec)
```

图 8.7　MySQL 的基本操作 1

```
mysql> create database test01;
Query OK, 1 row affected (0.00 sec)

mysql> use test01;
Database changed
mysql> select database();
+------------+
| database() |
+------------+
| test01     |
+------------+
1 row in set (0.00 sec)

mysql>
```

图 8.8　MySQL 的基本操作 2

(3) 对表的基本操作，其命令格式如下：

mysql> create table [表名] (字段名 类型(长度) 约束，字段名 类型(长度) 约束)；
新建表

mysql>show tables;　　　　　　　　//查看表

mysql>desc table [表名]；　　　　//查看表结构

mysql>drop table [表名]；　　　　//删除表

#在对表进行操作之前需要先切换到对应数据库中

mysql>insert into [表名] values (值1,值2,值3...);　　//向表中插入数据

mysql>select * from [表名]；　　//查看整个表的内容

mysql> delete from [表名] [where 条件]；//删除表中某一条命令

例如，新建一个用户表，有用户 ID 和用户名，如图 8.9 和图 8.10 所示。

```
mysql> create table user(id int,name char(255));
Query OK, 0 rows affected (0.09 sec)

mysql> show tables;
+------------------+
| Tables_in_test01 |
+------------------+
| user             |
+------------------+
1 row in set (0.00 sec)

mysql> desc user;
+-------+-----------+------+-----+---------+-------+
| Field | Type      | Null | Key | Default | Extra |
+-------+-----------+------+-----+---------+-------+
| id    | int(11)   | YES  |     | NULL    |       |
| name  | char(255) | YES  |     | NULL    |       |
+-------+-----------+------+-----+---------+-------+
2 rows in set (0.03 sec)

mysql>
```

图 8.9　使用 MySQL 命令对表的操作 1

```
mysql> insert into user values (1,"a");
Query OK, 1 row affected (0.00 sec)

mysql> select * from user;
+----+------+
| id | name |
+----+------+
|  1 | a    |
+----+------+
1 row in set (0.00 sec)

mysql> delete from user where name = 'a'
    -> ;
Query OK, 1 row affected (0.00 sec)

mysql> select * from user;
Empty set (0.00 sec)

mysql>
```

图 8.10 使用 MySQL 命令对表的操作 2

数据库常见字符类型：

int——整数型

float——单精度浮点数

double——双精度浮点数

year——年

time——时间

date——日期

char(*m*)——文本类型（*m* 在 0~255 之间）

varchar(*m*)——文本类型（*m* 在 0~65535 之间）

4. MySQL 数据库的备份与还原

一般在进行可能对原数据库造成影响的操作时，一定先备份。

（1）使用 mysqldump 进行备份，其命令格式如下：

`[root@MYSQL /]#mysqldump -u[用户名] -p [数据库名] >> 备份目标文件`

例如，将 test01 数据库备份到/beifen.sql 文件中，其命令如下：

`[root@MYSQL /]#mysqldump -uroot -p 'test01' >> /beifen.sql`

（2）进行数据库的还原，其命令如下：

`[root@MYSQL /]# mysql -uroot -p 'test01' < /beifen.sql`

5. MySQL 的主从同步配置

1）准备工作

确认主从数据库的版本号相同。

从数据库有主数据库中的数据，也就是主从数据库内数据一致。

主从数据库处于同一网段，比如：

主数据库，192.168.29.1 : 3306。

从数据库，192.168.29.2 : 3306。

2）配置主服务器

打开 mysql.server.cnf 文件，在结尾处插入下面两行命令：

```
log-bin=MYSQL-bin    //启用二进制日志 主数据库必备操作
server-id=1          //设置 server-id，唯一值，标识主机
```

退出保存后重启 MySQL 服务，输入下列命令，查看二进制文件名和位置如图 8.11 所示。

```
mysql>CREATE USER 'master_root'@'192.168.29.2' IDENTIFIED BY 'MYSQL@1234';
//创建主从同步的账号/密码
mysql >GRANT REPLICATION SLAVE ON *.* TO 'master_root'@'192.168.29.2'; //
分配权限
mysql>flush privileges                                    //刷新权限
mysql>show master status;       //查看 master 的状态，记录二进制文件名和位置.后面
                                 配置从数据库会用到
```

```
mysql> show master status
    -> ;
+---------------+----------+--------------+------------------+-------------------+
| File          | Position | Binlog_Do_DB | Binlog_Ignore_DB | Executed_Gtid_Set |
+---------------+----------+--------------+------------------+-------------------+
| binlog.000032 |      155 |              |                  |                   |
+---------------+----------+--------------+------------------+-------------------+
1 row in set (0.01 sec)

mysql>
```

图 8.11　查看二进制文件名和位置

3）配置从服务器

打开 mysql.server.cnf 文件，在结尾处插入下面命令：

```
server-id=2    //设置 server-id，唯一值，标识从机
```

退出保存后重启 MySQL 服务，输入下面命令，进行 slave 同步，查看 slave 进程状态如图 8.12 所示。

```
mysql> CHANGE MASTER TO
    -> MASTER_HOST='192.168.29.1',
    -> MASTER_USER='master_root',
    -> MASTER_PASSWORD='MYSQL@1234',
    -> MASTER_LOG_FILE='MYSQL-bin.000004',
    -> MASTER_LOG_POS=156;
mysql>start slave;              //启动 slave 同步进程
mysql>show slave status\G       //查看 slave 进程状态
```

6. 安装和启动 Redis 数据库

（1）使用 yum 命令安装 Redis 数据库，其命令如下：

```
[root@Redis /]#  yum install -y redis
```

（2）查看 Redis 数据库是否安装完毕，命令和输出结果如下：

```
[root@MYSQL /]# rpm -qa | grep redis
```

```
redis-5.0.3-1.module_el8.0.0+6+ab019c03.x86_64
```

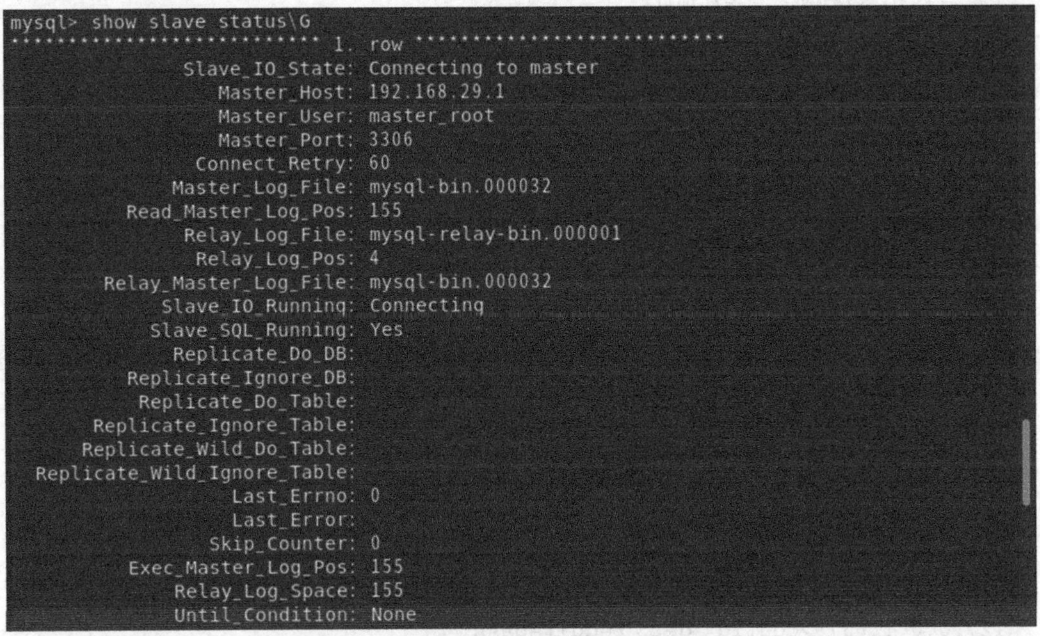

```
mysql> show slave status\G
*************************** 1. row ***************************
               Slave_IO_State: Connecting to master
                  Master_Host: 192.168.29.1
                  Master_User: master_root
                  Master_Port: 3306
                Connect_Retry: 60
              Master_Log_File: mysql-bin.000032
          Read_Master_Log_Pos: 155
               Relay_Log_File: mysql-relay-bin.000001
                Relay_Log_Pos: 4
        Relay_Master_Log_File: mysql-bin.000032
             Slave_IO_Running: Connecting
            Slave_SQL_Running: Yes
              Replicate_Do_DB:
          Replicate_Ignore_DB:
           Replicate_Do_Table:
       Replicate_Ignore_Table:
      Replicate_Wild_Do_Table:
  Replicate_Wild_Ignore_Table:
                   Last_Errno: 0
                   Last_Error:
                 Skip_Counter: 0
          Exec_Master_Log_Pos: 155
              Relay_Log_Space: 155
              Until_Condition: None
```

图 8.12　配置从服务器和查看 slave 进程状态

（3）启动 Redis 的服务状态。Redis 的主要启动方法有两种。如果一个服务器中只需要启动一个 Redis，可以直接使用 systemctl 命令。

```
[root@redis /]# systemctl start redis    //启动 Redis 服务
[root@redis /]# systemctl enable redis   //设置 Redis 服务开机自动启动
```

但是一般一个服务器只使用一个 Redis 数据库过于浪费，如需要同时启动多个 Redis 数据库，可使用 redis-server 命令启动，用 redis-server 命令启动的 Redis 服务和用 systemctl 命令启动的并不同，因此不能相互控制。使用 redis-server 命令启动 Redis 服务如下所示：

```
[root@redis /]# redis-server 配置文件路径
```

（4）查看 Redis 的活动端口，命令和输出结果如下：

```
[root@Redis /]#netstat -nltp|grep redis
tcp    0   0   127.0.0.1:6379    0.0.0.0:*    LISTEN    8839/redis-server 1
```

7. Reids 数据库的基本配置

和 MySQL 数据库一样，要进行主从同步配置的前提是需要主从服务器保持一样的配置，所以也需要根据原服务器配置情况来修改 Redis 数据库的配置。

Redis 的配置文件为 etc 文件夹下的 redis.conf，编辑配置命令如下：

```
[root@Redis /]#vim /etc/redis.conf
```

redis.conf 文件中有大量被注释掉的参数，里面提供了大部分的默认参数，下面是一些基本参数的说明：

```
port    [端口号]    //指定端口号
bind    IP //指定 Redis 只接收来自于该 IP 地址的请求，如果不进行设置，那么将处理所有请求
```

```
loglevel        //指定日志记录级别（debug、verbose、notice、warning）
logfile         //配置 log 文件地址
daemonize       //Redis 能否在后台运行（yes、no）
pidfile         //配置 pid 文件地址
requirepass     //设置 Redis 密码
```

8. Redis 数据库的基本操作

1）登录和退出 Redis 数据库

登录 Redis 数据库，其命令格式如下：

```
[root@Redis /]#redis-cli -h [主机号] -p [端口号] -a [密码]
#在/etc/redis.conf 文件中修改密码
```

在 Redis 数据库中，即使密码错误也可以进入 Redis 的操作模式，但是无法对数据库进行操作，这时可以使用 auth 登录，其命令格式如下：

```
127.0.0.1:6379> auth [密码]
```

查看 Redis 数据库的密码，其命令如下：

```
127.0.0.1:6379>config get requirepass
```

退出 Redis 数据库，其命令如下：

```
127.0.0.1:6379>shutdown
```

2）key（键）命令

因 Redis 数据库是一个 key-value 的键值对的内存数据库，最基本的操作就是对这些 key 进行的操作，常用操作的命令格式如下：

```
SET   KEY   [键名]    新建键
DEL   [键名]    删除键
EXISTS   [键名]    检查给定 key 是否存在
RENAME   [键名]   [新键名] 修改 key 的名称
```

3）string（字符串）数据结构及相关命令

Redis 数据库的字符串数据类型的相关命令用于管理 Redis 数据库的字符串值，常用操作的命令格式如下：

```
SET   [键名]   [键值]    设置指定 key 的值
GET   [键名]    获取指定 key 的值
MSET/MGET   [键 1]    [键 2]…  设置/获取多个 key 的值
INCR/DECR   [键名]    将 key 中数字的值增加/减少 1
APPEND   [键名]   [追加字符串] 如果 key 已经存在并且是一个字符串，将指定的字符串追加到该 key 原来值的末尾
```

4）hash（哈希）数据结构及相关命令

Redis hash 是一个 string 类型的 field 和 value 的映射表，因每个 hash 可以存储（$2^{32}-1$）个键值对，所以特别适合存储对象，常用操作的命令格式如下：

```
HMSET   [表名]   [键 1]    [键 2]…   同时将多个键对设置到哈希表中
```

```
HDEL     [表名]    [键1]    [键2]…    删除一个或多个哈希表字段
HGETALL  [表名]             获取在哈希表中指定 key 的所有字段和值
HEXISTS  [表名]    [键名]   查看哈希表中指定的字段是否存在
```

5) list（列表）数据结构及相关命令

Redis 数据库的列表是简单的字符串列表，按照插入顺序排序。可以添加一个元素到列表的头部（左边）或尾部（右边），常用操作的命令格式如下：

```
RPUSH    [表名]   [元素1]   [元素2]…   在列表中添加一个或多个值
LPUSH    [表名]   [元素1]   [元素2]…   将一个或多个值插入列表头部中
LRANGE   [表名]   [开始]    [结束]     获取列表指定范围内的元素
LLEN     [表名]   获取列表长度
LPOP     [表名]   移出并获取列表的第一个元素
RPOP     [表名]   移出并获取列表的最后一个元素
LREM     [表名]   [数量]    [元素值]   移出指定元素
```

6) Set/Sorted Set（集合/有序集合）数据结构及相关命令

Redis 数据库的集合（Set）是 String 类型的无序集合。集合成员是唯一的，这就意味着集合中不能出现重复的数据。至于有序集合（Sorted Set），每个元素都会关联一个 double 类型的分数，并且分数可重复。而 Redis 数据库正是通过分数来为集合中的成员进行从小到大排序的，常用操作的命令格式如下：

```
SADD    [集合名]   [成员1]    [成员2]…
#向集合添加一个或多个成员
ZADD    [集合名]   [分数1 成员1]    [分数2 成员2]…
#向有序集合添加一个或多个成员，或者更新已存在成员的分数
SREM/ZREM   [集合名]   [成员1]    [成员2]…
#移除集合/有序集合中一个或多个成员
SMEMBERS   [集合名]                //返回集合中的所有成员
ZRANGE    [集合名]   [开始]    [结束]
#通过索引区间返回有序集合指定区间内的成员
ZRANGEBYSCORE   [集合名]   [最小]   [最大]
#通过分数返回有序集合指定区间内的成员
```

9. Redis 数据库的主从同步配置

1) 准备工作

要求主从数据库内数据一致。

主从数据库处于同一网段，比如：

主服务器，192.168.29.1。

从服务器，192.168.29.2。

2) 主服务器配置

编辑/etc/redis.conf 文件，将 bind 127.0.0.1 修改为 bind 192.168.29.1，如图 8.13 所示。

编辑后，重启 Redis 服务，其命令如下：

```
[root@redis /]# vim /etc/redis.conf
[root@redis /]# systemctl restart redis
```

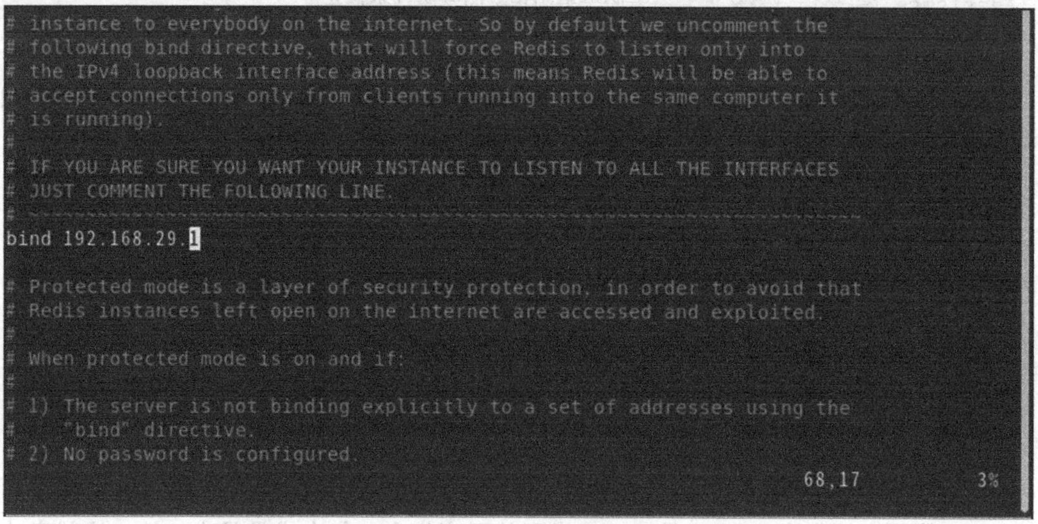

```
# instance to everybody on the internet. So by default we uncomment the
# following bind directive, that will force Redis to listen only into
# the IPv4 loopback interface address (this means Redis will be able to
# accept connections only from clients running into the same computer it
# is running).
#
# IF YOU ARE SURE YOU WANT YOUR INSTANCE TO LISTEN TO ALL THE INTERFACES
# JUST COMMENT THE FOLLOWING LINE.
# ~~~~~~~~~~~~~~~~~~~~~~~~~~~~~~~~~~~~~~~~~~~~~~~~~~~~~~~~~~~~~~~~~~~~~~
bind 192.168.29.1

# Protected mode is a layer of security protection, in order to avoid that
# Redis instances left open on the internet are accessed and exploited.
#
# When protected mode is on and if:
#
# 1) The server is not binding explicitly to a set of addresses using the
#    "bind" directive.
# 2) No password is configured.
                                                               68,17          3%
```

图 8.13　将 bind 127.0.0.1 修改为 bind 192.168.29.1

3）从服务器配置

```
[root@redis /]# vim /etc/redis.conf
```

编辑/etc/redis.conf 文件，将 bind 127.0.0.1 修改为 bind 192.168.29.2，如图 8.14 所示。

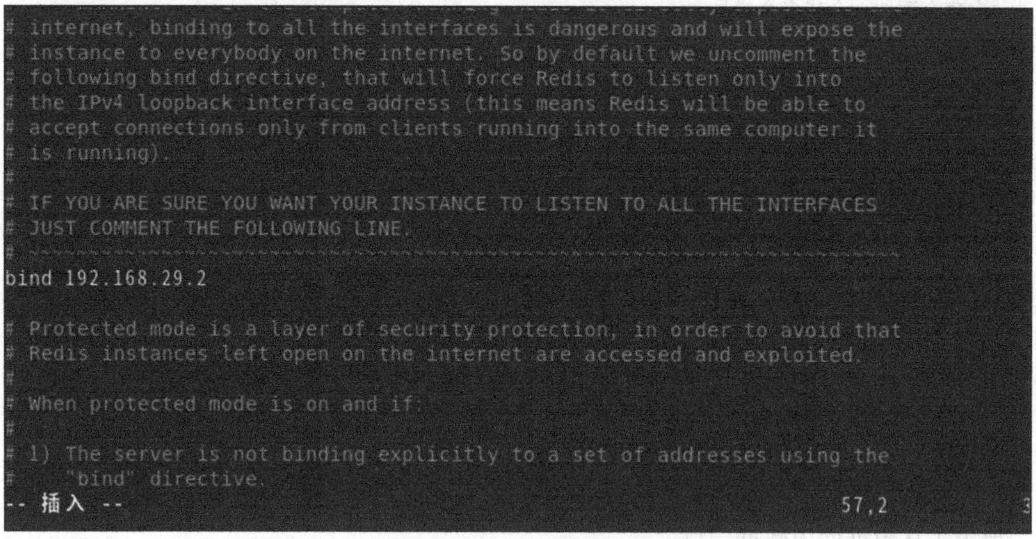

```
# internet, binding to all the interfaces is dangerous and will expose the
# instance to everybody on the internet. So by default we uncomment the
# following bind directive, that will force Redis to listen only into
# the IPv4 loopback interface address (this means Redis will be able to
# accept connections only from clients running into the same computer it
# is running).
#
# IF YOU ARE SURE YOU WANT YOUR INSTANCE TO LISTEN TO ALL THE INTERFACES
# JUST COMMENT THE FOLLOWING LINE.
# ~~~~~~~~~~~~~~~~~~~~~~~~~~~~~~~~~~~~~~~~~~~~~~~~~~~~~~~~~~~~~~~~~~~~~~
bind 192.168.29.2

# Protected mode is a layer of security protection, in order to avoid that
# Redis instances left open on the internet are accessed and exploited.
#
# When protected mode is on and if:
#
# 1) The server is not binding explicitly to a set of addresses using the
#    "bind" directive.
-- 插入 --                                                     57,2
```

图 8.14　将 bind 127.0.0.1 修改为 bind 192.168.29.2

修改后我们下拉到近 300 行，如图 8.15 所示，可以看到 replicaof（旧版 Redis 数据库使用的是 slave，新版 Redis 数据库统一更新为 replicaof）的相关文件，需要关注和修改的 3 行配置代码如下：

```
replicaof    [主节点 IP 地址]    [主节点端口号]
masterauth   [master 的登录密码]    //如果主服务器有密码为必设项
replica-read-only  [yes/no]  //强制读写分离（默认为 yes）
```

根据主服务器的情况配置从服务器，如图 8.15 所示。

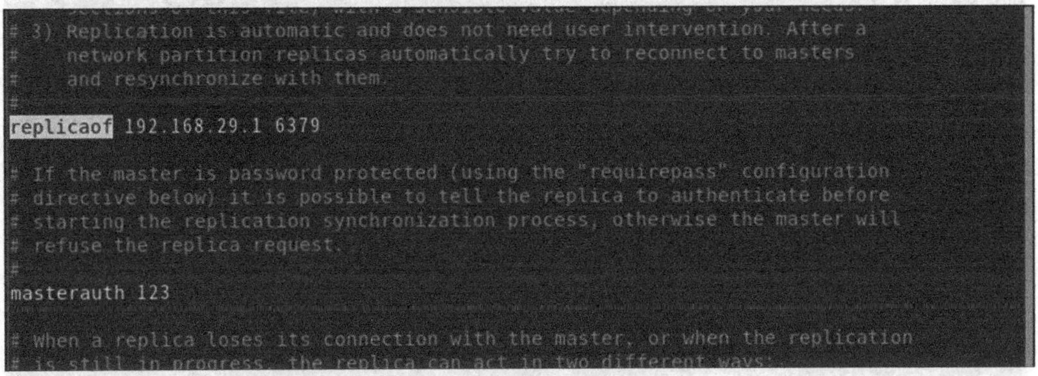

```
# 3) Replication is automatic and does not need user intervention. After a
#    network partition replicas automatically try to reconnect to masters
#    and resynchronize with them.

replicaof 192.168.29.1 6379

# If the master is password protected (using the "requirepass" configuration
# directive below) it is possible to tell the replica to authenticate before
# starting the replication synchronization process, otherwise the master will
# refuse the replica request.

masterauth 123

# When a replica loses its connection with the master, or when the replication
# is still in progress, the replica can act in two different ways:
```

图 8.15 从服务器的配置

从服务器配置完毕后不要忘记重启系统，随后可在主服务器上插入数据进行测试，其命令如下：

```
[root@redis /]# redis-cli -h 192.168.29.1
192.168.29.1:6379> auth 123
OK
192.168.29.1:6379> set redis ceshi
OK
192.168.29.1:6379> get redis
"ceshi"
```

在从服务器中进行验证，其命令如下：

```
[root@redis /]# redis-cli -h 192.168.29.2
192.168.29.2:6379> auth 123
OK
192.168.29.2:6379> get redis
"ceshi"
```

4）查看主从同步服务情况

可以使用 info replication 命令查看服务情况，如图 8.16 和图 8.17 所示。

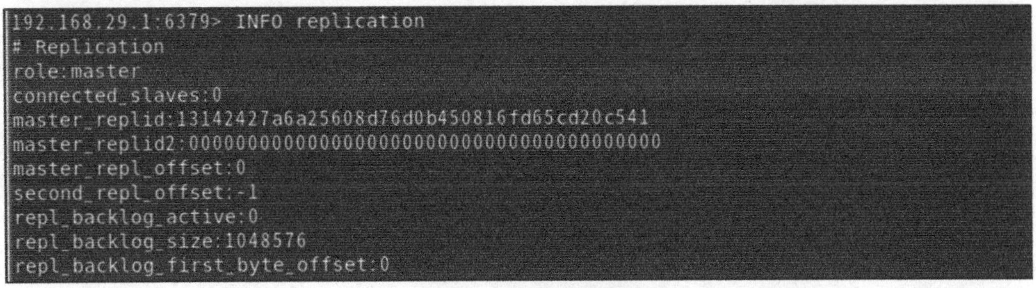

```
192.168.29.1:6379> INFO replication
# Replication
role:master
connected_slaves:0
master_replid:13142427a6a25608d76d0b450816fd65cd20c541
master_replid2:0000000000000000000000000000000000000000
master_repl_offset:0
second_repl_offset:-1
repl_backlog_active:0
repl_backlog_size:1048576
repl_backlog_first_byte_offset:0
```

图 8.16 查看主节点

```
192.168.29.2:6379> INFO replication
# Replication
role:slave
master_host:192.168.29.1
master_port:6379
master_link_status:up
master_last_io_seconds_ago:2
master_sync_in_progress:0
slave_repl_offset:518
slave_priority:100
slave_read_only:1
connected_slaves:0
master_replid:1de8347c9f1f58bdf9f2687270785bbba15a0323
master_replid2:0000000000000000000000000000000000000000
master_repl_offset:518
second_repl_offset:-1
repl_backlog_active:1
repl_backlog_size:1048576
repl_backlog_first_byte_offset:281
repl_backlog_histlen:238
```

图 8.17　查看副节点

8.4　项目小结

本项目模拟某公司的发展情况部署了 MySQL 数据库和 Redis 数据库的主从同步，从而实现读写分离，缓解了数据库服务器的压力，提高了数据库服务器的稳定性，为公司能更好地提升与发展打下了基础。

8.5　课后习题

1．MySQL 默认端口为_____，Redis 的默认端口为_____。
2．在 Redis 的配置文件中，bind 是指_____。
3．Redis 有哪些数据结构字符串？

4．配置数据库的主从同步需要哪些条件？

第 9 章　网站部署与运维

扫一扫
获取微课

如今互联网发展迅速，信息技术越来越成熟，各网站展示出来的效果更加惊艳。众多的企业或相关机构都会通过网站来向用户展示企业的产品或功能信息。为什么他们要用网站来展示信息呢？因为用户只需要计算机浏览器就能查看，免去了下载各种 APP 的烦琐，还解决了跨平台问题。常用的 Web 服务器有很多，如 Apache、Nginx、Tomcat、Lighttpd、Microsoft IIS 等，本章将使用 Apache 或 Nginx 服务器与 PHP 编程语言、数据库进行联合搭建 LAMP 或 LNMP 网站架构。

9.1　项目背景分析

某公司是一家电子商务运营公司，该公司原网络拓扑如图 9.1 所示。Web 服务器的可用性及稳定性是该公司业务正常运行的技术保障。该公司在建立初期鉴于资金、人力等方面的考虑，采用了 LAMP 方式搭建公司的 Web 服务器，该 Web 服务器在初期面对用户客流量较少时，能够较好地满足公司需要，给予了用户比较不错的体验。但是随着公司不断发展，业务扩大，访问量不断增加，Web 服务器开始表现得有些力不从心，经常在用户高访问量时，出现网页访问缓慢、卡死，Web 服务器资源占用过高等问题。由此，公司管理者提出以下策略：改造 Web 服务器，增加服务器数量，实现冗余技术，停用原先的 LAMP 技术，引入 Nginx 技术，使用 LNMP 搭建 Web 服务器，提高服务器的高可用性、稳定性，再增加一个负载均衡技术。该公司改造后的网络拓扑如图 9.2 所示。

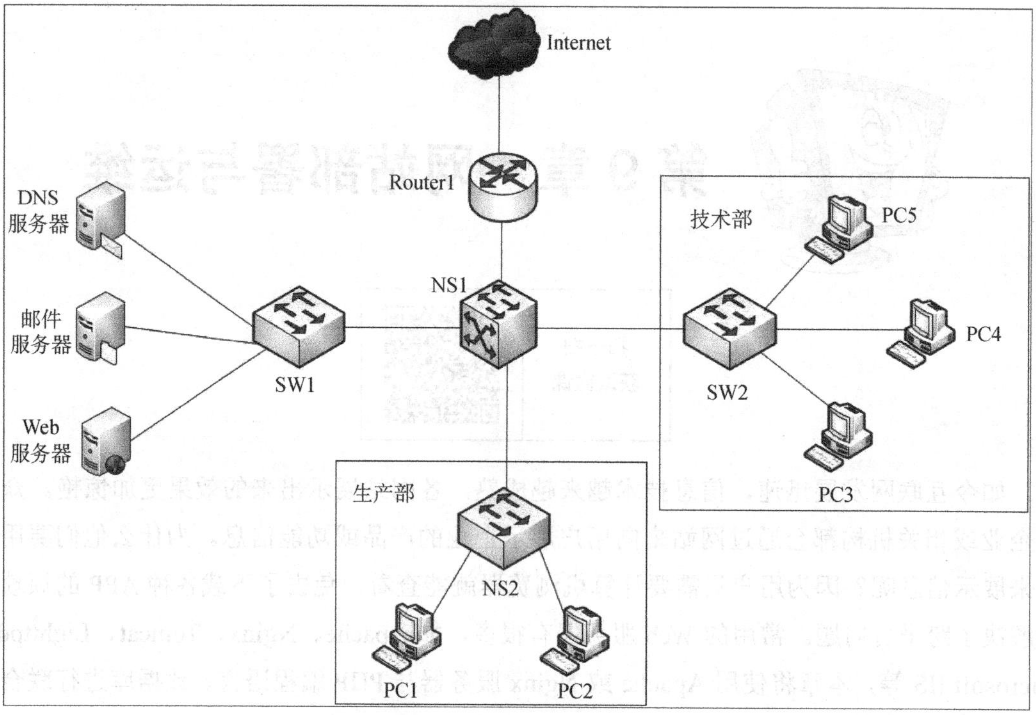

图 9.1 该公司原网络拓扑

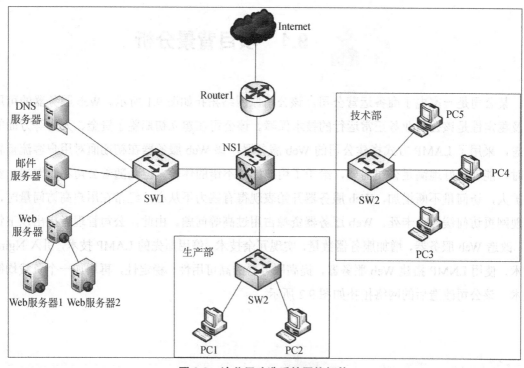

图 9.2 该公司改造后的网络拓扑

9.2 项目相关知识

9.2.1 LAMP 架构介绍

L：表示 Linux，但此 L 需注意系统的版本号，如 CentOS 6.9 或 CentOS 7.3。
A：表示 Apache，在 IT 行业中，多数采用 Apache 服务器。
M：表示数据库，多数采用 MySQL 或 MariaDB。
P：表示 PHP、Python、Perl 等编程语言。
LAMP 的工作过程如图 9.3 所示。

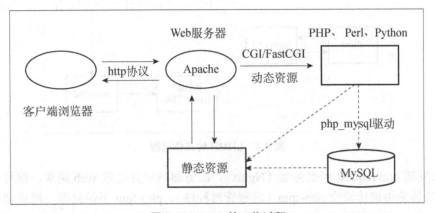

图 9.3 LAMP 的工作过程

当客户端请求静态资源时，Web 服务器会直接把静态资源发给客户端。

当客户端请求动态资源时，Apache 的 PHP 模块会进行相应的资源运算，如果此过程还需要数据库的数据作为运算参数，PHP 会连接 MySQL 获得数据然后进行运算，运算的结果转为静态资源，由 Web 服务发给客户端。

（1）Apache 主要实现如下功能：
- 处理 http 的请求、构建响应报文等自身服务。
- 配置 Apache 支持 PHP 程序的响应。
- 配置 Apache 具体处理 PHP 程序的方法。

（2）MySQL 主要实现如下功能：
- 提供 PHP 程序对数据的存储。
- 提供 PHP 程序对数据的读取。

（3）PHP 主要实现如下功能：
- 提供 Apache 的访问接口。
- 提供 PHP 程序的解释器。
- 提供 MySQL 数据库的连接函数的基本环境。

9.2.2 LNMP 架构介绍

L：表示 Linux，但此 L 需注意系统的版本号，如 CentOS 7.3 或 CentOS 8。

N：表示 Nginx 是一个高性能的 http 和反向代理服务器，也是一个 IMAP/POP3/SMTP 代理服务器。

M：表示数据库，多数采用 MySQL 或 MariaDB。

P：表示 PHP、Python、Perl 等编程语言。

LNMP 的工作过程如图 9.4 所示。

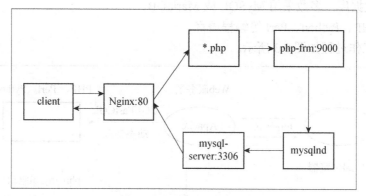

图 9.4　LNMP 的工作过程

client 发送 http request 到服务器（Nginx），服务器响应并处理 Web 请求，然后将 PHP 脚本通过接口传输协议传输给 php-fpm（进程管理程序），php-fpm 不做处理，然后调用 PHP 解析器进程，PHP 解析器解析 PHP 脚本信息。PHP 解析器进程可以同时启动多个。然后将解析后的脚本返回到 php-fpm 中，php-fpm 再通过接口传输协议的形式将脚本信息传送给 Nginx 服务器，再通过 http response 的形式传送给 client。client 再进行解析与渲染，然后进行呈现。

 ## 9.3　项目实施

9.3.1　LAMP 动态网站部署

1. 系统环境准备

1）关闭防火墙、SELinux 服务

为了不影响实验的正常实施，先关闭防火墙及 SELinux 服务，其命令如下：

```
[root@lamp ~]#systemctl stop firewalld.service
[root@lamp ~]#systemctl disable firewalld.service
[root@lamp ~]#setenforce 0
[root@lamp ~]#vim /etc/selinux/config
SELINUX=disabled
```

2）建立本地仓库

命令如下：

```
[root@lamp ~]#mount /dev/sr0 /mnt
[root@lamp ~]#echo "mount -o ro /dev/sr0 /mnt" >> /etc/rc.local
[root@lamp ~]#chmod +x /etc/rc.d/rc.local
[root@lamp ~]#cd /etc/yum.repos.d/
[BaseOS]
name=BaseOS yum
baseurl=file:///mnt/BaseOS/
enabled=1
gpgcheck=0
[App]
name=Appstream yum
baseurl=file:///mnt/AppStream/
enabled=1
gpgcheck=0
```

2. Apache 安装与运行

1）安装 Apache 服务

通过 yum 命令安装 httpd 服务，命令如下：

```
[root@lamp ~]# yum -y install httpd
```

从安装 httpd 服务的过程中可以看出，yum 命令安装了所有需要的依赖，不过还是要检查一下是否正确安装，命令如下：

```
[root@lamp ~]# rpm -qa | grep httpd
httpd-filesystem-2.4.37-30.module_el8.3.0+561+97fdbbcc.noarch
httpd-tools-2.4.37-30.module_el8.3.0+561+97fdbbcc.x86_64
httpd-2.4.37-30.module_el8.3.0+561+97fdbbcc.x86_64
```

使用 yum 命令安装 httpd 服务后，会生成很多相关文件，可以使用如下命令查看：

```
[root@lamp ~]# rpm -ql httpd
```

因为 Web 服务的可访问性、可用性很重要，所以需要把 httpd 服务配置成开机自动启动，命令如下：

```
[root@lamp ~]# systemctl enable httpd
```

启动 httpd 服务，命令如下：

```
[root@lamp ~]# systemctl start httpd
```

现在用户就可以通过浏览器输入网址 http://localhost 或 http://<服务器 IP> 来访问 Web 页面，如图 9.5 所示。

图 9.5 访问 Web 界面

2）配置虚拟主机

为了节省资源，需要在一台主机上部署多个站点，同时希望各个站点间相互独立互不影响，并且对用户透明，在 Apache 服务器上配置虚拟主机能很好地解决这个问题。虚拟主机是指在一台服务器上运行多个站点（如 lamp.com 和 lamp2.com），这些站点运行在同一物理服务器上的事实不会泄露给最终用户。

虚拟主机的实现方式有以下三种：
- 基于 IP 的虚拟主机，即需要为每个站点指定一个不同 IP 地址。
- 基于域名的虚拟主机，即每个域名对应一个站点（IP 地址相同，端口相同）。
- 基于端口的虚拟主机，即每个端口对应一个站点（IP 地址或域名相同）。

由上面的三种实现方式可以看出，基于 IP 的虚拟主机需要用户记住站点的 IP 地址才能访问，基于端口的虚拟主机需要用户记住站点的端口才能访问，所以一般更常用的方案是基于域名的虚拟主机，基于域名的虚拟主机还可以减少对稀缺 IP 地址的需求。因此，除非有明确要求要部署基于 IP 的虚拟主机，否则应该使用基于域名的虚拟主机。使用基于域名的虚拟主机的原理是客户端将指定域名作为 http 请求头中 host 属性的值，然后将域名解析到对应的 IP 地址中，Apache 服务器会识别出不同的主机名并返回对应的 VirtualHost 指令对应的站点。因此只需配置 DNS 服务器以将每个域名映射到正确的 IP 地址即可。基于此，本节只讲解基于域名的虚拟主机的配置。

通过 hosts 文件来进行域名解析（如果有合法域名，需要通过域名提供商处添加解析条目）。首先，在 hosts 文件中添加一条记录，其命令如下：

```
[root@lamp ~]# echo '192.168.1.4 zdhyw.lamp.com' >> /etc/hosts
//此处添加的 IP 为 Web 服务器地址
[root@lamp ~]# cat /etc/hosts
127.0.0.1   localhost localhost.localdomain localhost localhost4.localdomain4
::1         localhost localhost.localdomain localhost localhost6.localdomain6
```

```
192.168.1.4 zdhyw.lamp.com
```

创建域名对应的 Web 站点，其命令如下：

```
[root@lamp ~]# mkdir /var/www/html/lamp
[root@lamp ~]# echo "<h1>this is lamp page</h1>" > /var/www/html/lamp/index.html
```

Web 页面创建完成后，我们需要添加虚拟主机配置使得两个域名映射到不同的目录中，在 /usr/share/doc/httpd/ 目录下有虚拟主机的配置模板文件 httpd-vhosts.conf，将模板文件复制到 /etc/httpd/conf.d/ 目录下，再进行修改，下面列出了修改的部分。

```
[root@lamp ~]# cp /usr/share/doc/httpd/httpd-vhosts.conf /etc/httpd/conf.d/
[root@lamp ~]# vim /etc/httpd/conf.d/httpd-vhosts.conf
<VirtualHost *:80>
    ServerAdmin admin@lamp.com
    DocumentRoot "/var/www/html/lamp"
    ServerName zdhyw.lamp.com
    ServerAlias www.zdhyw.lamp.com
    ErrorLog "/var/log/httpd/zdhyw.lamp.com-error_log"
    CustomLog "/var/log/httpd/zdhyw.lamp.com-access_log" common
</VirtualHost>
```

重启 Apache 服务使得配置生效，其命令如下：

```
[root@lamp ~]#systemctl restart httpd
```

通过虚拟主机访问网页，在浏览器中输入 http://zdhyw.lamp.com，如图 9.6 所示。

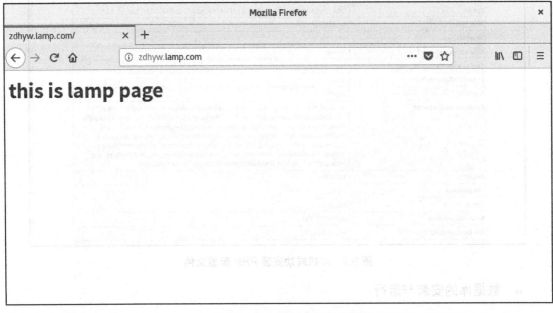

图 9.6 通过虚拟主机访问网页

3. 配置支持 PHP 语言

静态网站能展示的内容有限，无法满足我们的需求，因此出现了动态网站，而其中最流行和成熟的非 PHP 语言编写的网站莫属。下面配置 Apache 服务器以支持 PHP 语言。

（1）安装 PHP 配置文件和相关组件，其命令如下：

```
[root@lamp ~]#yum -y install php-xml php-json php-mysqlnd php-common php-fpm php-bcmath php-cli php php-gd php-pdo php-devel
```

（2）验证是否安装成功，其命令如下：

```
[root@lamp ~]#systemctl restart httpd
```

（3）创建默认 PHP 文件。

因为在配置虚拟主机时修改了 httpd-vhosts.conf 文件，改变了 Web 默认访问目录，所以将原来的 Apache 默认 index.html 文件删除，防止访问出错。为了验证 PHP 配置文件是否安装成功，要在 Web 默认访问目录下创建默认 PHP 文件 index.php。其命令如下：

```
[root@lamp ~]#rm -rf /var/www/html/lamp/index.html  //删除 LAMP 的 index.html
[root@lamp ~]# echo '<?php phpinfo(); ?>' > /var/www/html/LAMP/index.php
//创建新的 PHP 文件
```

现在可以通过浏览器输入网址 http://localhost 或 http://<服务器 IP>来访问，如果页面显示了 PHP 相关信息就说明安装成功，如图 9.7 所示。

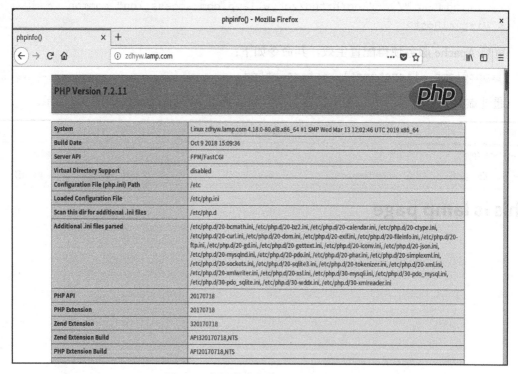

图 9.7　本机成功安装 PHP 配置文件

4．数据库的安装与运行

CentOS 8 不再使用原来的 MySQL，而是使用 MariaDB。MariaDB 数据库管理系统是 MySQL 的一个分支，主要由开源社区在维护，采用 GPL 授权许可。MariaDB 完全兼容 MySQL，包括 API 和命令行，是目前最受关注的 MySQL 数据库衍生版，也被视为开源数据库 MySQL 的替代品。

(1) 安装 MariaDB 数据库，其命令如下：

```
[root@lamp ~]#yum -y install mariadb-server mariadb
```

(2) 配置 MariaDB 自动启动，其命令如下：

```
[root@lamp ~]#systemctl enable mariadb.service
```

(3) 启动 MariaDB 服务，其命令如下：

```
[root@lamp ~]#systemctl start mariadb.service
```

(4) 配置数据库账号密码。设置 root 账户的密码，其命令如下：

```
[root@lamp ~]#mysqladmin -u root password 'zdhyw'
```

(5) 登录数据库，验证是否运行正常，其命令如下：

```
[root@lamp ~]#mysql -uroot -p
Enter password:            //输入上一步设置的root密码
Welcome to the mariadb monitor. Commands end with ; or \g.
Your mariadb connection id is 10
Server version: 5.5.60-mariadb mariadb Server
Copyright (c) 2000, 2018, Oracle, mariadb Corporation Ab and others.
Type 'help;' or '\h' for help. Type '\c' to clear the current input statement.
mariadb [(none)]>          //登录成功
```

(6) 检查数据库与 PHP 是否兼容及关联成功。打开 PHP 网页，查看数据库与 PHP 是否关联，找到 mysqli 项，如图 9.8 所示。

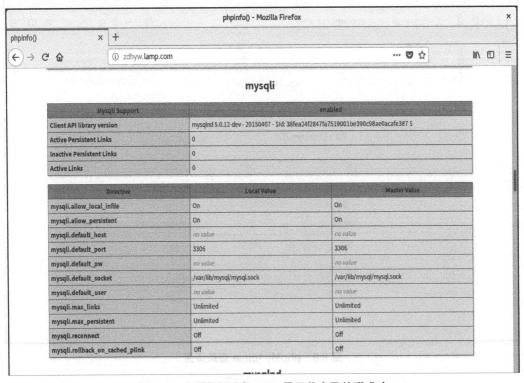

图 9.8　查看数据库与 PHP 是否兼容及关联成功

至此 LAMP 环境已经搭建完成，为了更加方便地管理数据库，可以选配 phpMyAdmin。

phpMyAdmin 是一个以 PHP 为基础，以 Web-Base 方式架构在网站主机上的 MySQL 数据库管理工具，让管理者可用 Web 接口管理 MySQL 数据库。因此 Web 接口可以成为一个输入烦琐 sql 语法的较佳途径，尤其要处理大量数据的输入及输出更为方便。其中一个更大的优势是 phpMyAdmin 跟其他 PHP 程序一样在网页服务器上执行，但是您可以在任何地方使用这些程序产生的 html 页面，也就是于远端管理 MySQL 数据库，方便地建立、修改、删除数据库及表。也可利用 phpMyAdmin 建立常用的 PHP 语法，方便编写网页时 sql 语法的正确性。

（7）下载 phpMyAdmin 工具，其命令如下：

```
[root@lamp ~]#wget https://files.phpmyadmin.net/phpMyAdmin/4.8.5/phpMyAdmin-4.8.5-all-languages.zip
```

（8）解压 phpMyAdmin 工具包，其命令如下：

```
[root@lamp ~]#unzip phpMyAdmin-4.8.5-all-languages.zip
```

（9）移动 phpMyAdmin 文件到域名目录下，其命令如下：

```
[root@lamp ~]#mv phpMyAdmin-4.8.5-all-languages /var/www/html/lamp/phpMyAdmin
```

现在可以通过浏览器输入网址 http://zdhyw.lamp.com/phpMyAdmin 或 http://<服务器 IP>/phpMyAdmin 来访问，输入前面设置的数据库密码进行登录即可管理数据库，如图 9.9 和图 9.10 所示。

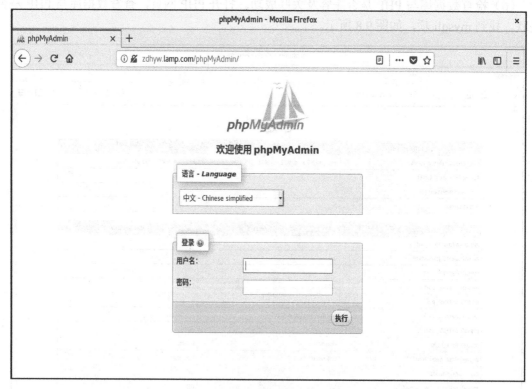

图 9.9　phpMyAdmin 登录页面

图 9.10 phpMyAdmin 管理页面

9.3.2 LNMP 动态网站部署

1. 安装 Nginx

Nginx 的安装请参考本书第 7 章相关内容。

若 Nginx 服务启动失败，则考虑端口冲突，关闭 httpd 服务即可。

2. 安装 PHP 及 php-fpm

（1）检查 PHP 与 php-fpm 的相关配置文件是否安装，其命令如下：

```
[root@lnmp ~]#rpm -qa | grep php      //如已安装请跳过此步，未安装请参考 9.3.1 节进
行安装
```

（2）配置 php-fpm 自动启动，其命令如下：

```
[root@lnmp ~]#systemctl enable php-fpm
```

（3）由于 php-fpm 默认配置 Apache 服务器，这里需要修改为 Nginx，其命令如下：

```
[root@lnmp ~]#cd /etc/php-fpm.d/
[root@lnmp ~]#vim www.conf
user = nginx
group = nginx
listen = 9000
```

（4）启动 php-fpm，其命令如下：

```
[root@lnmp ~]#systemctl start php-fpm
```

(5) 修改/etc/hosts 文件用于域名解析，其命令如下：

```
[root@lnmp ~]# echo '192.168.1.4 zdhyw.lnmp.com' >> /etc/hosts
```

(6) 创建默认 PHP 文件，其命令如下：

```
[root@lnmp ~]#rm -rf /usr/share/nginx/html/index.html  //删除 LNMP 的 index.html
[root@lnmp ~]# echo '<?php phpinfo(); ?>' > /usr/share/nginx/html/index.php
//创建新的 PHP 文件
```

(7) 修改 Nginx 配置文件，其命令如下：

```
[root@lnmp ~]#cd /etc/nginx              //进入 Nginx 目录
[root@lnmp nginx]#rm -rf nginx.conf      //删除默认 Nginx 配置文件
[root@lnmp nginx]#cp nginx.conf.default nginx.conf //复制新的 Nginx 配置文件
[root@lnmp nginx]#vim nginx.conf         //配置 Nginx 文件，使得 Nginx 支持 PHP 语言
```

修改两处代码，第一处如下：

```
server {
listen      80;
server_name  zdhyw.lnmp.com;         //设置为域名
location / {
root    /usr/share/nginx/html;       //修改 Nginx 配置文件的路径
index   index.html index.htm index.php ;    //增加 index.php 文件
}
```

第二处代码需要去掉该代码段前面的注释符（#），如下所示：

```
location ~ \.php$ {
root         /usr/share/nginx/html;    /修改 Nginx 配置文件的路径
fastcgi_pass   127.0.0.1:9000;
fastcgi_index  index.php;
#fastcgi_param SCRIPT_FILENAME $document_root$fastcgi_script_name;
        //修改 fastcgi_param 路径
include      fastcgi_params;
}
```

(8) 重启 Nginx 及 php-fpm 服务，其命令如下：

```
[root@lnmp ~]#systemctl restart nginx
[root@lnmp ~]#systemctl restart php-fpm
```

通过浏览器输入网址 http://zdhyw.lnmp.com 或 http://<服务器 IP>来访问 Web 站点，查看站点网页，如图 9.11 所示。

3. 安装数据库

因为 LNMP 是在 LAMP 基础上搭建的，所以 MariaDB 已经配置完成。
通过执行 mysql 命令登录数据库，验证是否运行正常，其命令如下：

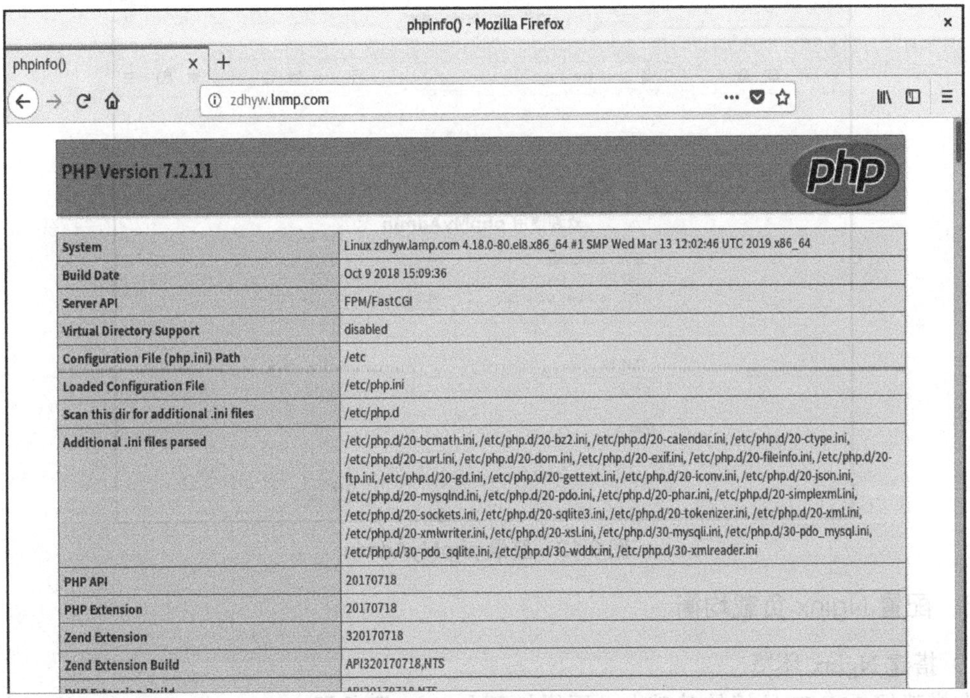

图 9.11 查看站点网页

```
[root@lnmp ~]#mysql -uroot -p
Enter password:         //输入安装 MariaDB 时设置的 root 密码
Welcome to the MariaDB monitor.  Commands end with ; or \g.
Your mariadb connection id is 10
Server version: 5.5.60-MariaDB MariaDB Server
Copyright (c) 2000, 2018, Oracle, MariaDB Corporation Ab and others.
Type 'help;' or '\h' for help. Type '\c' to clear the current input statement.
MariaDB [(none)]>        //登录成功
```

若提示 "bash: mysql: 未找到命令……" 或登录失败，则可能未安装数据库或数据库出错，请参考 9.3.1 节 安装数据库。

4. 配置 phpMyAdmin

（1）下载 phpMyAdmin 工具，其命令如下：

```
[root@lnmp ~]#wget https://files.phpmyadmin.net/phpMyAdmin/4.8.5/phpMyAdmin-4.8.5-all-languages.zip
```

（2）解压 phpMyAdmin 工具包，其命令如下：

```
[root@lnmp ~]#unzip phpMyAdmin-4.8.5-all-languages.zip
```

（3）移动 phpMyAdmin 工具包到 Nginx 目录下，其命令如下：

```
[root@lnmp ~]#mv phpMyAdmin-4.8.5-all-languages  /usr/share/nginx/html/phpMyAdmin
```

通过浏览器输入网址 http://zdhyw.lnmp.com/phpMyAdmin 或 http://<服务器 IP> /phpMyAdmin 来访问数据库管理页面，如图 9.12 所示。

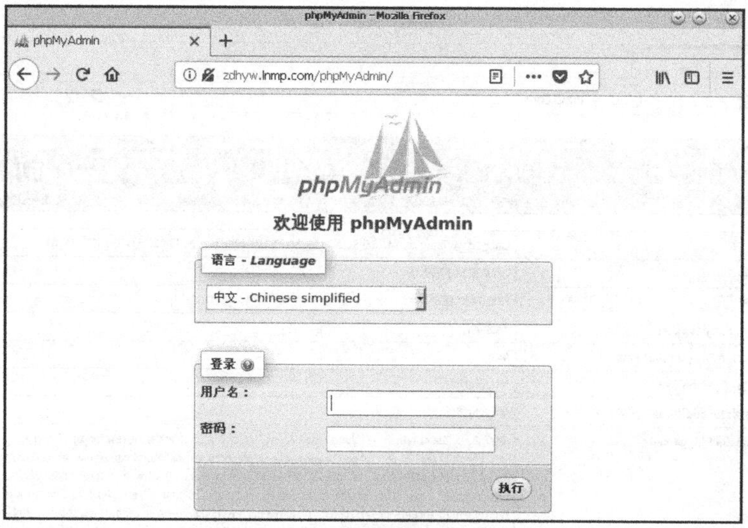

图 9.12 登录 phpMyAdmin

5. 配置 Nginx 负载均衡

1）搭建 Nginx 环境

在搭建好 LNMP 环境的基础上，再增加两台 Web 服务器 server1 与 server2，按照上述步骤安装 Nginx，server1 与 server2 安装步骤相同，其命令如下：

```
[root@server1 ~]#yum -y install nginx              //安装 Nginx
[root@server1 ~]#systemctl enable nginx            //配置 Nginx 自动启动
[root@server1 ~]#netstat -tunlp | grep 80          //若查到 80 端口被 httpd 服务使
用，则需要关闭 httpd 服务，不然 80 端口被占用，Nginx 会启动失败
[root@server1 ~]#firewall-cmd --permanent --add-port=80/tcp   //开放 80 端口
[root@server1 ~]#firewall-cmd --reload             //重启防火墙
[root@lnmp ~]#systemctl start nginx                //启动 Nginx 服务
```

通过浏览器输入网址 http://localhost 或 http://<服务器 IP>来访问 Web 站点，查看 Nginx 是否安装成功，如图 9.13 所示。

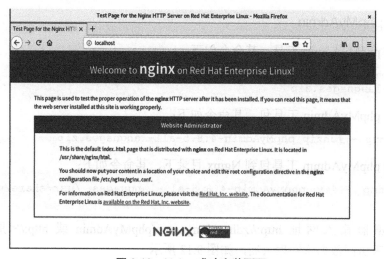

图 9.13 Nginx 成功安装页面

2）配置 nginx.conf 文件，实现负载均衡

修改 LNMP 负载均衡服务器的 nginx.conf 配置文件，其命令如下：

```
[root@lnmp ~]#vim /etc/nginx/nginx.conf
```

修改内容如图 9.14 所示。

```
upstream zdhyw.lnmp.com {
        server 192.168.1.7:80 weight=1;
        server 192.168.1.6:80 weight=1;

    }
server {
    listen       80;
    server_name  zdhyw.lnmp.com;

    #charset koi8-r;

    #access_log  logs/host.access.log  main;

    location / {
        root   /usr/share/nginx/html;
        index  index.html index.htm index.php;
        proxy_pass http://zdhyw.lnmp.com;
    }
```

图 9.14　负载均衡配置

3）修改 server1 与 server2 的 Nginx 配置，server1 与 server2 配置方法相同

修改 server1 的 Nginx 配置文件，其命令如下：

```
[root@lnmp ~]#cd /etc/nginx              //进入 Nginx 目录
[root@lnmp nginx]#rm -rf nginx.conf          //删除 Nginx 的默认配置文件
[root@lnmp nginx]#cp nginx.conf.default nginx.conf      //复制新的 Nginx 配置文件
[root@lnmp nginx]#vim nginx.conf         //配置 Nginx 文件
```

配置代码如下：

```
server {
    listen       80;
    server_name  zdhyw.lnmp.com;
    location / {
    root   /usr/share/nginx/html;
    index  index.html index.htm index.php;
    }
[root@server1 ~]#systemctl restart nginx         //重启 Nginx 服务
```

修改 server2 的 Nginx 配置文件，其命令如下：

```
[root@lnmp ~]#cd /etc/nginx              //进入 Nginx 目录
[root@lnmp nginx]#rm -rf nginx.conf          //删除 Nginx 默认配置文件
[root@lnmp nginx]#cp nginx.conf.default nginx.conf      //复制新的 Nginx 配置文件
[root@lnmp nginx]#vim nginx.conf         //配置 Nginx 文件
```

配置代码如下：

```
server {
    listen       80;
    server_name  zdhyw.lnmp.com;
    location / {
    root   /usr/share/nginx/html;
    index  index.html index.htm index.php;
    }
[root@server1 ~]#systemctl restart nginx    //重启 Nginx 服务
```

4）修改 server1 与 server2 的 Nginx 访问页面

server1 配置代码如下：

```
[root@server1 ~]#echo "<h1>this is lnmp.server1 page</h1>" > /usr/share/nginx/html/index.html    //加了 server1 后缀，用于验证负载均衡效果
[root@server1 ~]# systemctl restart nginx    //重启 Nginx 服务
```

server2 配置代码如下：

```
[root@server2 ~]#echo "<h1>this is lnmp.server2 page</h1>" > /usr/share/nginx/html/index.html    //加了 server2 后缀，用于验证负载均衡效果
[root@server2 ~]# systemctl restart nginx    //重启 Nginx 服务
```

验证负载均衡效果，在搭建 LNMP 环境的计算机上打开浏览器，使用域名访问网页，多次刷新页面会出现 server1 与 server2 的标志性验证词，如图 9.15 和图 9.16 所示。

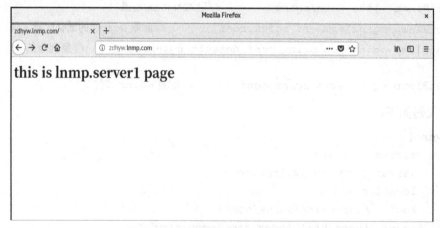

图 9.15　负载均衡访问 server1 页面

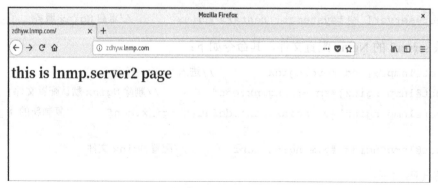

图 9.16　负载均衡访问 server2 页面

9.3.3 博客系统实战部署（WordPress）

1. WordPress 简介

WordPress 是使用 PHP 语言开发的博客系统，用户可以在支持 PHP 语言和 MySQL 数据库的服务器上搭建属于自己的网站，也可以把 WordPress 作为一个内容管理系统（CMS）来使用。

2. 博客系统环境部署

搭建博客系统最基础的环境便是需要在服务器上搭建 LAMP 或 LNMP 架构，本次部署实践环境则是在 LAMP 架构上搭建博客系统，LAMP 架构部署请参考 9.3.1 节。

（1）下载 WordPress 工具包，其命令如下：

```
[root@lamp ~]#wget https://cn.Wordpress.org/Wordpress-5.0.3-zh_CN.zip
```

（2）解压 WordPress 工具包，其命令如下：

```
[root@lamp ~]#unzip Wordpress-5.0.3-zh_CN.zip
```

（3）将 WordPress 工具包内的文件移动到 Apache 默认目录下，其命令如下：

```
[root@lamp ~]#mv /Wordpress/* /var/www/html/lamp
```

（4）重启 Apache 服务，其命令如下：

```
[root@lamp ~]#systemctl restart httpd
```

通过浏览器输入网址 http://zdhyw.lamp.com 或 http://<服务器 IP>来访问 WordPress，如图 9.17 所示。

图 9.17　访问 WordPress 页面

（5）创建 wordpress 数据库，用于初始化网站及存储网站数据，在浏览器中输入网址 http://zdhyw.lamp.com/phpMyAdmin，如图 9.18 和图 9.19 所示。

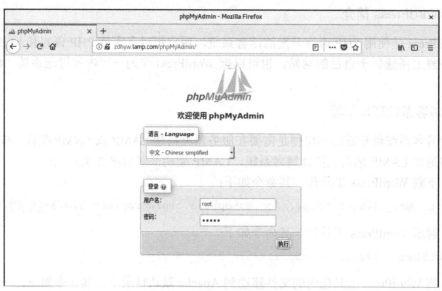

图 9.18　登录 phpMyAdmin

图 9.19　创建 wordpress 数据库

（6）配置 WordPress 系统的基本信息，修改 WordPress 配置文件，其命令如下：

```
[root@lamp ~]#cd /var/www/html/lamp
[root@lamp ~]#cp wp-config-sample.php wp-config.php
[root@lamp ~]#vim wp-config.php            //修改如下几项
define('DB_NAME', 'Wordpress');
define('DB_USER', 'root');
define('DB_PASSWORD', 'zdhyw');
define('DB_HOST', 'localhost');
```

使用浏览器访问 Web 站点，根据配置向导进行设置即可，配置完成再次输入 http://zdhyw.lamp.com 即可看到个人论坛，如图 9.20～图 9.23 所示。

图 9.20　WordPress 配置页面

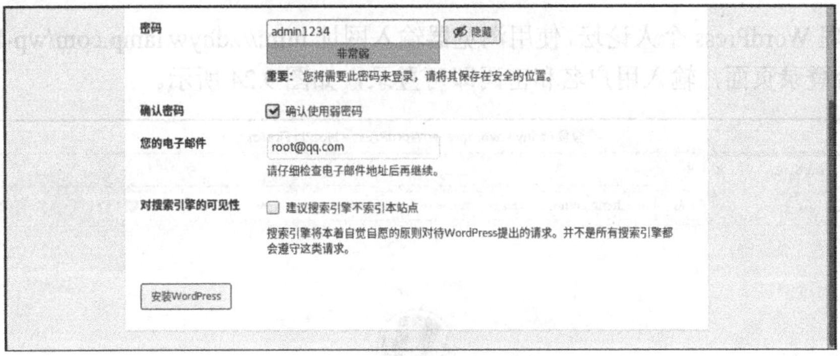

图 9.21　填写网站相应信息

图 9.22　WordPress 安装完成

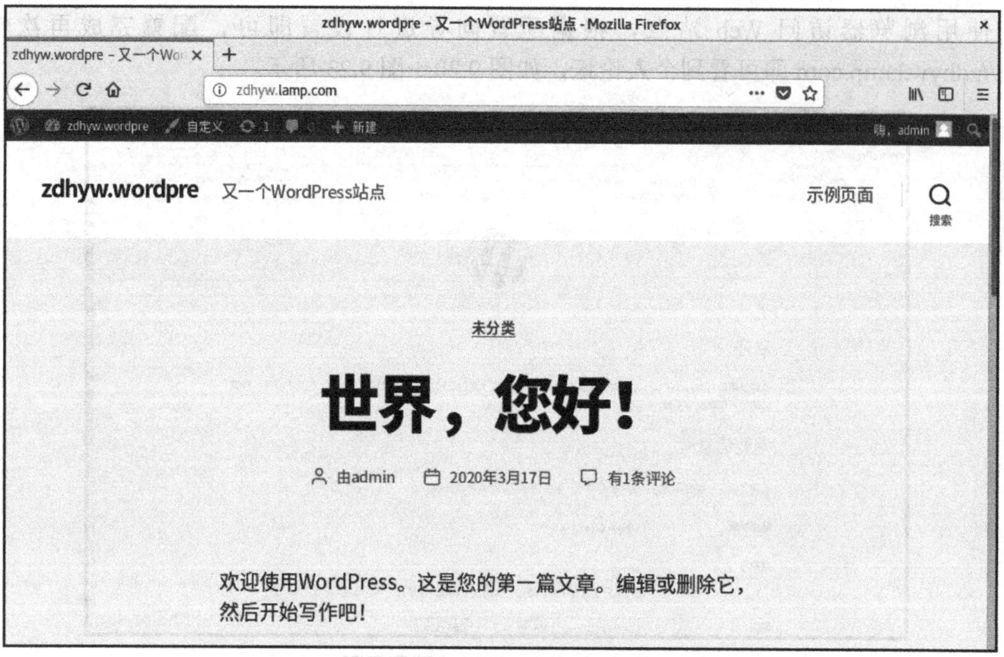

图9.23 访问 WordPress 搭建的个人论坛

（7）管理 WordPress 个人论坛，使用浏览器输入网址 http://zdhyw.lamp.com/wp-login.php 进入系统后台登录页面，输入用户名和密码即可登录，如图 9.24 所示。

图 9.24 WordPress 系统后台登录页面

个人论坛后台管理页面如图 9.25 所示。

图 9.25 个人论坛后台管理页面

9.3.4 Discuz!论坛部署实战

1. Discuz!简介

Crossday Discuz! Board（简称 Discuz!）是腾讯云计算（北京）有限责任公司（原北京康盛新创科技有限责任公司）推出的一套通用的社区论坛软件系统。Discuz!程序具有丰富的 Web 应用程序设计经验，尤其在博客产品及相关领域，经过长期创新性开发，掌握了一整套从算法、数据结构到产品安全性方面的领先技术。因此，Discuz!程序在稳定性、负载能力、安全保障等方面在国内外同类产品中都居于领先地位。

2. Discuz!系统环境部署

Discuz!系统最基础的环境是在服务器上搭建 LAMP 或 LNMP，本次部署的实践环境是在 LNMP 架构上搭建博客系统，并没有使用负载均衡，LNMP 架构部署请参考 9.3.2 节进行部署。

（1）修改 LNMP 的 nginx.conf 配置文件，其命令如下：

```
[root@lnmp ~]#cd /etc/nginx
[root@lnmp ~]#vim nginx.conf
```

注释负载均衡选项，如图 9.26 所示。

```
#   upstream zdhyw.lnmp.com {
#           server 192.168.1.7:80 weight=1;
#           server 192.168.1.6:80 weight=1;
#   }
    server {
        listen       80;
        server_name  zdhyw.lnmp.com;

        #charset koi8-r;

        #access_log  logs/host.access.log  main;

        location / {
            root   /usr/share/nginx/html;
            index  index.html index.htm index.php;
#           proxy_pass http://zdhyw.lnmp.com;
        }
```

图 9.26 修改 nginx.conf 配置

3. Discuz!资源包下载及配置

（1）下载 Discuz!资源包，其命令如下：

```
[root@lnmp ~]#wget http://61.155.169.167:81/code/201812web/Discuz_SC_UTF8.zip
```

Discuz!下载页面访问速度较慢，如果此方法无法下载资源包，可以选择其他途径进行下载。

（2）解压 Discuz!资源包，其命令如下：

```
[root@lnmp ~]# unzip Discuz_SC_UTF8.zip
```

（3）将资源包里 upload 目录中的全部文件移动到 Nginx 默认站点目录下，其命令如下：

```
[root@lnmp ~]#mv -f upload/* /usr/share/nginx/html/
```

（4）配置 Discuz!文件权限，其命令如下：

```
[root@lnmp ~]#chmod -R +777 /usr/share/nginx/html/*
```

在浏览器中输入网址 http://zdhyw.lnmp.com/install/ 或 http://<服务器 IP>/install/ 来访问 Discuz!论坛安装界面，如图 9.27 所示。

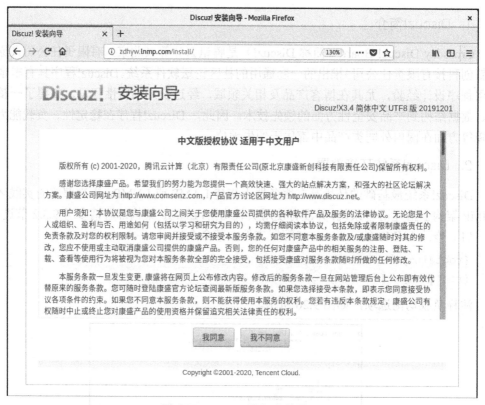

图 9.27　Discuz!论坛安装界面

4. Discuz!论坛安装

使用浏览器访问 Web 站点，根据配置向导进行设置即可，配置完成后再次在地址栏中输入 http://zdhyw.lnmp.com 即可看到个人论坛页面，如图 9.28～9.34 所示。

图 9.28　环境及文件目录权限检查

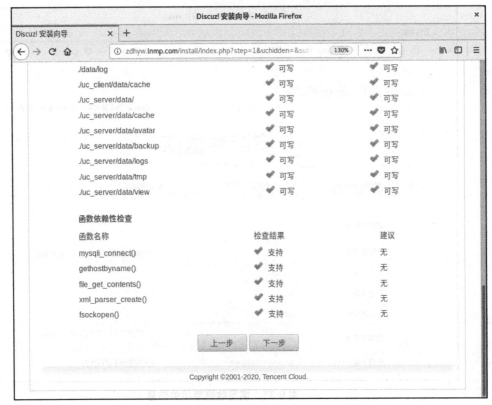

图 9.29　检查无误后，单击"下一步"按钮

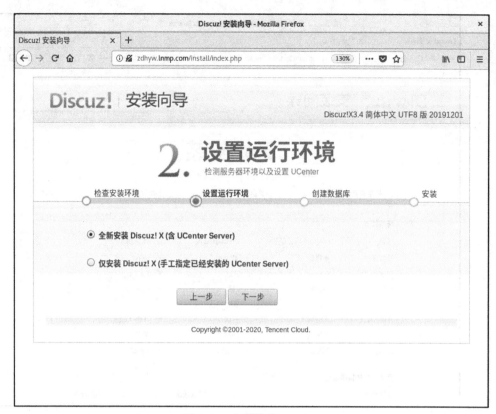

图 9.30　全新安装 Discuz!

图 9.31　填写数据库相关信息

图 9.32 填写管理员相关信息

图 9.33 Discuz!论坛网站安装成功

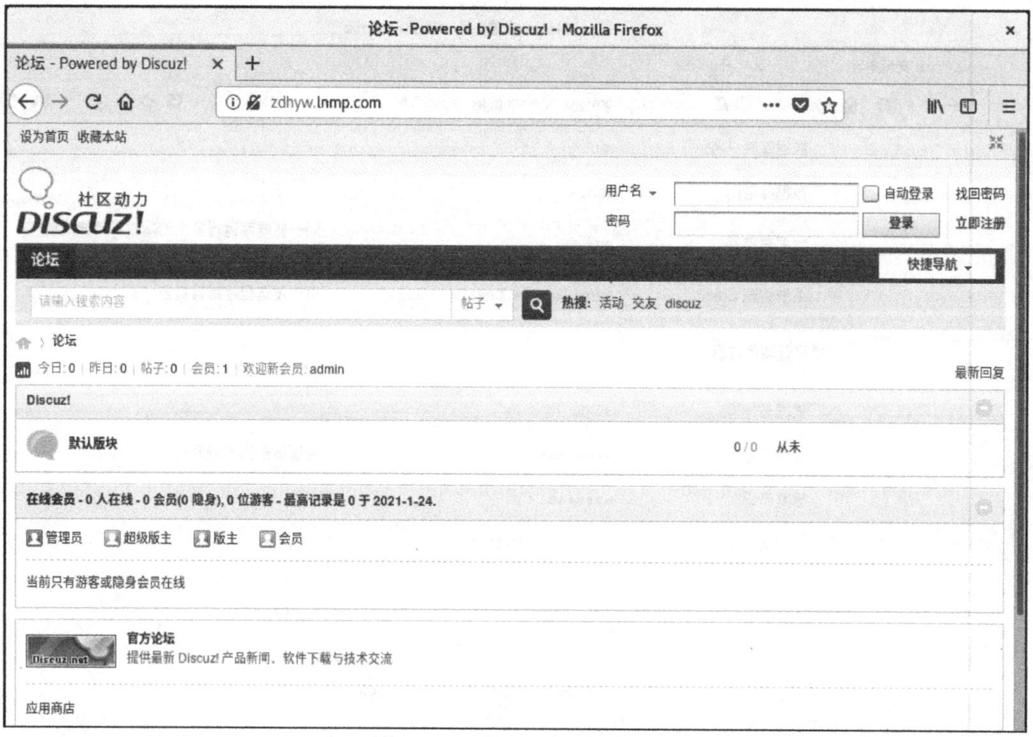

图 9.34 查看个人论坛页面

9.4 项目小结

本项目效仿公司的发展情况搭建 Web 服务器，为节约成本在 Linux 上利用 Apache、MariaDB、PHP 三种工具搭建动态网站，使公司 Web 服务器可以对外提供服务；但是由于业务不断发展，原本的 LAMP 已经不能满足公司需求了，从而引入 Nginx 来替换 Apache，搭建 LNMP Web 服务器，实现负载均衡，使得公司的 Web 服务器实现更高的可用性和稳定性。

9.5 课后习题

1. Apache 默认端口为（   ）。
   A．21   B．80   C．443   D．8080
2. 在 Nginx 中，如何使用未定义的服务器名称来阻止处理请求？

3. 使用"反向代理服务器"的优点是什么？

4. Nginx 常用命令有哪些？

5. Nginx 和 Apache 的区别有哪些？

6. 在 CentOS 8 中搭建一个 Web 服务器，要求如下：
（1）Web 服务器要部署 PHP、MySQL、phpMyAdmin、Apache 或 Nginx；
（2）域名：www.lnmp6.com；
（3）Web 主页显示：This is a Web server！；
（4）友情提示：可通过一键安装方法搭建 Web 服务器。

第 10 章 Linux 集群架构

扫一扫
获取微课

随着互联网的快速发展，越来越多的用户在工作或生活中，会用到网络资源。这样就出现了越来越多的来自用户客户端的请求，同时服务器的负载也越来越大。但是，单台服务器的负载是有限的，这样就会导致服务器响应客户端请求的时间越来越长，甚至出现拒绝服务的情况。目前国内外的大多数网站均为用户提供不间断网络服务，如果仅仅使用单节点服务器提供网络服务，那么在出现单点故障时，将导致整个网络服务中断。此时需要部署集群架构来解决这一问题。集群最终将成百上千台主机有序地结合在一起，用来满足当前大数据时代的海量访问负载需求。在部署集群环境时，可以选择的产品非常多，有些产品基于硬件实现，有些则基于软件实现。其中，能实现高可用的开源软件有 Heartbeat、Keepalived 等，能实现负载均衡集群的硬件设备有 F5、Netscaler 等，开源软件有基于 Linux 的 LVS、Nginx、HAProxy 等。集群根据功能划分为两大类：高可用和负载均衡。

10.1 项目背景分析

某公司内部有一台 Linux 服务器 A，目前承载着 Web、FTP 等服务，公司网络拓扑如图 10.1 所示。随着用户量的不断增加，服务器的访问量也日益增多，该公司管理者决定增加服务器数量，并通过构建集群架构，为公司服务器做服务器集群，以便共同承载目前服务器的所有服务。此外，为提高服务器的稳定性，在高可用的基础上添加负载均衡技术，让服务器能够同时处理日益增多的用户流量，从而为公司业务发展做准备。公司部署集群后网络环境如图 10.2 所示。

10.2 项目相关知识

10.2.1 高可用集群软件 Keepalived

Keepalived 是可以用来部署高可用集群的一款开源软件，它是目前轻量级的管理方便、易用的高可用软件解决方案，得到很多互联网公司相关从业者的青睐。Keepalived 是一个可以工作在 TCP/IP 协议的网络互联层、传输层和应用层交换机制的软件，主要实现的功能是：

监控检查、VRRP 虚拟路由冗余协议。

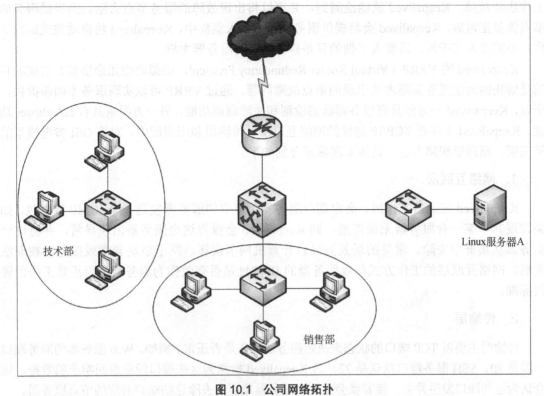

图 10.1 公司网络拓扑

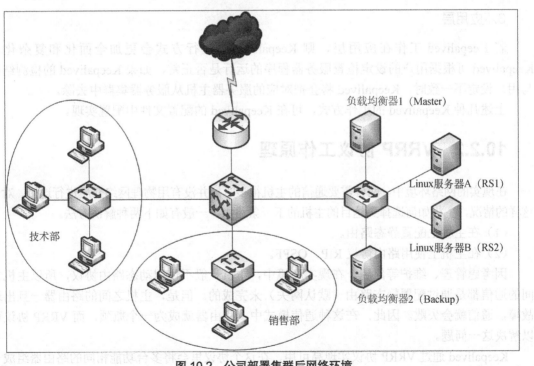

图 10.2 公司部署集群后网络环境

Keepalived 专门用来监控集群系统中各个服务节点的状态，如果某个服务节点出现异常，工作出现故障，Keepalived 就能检测到，并可以将出现故障的服务节点去除。当提供服务的节点恢复正常后，Keepalived 会将提供服务的节点加入集群中，Keepalived 将自动完成这些工作，不需要人工干涉，需要人工做的只是修复故障的服务器主机。

Keepalived 的 VRRP（Virtual Router Redundancy Protocol，虚拟路由冗余协议）出现的目的是解决因为配置静态路由而出现的单点故障问题，通过 VRRP 可以实现服务不间断提供。所以，Keepalived 一方面具有服务器状态检测和故障隔离功能，另一方面也具有 HA cluster 功能。Keepalived 工作在 TCP/IP 协议的网络互联层、传输层和应用层中，对应 OSI 参考模型的第三层、第四层和第七层，具体实现原理分别如下。

1. 网络互联层

Keepalived 在此层工作时，会定期向服务器集群中的服务器发送一个 ICMP 数据包，如果发现其中某一台服务器无法连通，则 Keepalived 会报告这台服务器出现异常，并将这台服务器从集群中去除。常见的场景为某台计算机网卡损坏、网卡驱动异常或服务器被非法关机。网络互联层的工作方式即以服务器的 IP 地址是否有效作为服务器是否正常工作的评判标准。

2. 传输层

传输层主要以 TCP 端口的状态来决定服务器工作是否正常。例如，Web 服务器的服务端口一般是 80、SSH 服务端口默认是 22，若 Keepalived 检测到这些端口没有返回响应的数据，则会认为这些端口发生异常，接着就会强制在服务器集群中去除这些端口对应的节点服务器。

3. 应用层

若 Keepalived 工作在应用层，则 Keepalived 的运行方式会更加全面化和复杂化，Keepalived 可根据用户的设定检查服务器程序的运行是否正常，如果 Keepalived 的检测结果与用户设定不一致时，Keepalived 将会把对应的服务器主机从服务器集群中去除。

上述几种 Keepalived 的工作方式，可在 Keepalived 的配置文件中配置实现。

10.2.2 VRRP 协议工作原理

在现实的网络环境中，两台需要通信的主机很多时候并没有用物理网络介质进行连接。对于这样的情况，主机如何选择到达目的主机的下一条路由，一般有如下两种解决方法。

（1）在主机上配置静态路由。

（2）在主机上使用路由协议 RIP、OSPF。

因考虑管理、维护等问题，在现实环境中，主机一般不使用动态路由协议，所以主机之间的通信都是通过配置静态路由（默认网关）来完成的。但是，主机之间的路由器一旦出现故障，通信就会失败。因此，在这种通信模式中，路由器就成为一个瓶颈，而 VRRP 协议可以解决这一问题。

Keepalived 通过 VRRP 协议实现高可用，在这个协议里会将多台功能相同的路由器组成一个小组，这个小组里会有 1 个 Master（主服务器）角色和 N（$N \geqslant 1$）个 Backup（从服务器）角色。Master 会通过组播的形式向各个 Backup 发送 VRRP 协议的数据包，当 Backup 收不到

Master 发来的 VRRP 数据包时，就会认为 Master 宕机。此时就需要根据各个 Backup 的优先级来决定谁成为新的 Master。

Keepalived 主要有三个模块，分别是 Core、Check 和 VRRP。其中 Core 模块为 Keepalived 的核心，负责主进程的启动、维护及全局配置文件的加载和解析，Check 模块负责健康检查，VRRP 模块用来实现 VRRP 协议。

10.2.3 负载均衡集群系统 LVS

LVS（Linux Virtual Server）即 Linux 虚拟服务器，是一种虚拟的服务器集群系统，基于 TCP/IP 进行路由和转发，稳定性好、效率高。LVS 是开源负载均衡项目，也是国内最早出现的自由软件项目之一，目前 LVS 已经被集成到 Linux 内核模块中。该项目在 Linux 内核中实现了基于 IP 的数量请求负载均衡调度方案，服务器集群结构如图 10.3 所示。

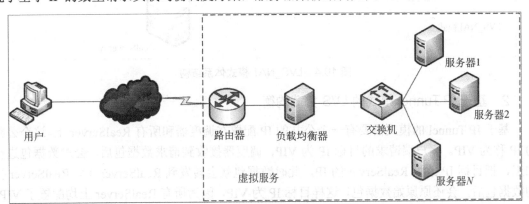

图 10.3　服务器集群结构

互联网用户访问集群系统提供的网络服务就像访问一台高性能、高可用的服务器，集群的扩展性可以通过在服务器集群中动态地加入和删除服务器节点来完成。一组服务器可通过高速的局域网或地理分布的广域网相互连接，前端有一个负载均衡器（loadbalancer），也称为调度器。互联网用户的 Web 请求会发送给 LVS 调度器，调度器根据自己预设的算法决定是否将该请求发送给后端的真实服务器（RealServer），从而使得服务器集群的结构对应用是透明的。最后，根据 LVS 工作模式的不同，真实服务器会选择不同的方式将用户需要的数据发送给终端用户。LVS 工作模式分为基于 NAT 模式、IP Tunnel 模式及 DR 模式。

1. 基于 NAT 模式的 LVS 负载均衡

LVS 的 NAT 模式借助 Iptables 的 NAT 表来实现，互联网用户的请求传送到调度器（负载均衡器）后，通过预设的 Iptables 规则，把请求的数据包转发到后端的真实服务器上。真实服务器（需要设定网关为调度器的内网 IP）的响应报文通过调度器时，报文的源地址被重写，然后返回给客户端，从而完成整个负载调度过程。用户请求的数据包和返回给用户的数据包全部经过调度器，所以在实际环境中，对前端调度器的性能要求会比较高，如果用户请求流量较大，调度器则会成为瓶颈。

在 LVS 的 NAT 模式中，只需要调度器有公网 IP，所以比较节省公网 IP 的资源。LVS_NAT 模式体系结构如图 10.4 所示。

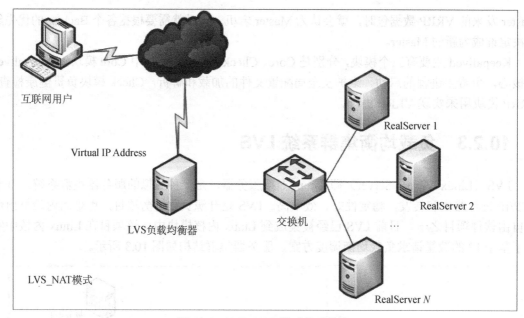

图 10.4　LVS_NAT 模式体系结构

2. 基于 IP Tunnel 模式的 LVS 负载均衡

基于 IP Tunnel 的模式需要有一个公共的 IP 配置在调度器和所有 RealServer 上，这个公共的 IP 称为 VIP。客户端请求的目标 IP 为 VIP，调度器接收到请求数据包后，会对数据包进行加工，把目标 IP 改为 RealServer 的 IP，此时数据包就会转发到 RealServer 上。RealServer 接到数据包后，会还原原始数据包，这样目标 IP 为 VIP，因为所有 RealServer 上均配置了 VIP，所以 RealServer 会认为是它自己。LVS 的 Tunnel 模式要求 RealServer 可以直接与外部网络连接，RealServer 在接收到请求数据包后会直接给客户端主机响应数据。LVS_IP Tunnel 模式体系结构如图 10.5 所示。

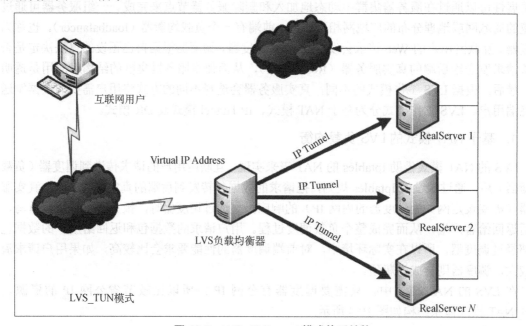

图 10.5　LVS_IP Tunnel 模式体系结构

3. 基于 DR 模式的 LVS 负载均衡

LVS 的 DR 模式，也需要有一个公共的 IP 配置在调度器和所有 RealServer 上，也就是 VIP。与 IP Tunnel 模式不同的是，它会把数据包的 MAC 地址修改为 RealServer 的 MAC 地址。RealServer 接收数据包后，会还原原始数据包，这样目标 IP 成为 VIP，因为所有 RealServer 上均配置了 VIP，所以 RealServer 会认为是它自己。这种方法没有 IP 隧道的开销，RealServer 也没有必须支持 IP 隧道协议的要求，但是此模式要求调度器与 RealServer 都在同一物理网段上，由于同一网段机器数量有限，从而限制了其应用范围。LVS_DR 模式体系结构如图 10.6 所示。

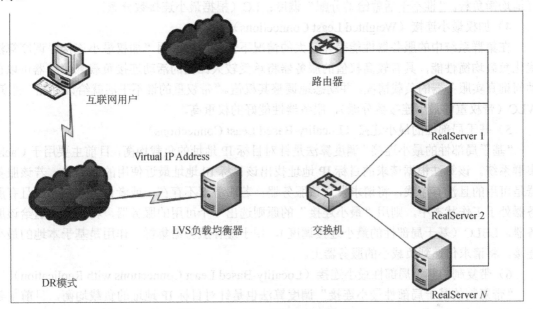

图 10.6 LVS_DR 模式体系结构

4. LVS 负载均衡调度算法

根据前面的介绍，我们了解了 LVS 的三种工作模式。实际上不管采用哪种模式，调度器进行调度的策略与算法均为 LVS 的核心技术，针对不同的网络服务需求和服务器配置，LVS 主要实现的调度算法如下。

- 轮询。
- 加权轮询。
- 最小连接。
- 加权最小连接。
- 基于局部性的最小连接。
- 带复制的基于局部性最小连接。
- 目标地址散列。
- 源地址散列。

1）轮询（Round Robin）

调度器通过"轮询"调度算法将外部请求按顺序轮流分配到集群中的真实服务器上，它均等地对待每台服务器，而不管服务器上实际的连接数和系统负载是多少。RR（纯轮询）称为"大锅饭"调度，此调度方式比较笨，将每个请求按顺序在真实服务器中进行分派。

2）加权轮询（Weighted Round Robin）

调度器通过"加权轮询"调度算法根据真实服务器的不同处理能力来调度访问请求。这样可以保证处理能力强的服务器能处理更多的访问流量。调度器可以自动问询真实服务器的负载情况，并动态地调整其权值。WRR 称为带权重的"大锅饭"调度，将每项请求按顺序在真实服务器中循环分派，给能力较强的服务器分派较多的任务。

3）最小连接（Least Connections）

调度器通过"最小连接"调度算法动态地将网络请求调度到已建立的连接数最少的服务器上。如果集群系统的真实服务器具有相近的系统性能，采用"最小连接"调度算法可以较好地均衡负载。"谁不干活就给谁分配"调度：LC（根据最小连接数分派）。

4）加权最小连接（Weighted Least Connections）

在集群系统中的服务器性能差异较大的情况下，调度器采用"加权最小连接"调度算法优化负载均衡性能，具有较高权值的服务器将承受较大比例的活动连接负载。调度器可以自动问询真实服务器的负载情况，并动态地调整其权值。"带权重的谁不干活就给谁分配"调度：WLC（带权重的最小连接数分派），服务器性能好的权重高。

5）基于局部性的最小连接（Locality-Based Least Connections）

"基于局部性的最小连接"调度算法是针对目标 IP 地址的负载均衡，目前主要用于 Cache 集群系统。该算法根据请求的目标 IP 地址找出该目标 IP 地址最近使用的服务器，若该服务器是可用的且没有超载，将请求发送该服务器；若服务器不存在，或者该服务器超载且有服务器处于工作状态中，则用"最小连接"的原则选出一个可用的服务器，将请求发送给该服务器。LBLC（基于局部性的最小连接调度），用于缓存服务器集群。作用是基于本地的最小连接，将请求传递到负载小的服务器上。

6）带复制的基于局部性最小连接（Locality-Based Least Connections with Replication）

"带复制的基于局部性最小连接"调度算法也是针对目标 IP 地址的负载均衡，目前主要用于 Cache 集群系统。它与 LBLC 算法的不同之处是，它要维护从一个目标 IP 地址到一组服务器的映射，而 LBLC 算法维护从一个目标 IP 地址到一台服务器的映射。该算法根据请求的目标 IP 地址找出该目标 IP 地址对应的服务器组，按"最小连接"原则从服务器组中选出一台服务器，若服务器没有超载，则将请求发送到该服务器上；若服务器超载，则按"最小连接"原则从这个集群中选出一台服务器，将该服务器加入服务器组中，并将请求发送到该服务器上。同时，当该服务器组有一段时间没有被修改时，将最忙的服务器从服务器组中删除，以降低复制的程度。

7）目标地址散列（Destination Hashing）

"目标地址散列"调度算法根据请求的目标 IP 地址，作为散列键（Hash Key）从静态分配的散列表中找出对应的服务器，若该服务器是可用的且未超载，则将请求发送到该服务器上，否则返回空。目标地址散列调度：RealServer 中绑定两个 IP，通过 ID 判断来者的 ISP 商，将其转到相应的 IP。

8）源地址散列（Source Hashing）

"源地址散列"调度算法根据请求的源 IP 地址，作为散列键（Hash Key）从静态分配的散列表中找出对应的服务器，若该服务器是可用的且未超载，则将请求发送到该服务器上，否则返回空。了解了这些算法原理能够在特定的应用场合选择最适合的调度算法，从而尽可能地保持 RealServer 的最佳利用性。源散列调度：源地址散列，基于 client 地址的来源区分。

10.3 项目实施

10.3.1 Keepalived 高可用集群部署

本书将通过 Nginx+Keepalived 部署集群，由于环境复杂，我们无法模拟成百上千台服务器来部署高可用集群，故在此通过两台服务器进行模拟部署。一台 Master 作为主服务器，另一台 Backup 作为从服务器。Keepalived 部署环境及 IP 规划如表 10.1 所示。

表 10.1 Keepalived 部署环境及 IP 规划

服务器参数	主服务器（Master）	从服务器（Backup）
IP 地址	192.168.17.10	192.168.17.20
VIP	192.168.17.100	192.168.17.100
Keepalived 版本	2.0.10	2.0.10
Nginx 版本	1.14.1	1.14.1

1. 配置国内 yum 源

（1）配置 yum 源。使用国内的阿里云 yum 源来加快软件的下载速度及增加更多的安装包资源。首先备份原来的 yum 源配置文件 /etc/yum.repos.d/CentOS-Base.repo，用于修改错误时进行恢复，其命令如下：

```
[root@master ~]#mv  /etc/yum.repos.d/CentOS-Base.repo  /etc/yum.repos.d/CentOS-Base.repo.backup
```

（2）下载新的 CentOS-Base.repo 文件到 /etc/yum.repos.d/中，其命令如下：

```
[root@master ~]# wget -O /etc/yum.repos.d/CentOS-Base.repo http://mirrors.aliyun.com/repo/Centos-8.repo
[root@master ~]# yum clean all         //清理软件源
[root@master ~]# yum makecache         //把 yum 源缓存到本地中
[root@master ~]# yum repolist          //检查 yum 源是否正常
```

2. 安装 Nginx

（1）在两台服务器上关闭防火墙服务，命令如下：

```
[root@master ~]# systemctl stop firewalld
[root@backup ~]# systemctl stop firewalld
```

（2）在两台服务器上同时使用 yum 命令安装 Nginx 服务，其命令如下：

```
[root@master ~]# yum -y install nginx
[root@backup ~]# yum -y install nginx
```

（3）启动 Nginx 服务及配置为开机自动启动。由于 Web 服务的可访问性、可用性很重要，需要把 Apache 服务配置成开机自动启动，其命令如下：

Master：

```
[root@master ~]# systemctl enable nginx
```

```
[root@master ~]# systemctl start nginx      //启动Nginx服务
```

Backup:
```
[root@backup ~]# systemctl enable nginx
[root@backup ~]# systemctl start nginx      //启动Nginx服务
```

现在可以在浏览器地址栏中输入网址 http://localhost 或 http://<服务器 IP 地址>来测试安装结果,如图 10.7 所示。

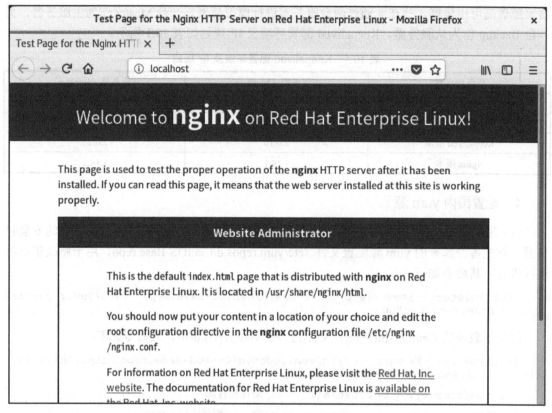

图 10.7 成功安装 Nginx 服务

3. 安装 Keepalived

两台服务器同时使用 yum 命令安装 Keepalived 服务,其命令如下:
```
[root@master ~]# yum -y install keepalived
[root@backup ~]# yum -y install keepalived
```

4. 编辑服务器配置文件

(1) 配置主服务器(Master),其命令如下:
```
[root@master ~]# cd /etc/keepalived/
[root@master keepalived]# > keepalived.conf          //清空文件内容
[root@master keepalived]#
[root@master keepalived]# vim keepalived.conf
#全局定义参数,出现问题时发送邮件至指定邮箱
global_defs {
```

```
  notification_email {
    admin@master.com
  }
  notification_email_from root@master.com
  smtp_server 127.0.0.1
  smtp_connect_timeout 30
  router_id LVS_DEVEL
}
#检测服务是否正常，需要写脚本，检测的时间
vrrp_script chk_nginx {
    script "/usr/local/sbin/check_ng.sh"
    interval 3
}
#定义Master的信息，转发网卡，路由器ID，权重，认证的信息，定义VIP（公共IP），加载脚本
vrrp_instance VI_1 {
    state MASTER
    interface ens33
    virtual_router_id 51
    priority 100
    advert_int 1
    authentication {
        auth_type PASS
        auth_pass 123456
    }
    virtual_ipaddress {
        192.168.17.100
    }
    track_script {
        chk_nginx
    }
}
```

(2) 配置从服务器（Backup），命令如下：

```
[root@backup ~]# cd /etc/keepalived/
[root@backup keepalived]# > keepalived.conf          //清空文件内容
[root@backup keepalived]#
[root@backup keepalived]# vim keepalived.conf
#全局定义参数，出现问题时发送邮件至指定邮箱
global_defs {
  notification_email {
    admin@backup.com
  }
  notification_email_from root@backup.com
  smtp_server 127.0.0.1
  smtp_connect_timeout 30
  router_id LVS_DEVEL
```

```
}
#检测服务是否正常,需要写脚本,检测的时间
vrrp_script chk_nginx {
    script "/usr/local/sbin/check_ng.sh"
    interval 3
}
#定义Backup的信息,转发网卡,路由器ID,权重,认证的信息,定义VIP(公共IP),加载脚本
vrrp_instance VI_1 {
    state BACKUP
    interface ens33
    virtual_router_id 51
    priority 90
    advert_int 1
    authentication {
        auth_type PASS
        auth_pass 123456
    }
    virtual_ipaddress {
        192.168.17.100
    }
    track_script {
        chk_nginx
    }
}
```

5. 创建并编写服务器的配置脚本

主服务器与从服务器的脚本内容一致,执行命令如下:

```
[root@master keepalived]# touch /usr/local/sbin/check_ng.sh
[root@master keepalived]# vim /usr/local/sbin/check_ng.sh
#!/bin/bash
#时间变量,用于记录日志
d=`date --date today +%Y%m%d_%H:%M:%S`
#计算Nginx进程数量
n=`ps -C nginx --no-heading|wc -l`
#如果进程为0,则启动Nginx服务,并且再次检测Nginx进程数量
#如果仍为0,说明Nginx无法启动,此时需要关闭Keepalived服务
if [ $n -eq "0" ]; then
      systemctl start nginx
      n2=`ps -C nginx --no-heading|wc -l`
      if [ $n2 -eq "0" ]; then
            echo "$d nginx aleady down,Keepalived will stop" >> /var/log/check_ng.log
            systemctl stop keepalived
      fi
fi
```

6. 赋予脚本执行权限

主服务器与从服务器均为相同配置，具体命令如下：

```
[root@master keepalived]# chmod 755 /usr/local/sbin/check_ng.sh
[root@master keepalived]# ls -l /usr/local/sbin/check_ng.sh
-rwxr-xr-x. 1 root root 601 2月  13 16:55 /usr/local/sbin/check_ng.sh
```

7. 启动 Keepalived 服务

（1）在主服务器（Master）上启动 Keepalived 服务，其命令如下：

```
[root@master keepalived]# systemctl start keepalived.service
[root@master keepalived]# ps aux |grep keepalived       //查看Keepalived进程情况
[root@master keepalived]# ip address |grep ens33        //查看VIP
2: ens33: <BROADCAST,MULTICAST,UP,LOWER_UP> mtu 1500 qdisc fq_codel state UP group default qlen 1000
    inet 192.168.17.10/24 brd 192.168.17.255 scope global noprefixroute ens33
    inet 192.168.17.100/32 scope global ens33
```

（2）在从服务器（Backup）上启动 Keepalived 服务，其命令如下：

```
[root@backup keepalived]# systemctl start keepalived.service
[root@backup keepalived]# ps aux |grep keepalived           //查看Keepalived进程情况
[root@backup keepalived]# ip address |grep ens33            //从服务器因权重低，没有VIP
2: ens33: <BROADCAST,MULTICAST,UP,LOWER_UP> mtu 1500 qdisc fq_codel state UP group default qlen 1000
    inet 192.168.17.20/24 brd 192.168.17.255 scope global noprefixroute ens33
```

8. 配置 Nginx 网页文件

可以编辑 Nginx 网页文件，为检验 Keepalived 能否实现高可用做准备。

（1）主服务器（Master）。通过 yum 命令安装的 Nginx 服务默认配置的网页文件在/usr/share/nginx/html/中，编辑该文件的命令如下：

```
[root@master keepalived]# > /usr/share/nginx/html/index.html
[root@master keepalived]# echo "This is master server." > /usr/share/nginx/html/index.html
[root@master keepalived]# cat /usr/share/nginx/html/index.html
This is Master server.
```

（2）从服务器（Backup）。通过 yum 命令安装的 Nginx 服务默认配置的网页文件在/usr/share/nginx/html/中，编辑该文件的命令如下：

```
[root@backup keepalived]# > /usr/share/nginx/html/index.html
[root@backup keepalived]# echo "This is backup server." > /usr/share/nginx/html/index.html
[root@backup keepalived]# cat /usr/share/nginx/html/index.html
This is Backup server.
```

此时，可在客户端打开浏览器访问 http://<VIP 地址>，高可用 Master 的 Web 界面如图 10.8 所示。

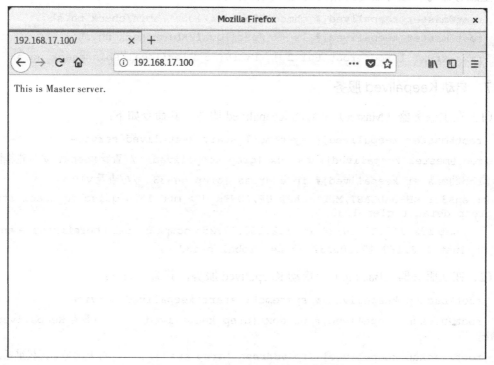

图 10.8　高可用 Master 的 Web 界面

因为当前 Master 的权重比 Backup 高，且 Master 处于正常运行状态，所以无论页面刷新几次，均不会有变化。

9．测试高可用

1）模拟故障

可以通过模拟主服务器出现故障宕机，来验证 Keepalived 高可用集群是否配置成功。

直接将主服务器（Master）的 Keepalived 服务关闭，模拟宕机情况。其命令如下：

```
[root@master keepalived]# systemctl stop keepalived
[root@master keepalived]# ip address |grep ens33        //服务关闭，分配的 VIP 也会消失
 2: ens33: <BROADCAST,MULTICAST,UP,LOWER_UP> mtu 1500 qdisc fq_codel state UP group default qlen 1000
    inet 192.168.17.10/24 brd 192.168.17.255 scope global noprefixroute ens33
```

这时，在从服务器（Backup）中，同样通过 ip address 命令查看 IP 地址变化情况。因为 Backup 收不到 Master 发来的 VRRP 数据包，所以根据 Backup 的优先级，当前的 Backup 成为新的主服务器。

```
[root@backup keepalived]# ip address |grep ens33
 2: ens33: <BROADCAST,MULTICAST,UP,LOWER_UP> mtu 1500 qdisc fq_codel state UP group default qlen 1000
    inet 192.168.17.20/24 brd 192.168.17.255 scope global noprefixroute ens33
    inet 192.168.17.100/32 scope global ens33
```

在客户端打开浏览器访问 http://<VIP 地址>，高可用 Backup 的 Web 界面如图 10.9 所示。

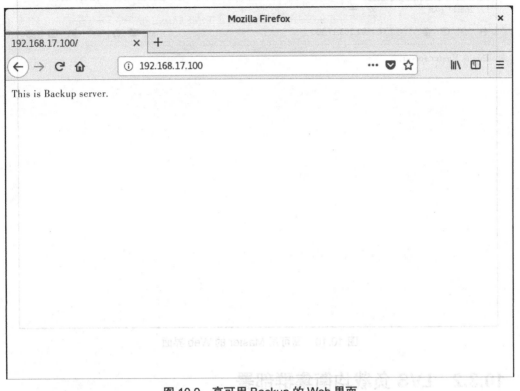

图 10.9　高可用 Backup 的 Web 界面

2）模拟故障恢复

假如服务器运维人员，通过接收 Keepalived 发送的故障邮件或其他方法发现服务器宕机故障，并且将故障修复，则服务器会如何变化？下面，通过模拟 Master 故障修复，来验证 Keepalived 的集群高可用。

首先，在 Master 中启动 Keepalived 服务，其命令如下：

```
[root@master keepalived]# systemctl start keepalived
```

可以发现 VIP 地址立刻又回到 Master 这边，意味着由于 Master 故障恢复，Keepalived 启动，Backup 又能收到 Master 的 VRRP 数据包，所以根据 Master 的优先级，当前的 Master 又变成新的 Master。

```
[root@master keepalived]# ip address |grep ens33
2: ens33: <BROADCAST,MULTICAST,UP,LOWER_UP> mtu 1500 qdisc fq_codel state UP group default qlen 1000
    inet 192.168.17.10/24 brd 192.168.17.255 scope global noprefixroute ens33
    inet 192.168.17.100/32 scope global ens33
```

同时，继续在刚才的浏览器中刷新页面，即可看到页面内容从 Backup 页面变成 Master 页面，如图 10.10 所示。

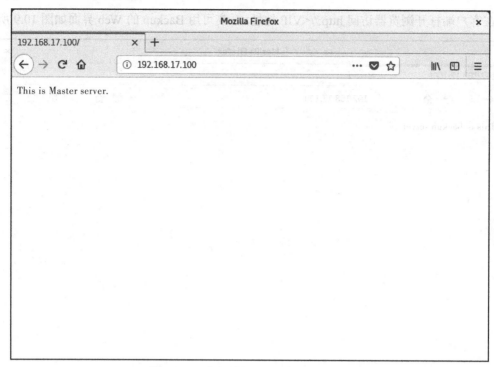

图 10.10 高可用 Master 的 Web 界面

10.3.2 LVS 负载均衡集群部署

1. 基于 NAT 模式的 LVS 负载均衡集群部署

目前，全球的 IPv4 地址已经基本消耗完，为了有效缓解 IPv4 地址空间不足的问题，NAT（Network Address Translation）技术已经被广泛应用，该技术通过把内部私有网络地址（IP 地址）转换成合法的网络 IP 地址，从而实现一个局域网只需使用少量 IP 地址即可实现私有地址网络内所有计算机与互联网的通信需求。由此可以用 NAT 方法将不同 IP 地址的并行网络服务编程在一个 IP 地址上的一个虚拟服务中。本节会介绍如何部署基于 NAT 模式的 LVS 负载均衡集群。部署 NAT 负载均衡集群所需环境如表 10.2 所示。

表 10.2　部署 NAT 负载均衡集群所需环境

参　数	说　明
负载均衡器	192.168.17.10（内网）、192.168.16.131（外网）
RealServer1	192.168.17.20，设置网关为 192.168.17.10
RealServer2	192.168.17.30，设置网关为 192.168.17.10
Nginx	版本为 1.14.1

当用户访问公网 IP（192.168.16.131）时，负载均衡器会通过调度算法将请求转发至后端的真实服务器 192.168.17.20 或 192.168.17.30 上，从而达到负载均衡的目的。

1）关闭防火墙及 SELinux

关闭防火墙的目的是方便后续实验配置，在实际操作中可根据情况调整，如借助其他安全设备对服务器集群进行安全防护。

对三台服务器均进行相同操作，其命令如下：

```
[root@loadbalancer ~]# systemctl stop firewalld
[root@loadbalancer ~]# systemctl disable firewalld
[root@loadbalancer ~]# setenforce 0                         //临时关闭SELinux
[root@loadbalancer ~]# yum -y install iptables-services     //安装iptables，用来调用空规则
[root@loadbalancer ~]# systemctl start iptables
[root@loadbalancer ~]# systemctl enable iptables
[root@loadbalancer ~]# iptables -F                          //清空规则
[root@loadbalancer ~]# service iptables save                //保存空规则
iptables: Saving firewall rules to /etc/sysconfig/iptables:[ OK ]
```

2）修改网关 IP 地址

（1）对 RealServer1、RealServer2 执行相同操作，对 RealServer1 执行的操作命令如下：

```
[root@realserver1 ~]# vim /etc/sysconfig/network-scripts/ifcfg-ens33
TYPE=Ethernet
PROXY_METHOD=none
BROWSER_ONLY=no
BOOTPROTO=static
DEFROUTE=yes
NAME=ens33
UUID=cc29ffa1-2de0-4105-b0ea-3ef663823876
DEVICE=ens33
ONBOOT=yes
IPADDR=192.168.17.20
NETMASK=255.255.255.0
GATEWAY=192.168.17.10
[root@realserver1 ~]# nmcli connection down ens33           //断开网卡连接
[root@realserver1 ~]# nmcli connection reload ens33         //重载网卡连接
[root@realserver1 ~]# nmcli connection up ens33             //激活网卡连接
[root@realserver1 ~]# route -n                              //查看网关
```

3）在负载均衡器上安装 ipvsadm

ipvsadm 是 LVS 在应用层上的管理工具，用于设置、维护和检查 Linux 内核中虚拟服务器列表。其命令如下：

```
[root@load_balancer ~]# yum -y install ipvsadm
```

安装完成后的 ipvsadm 主要有三个程序，如下所示：

（1）/usr/sbin/ipvsadm：LVS 主管理程序，负责真实服务器的添加、删除与修改。

（2）ipvsadm-restore：用于恢复 LVS 的配置。

（3）ipvsadm-save：用于备份 LVS 的配置。

ipvsadm 的常用参数及说明如表 10.3 所示。

表 10.3 ipvsadm 的常用参数及说明

参数	说明
-C	清除内核虚拟服务器表中的所有记录
-A	在内核的虚拟服务器表中添加一条新的虚拟服务器记录
-a	在内核的虚拟服务器表的一条记录后添加一条新的真实服务器记录
-t	为指定虚拟服务器提供 TCP 服务
-u	为指定虚拟服务器提供 UDP 服务
-h	显示帮助
-s	指定采用的调度算法
-r	真实服务器
-m	指定 LVS 为 NAT 模式
-g	指定 LVS 为 DR 模式
-i	指定 LVS 为 IP Tunnel 模式
-w	真实服务器的权重
-L|-l	显示内核虚拟服务器列表
-n	输出 IP 地址和端口的数字形式

4）编写 LVS_NAT 模式的执行脚本

（1）通过编写脚本的方式，可以快速地一键部署 LVS，实现负载均衡的功能，其命令如下：

```
[root@loadbalancer ~]# vim /usr/local/sbin/lvs_nat.sh
#! /bin/bash
# 在负载均衡器上开启路由转发功能
echo 1 > /proc/sys/net/ipv4/ip_forward
# 关闭 icmp 的重定向
echo 0 > /proc/sys/net/ipv4/conf/all/send_redirects
echo 0 > /proc/sys/net/ipv4/conf/default/send_redirects
# 注意区分网卡名字，两个网卡分别为 ens33 和 ens36
echo 0 > /proc/sys/net/ipv4/conf/ens33/send_redirects
echo 0 > /proc/sys/net/ipv4/conf/ens36/send_redirects
# 在负载均衡器上设置 nat 防火墙
iptables -t nat -F
iptables -t nat -X
iptables -t nat -A POSTROUTING -s 192.168.17.0/24  -j MASQUERADE
# director 设置 ipvsadm，创建环境变量，清空列表，添加规则
IPVSADM='/usr/sbin/ipvsadm'
$IPVSADM -C
$IPVSADM -A -t 192.168.16.131:80 -s rr
$IPVSADM -a -t 192.168.16.131:80 -r 192.168.17.20:80 -m -w 1
$IPVSADM -a -t 192.168.16.131:80 -r 192.168.17.30:80 -m -w 1
```

（2）执行脚本，其命令如下：

```
[root@loadbalancer ~]# sh /usr/local/sbin/lvs_nat.sh
[root@loadbalancer ~]# ipvsadm -Ln              //查看负载情况
```

```
IP Virtual Server version 1.2.1 (size=4096)
Prot LocalAddress:Port Scheduler Flags
  -> RemoteAddress:Port           Forward Weight ActiveConn InActConn
TCP 192.168.16.131:80 rr
  -> 192.168.17.20:80             Masq    1      0          0
  -> 192.168.17.30:80             Masq    1      0          0
```

由以上结果可知,在 ipvsadm 的内核虚拟服务器列表中,已有两台真实服务器,且当前 LVS 的调度算法为 RR。

5)安装 Nginx 服务

(1)使用 yum 命令安装 Nginx 服务及其依赖包,其命令如下:

```
[root@realserver1 ~]# yum -y install nginx
[root@realserver2 ~]# yum -y install nginx
```

(2)配置 Nginx 服务为开机自动启动,其命令如下:

```
[root@realserver1 ~]# systemctl enable nginx
[root@realserver2 ~]# systemctl enable nginx
```

(3)编辑 Nginx 默认首页文件内容。

① 对 RealServer1 进行配置,其命令如下:

```
[root@realserver1 ~]# > /usr/share/nginx/html/index.html
[root@realserver1 ~]# vim /usr/share/nginx/html/index.html
This is RealServer1.
```

② 对 RealServer2 进行配置,其命令如下:

```
[root@realserver2 ~]# > /usr/share/nginx/html/index.html
[root@realserver2 ~]# vim /usr/share/nginx/html/index.html
This is RealServer2.
```

(4)启动 Nginx 服务,其命令如下:

```
[root@realserver1 ~]# systemctl start nginx
[root@realserver2 ~]# systemctl start nginx
```

在浏览器地址栏中输入网址 http://localhost 或 http://<服务器 IP 地址>来测试 Nginx 服务是否安装成功,如图 10.11 所示。

6)负载均衡测试

确认后端真实服务器已经启动,并且真实服务器设置了 VIP,LVS 前端负载均衡器也已经添加了虚拟服务,接着进行 LVS 的最后测试,命令如下:

```
[root@loadbalancer ~]# curl 192.168.16.131
This is RealServer1.
[root@loadbalancer ~]# curl 192.168.16.131
This is RealServer2.
[root@loadbalancer ~]# curl 192.168.16.131
This is RealServer1.
[root@loadbalancer ~]# curl 192.168.16.131
This is RealServer2.
```

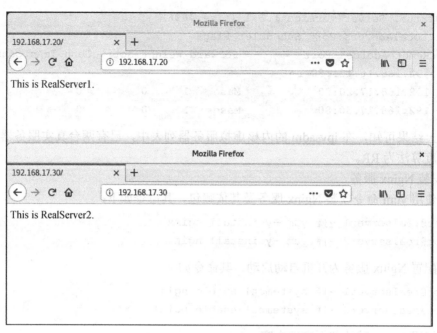

图 10.11　Nginx 服务安装成功

使用 curl 命令测试，从上面的结果可以看出，LVS 服务器已经成功运行。

2. 基于 DR 模式的 LVS 负载均衡集群部署

在 LVS 的 NAT 模式中，请求和响应的数据报文都需要通过负载均衡器，当真实服务器的数目在 10 台到 20 台之间时，若请求量不高，则运行流畅；若请求量突然增加或响应报文包含大量的数据时，则负载均衡器将成为整个集群系统的瓶颈。在 DR 模式中，负载均衡器只负责调度请求，而服务器直接将响应返回给客户，可以极大地提高整个集群系统的吞吐量。本节将介绍如何部署基于 DR 模式的 LVS 负载均衡集群。部署 DR 负载均衡集群所需环境如表 10.4 所示。

表 10.4　部署 DR 负载均衡集群所需环境

参　数	说　明
负载均衡器	192.168.17.10
RealServer1	192.168.17.20
RealServer2	192.168.17.30
测试客户端	192.168.17.40
Nginx	版本为 1.14.1

1）关闭防火墙及 SELinux

此步骤可以参考上节的操作方法，对三台服务器均进行相同操作。

2）在负载均衡器上安装 ipvsadm

命令如下：

```
[root@loadbalancer ~]# yum -y install ipvsadm
```

3）编写 LVS_NAT 模式的执行脚本

（1）在负载均衡器上编写脚本，其命令如下：

```
[root@loadbalancer ~]# vim /usr/local/sbin/lvs_dr.sh
#! /bin/bash
echo 1 > /proc/sys/net/ipv4/ip_forward
ipv=/usr/sbin/ipvsadm
vip=192.168.17.100
realserver1=192.168.17.20
realserver2=192.168.17.30
#绑定VIP，注意网卡名称
nmcli connection down ens36
nmcli connection reload ens36
nmcli connection up ens36
ifconfig ens33:2 $vip broadcast $vip netmask 255.255.255.255 up
route add -host $vip dev ens33:2
$ipv -C
$ipv -A -t $vip:80 -s rr
$ipv -a -t $vip:80 -r $realserver1:80 -g -w 1
$ipv -a -t $vip:80 -r $realserver2:80 -g -w 1
```

（2）在两台真实服务器上编写脚本，其命令如下：

RealServer1：

```
[root@realserver1 ~]# vim /usr/local/sbin/lvs_dr.sh
#!/bin/bash
vip=192.168.17.100
#把VIP绑定在lo上，是为了实现RealServer1直接把结果返回给客户端
ifconfig lo:0 $vip broadcast $vip netmask 255.255.255.255 up
route add -host $vip lo:0
#以下操作为更改arp内核参数，目的是让RealServer1顺利发送MAC地址给客户端
echo "1" >/proc/sys/net/ipv4/conf/lo/arp_ignore
echo "2" >/proc/sys/net/ipv4/conf/lo/arp_announce
echo "1" >/proc/sys/net/ipv4/conf/all/arp_ignore
echo "2" >/proc/sys/net/ipv4/conf/all/arp_announce
```

RealServer2：

```
[root@realserver2 ~]# vim /usr/local/sbin/lvs_dr.sh
#!/bin/bash
vip=192.168.17.100
#把VIP绑定在lo上，是为了实现RealServer2直接把结果返回给客户端
ifconfig lo:0 $vip broadcast $vip netmask 255.255.255.255 up
route add -host $vip lo:0
#以下操作为更改arp内核参数，目的是让RealServer2顺利发送MAC地址给客户端
echo "1" >/proc/sys/net/ipv4/conf/lo/arp_ignore
echo "2" >/proc/sys/net/ipv4/conf/lo/arp_announce
echo "1" >/proc/sys/net/ipv4/conf/all/arp_ignore
echo "2" >/proc/sys/net/ipv4/conf/all/arp_announce
```

（3）执行脚本。此时，编写完脚本并确定无误后，可按顺序运行相关脚本，以备测试。

命令如下：

LoadBalancer：

```
[root@loadbalancer ~]# sh /usr/local/sbin/lvs_dr.sh
[root@loadbalancer ~]# ip address |grep ens33
2: ens33: <BROADCAST,MULTICAST,UP,LOWER_UP> mtu 1500 qdisc fq_codel state UP group default qlen 1000
    inet 192.168.17.10/24 brd 192.168.17.255 scope global noprefixroute ens33
    inet 192.168.17.100/32 brd 192.168.17.100 scope global ens33:2
```

RealServer1：

```
[root@realserver1 ~]# sh /usr/local/sbin/lvs_dr.sh
[root@realserver2 ~]# ip address |grep lo
1: lo: <LOOPBACK,UP,LOWER_UP> mtu 65536 qdisc noqueue state UNKNOWN group default qlen 1000
    link/loopback 00:00:00:00:00:00 brd 00:00:00:00:00:00
    inet 127.0.0.1/8 scope host lo
    inet 192.168.17.100/32 brd 192.168.17.100 scope global lo:0
    inet 192.168.17.30/24 brd 192.168.17.255 scope global noprefixroute ens33
```

RealServer2：

```
[root@realserver2 ~]# sh /usr/local/sbin/lvs_dr.sh
[root@realserver2 ~]# ip address |grep lo
1: lo: <LOOPBACK,UP,LOWER_UP> mtu 65536 qdisc noqueue state UNKNOWN group default qlen 1000
    link/loopback 00:00:00:00:00:00 brd 00:00:00:00:00:00
    inet 127.0.0.1/8 scope host lo
    inet 192.168.17.100/32 brd 192.168.17.100 scope global lo:0
    inet 192.168.17.30/24 brd 192.168.17.255 scope global noprefixroute ens33
```

4）安装 Nginx 服务

测试过程需要通过访问 Web 页面内容来验证负载均衡效果，具体操作步骤可参考上节内容。

5）测试

此时，在负载均衡器 dir 上，可以查看到虚拟服务器列表里的真实服务器有两台。其命令如下：

```
[root@loadbalancer ~]# ipvsadm -Ln
IP Virtual Server version 1.2.1 (size=4096)
Prot LocalAddress:Port Scheduler Flags
  -> RemoteAddress:Port           Forward Weight ActiveConn InActConn
TCP  192.168.17.100:80 rr
  -> 192.168.17.20:80             Route   1      0          0
  -> 192.168.17.30:80             Route   1      0          0
```

测试服务器最终可以通过 curl 命令访问到真实服务器所提供的的页面内容，由于 LVS 采用了 RR（轮询）算法，不同的连接请求将被分配到不同的后端服务器上，但服务器之间的优先级不同，且本例由于所有的 Web 页面均不相同，所以客户端多次访问将得到不同的内容。

在测试客户端上访问 Web 内容，其命令如下：

```
[root@test ~]# curl 192.168.17.100
This is RealServer1.
[root@test ~]# curl 192.168.17.100
This is RealServer2.
[root@test ~]# curl 192.168.17.100
This is RealServer1.
[root@test ~]# curl 192.168.17.100
This is RealServer2.
```

10.3.3 Keepalived+LVS 应用实践

Keepalived+LVS 的高可用负载均衡集群，可适用于千万级并发网站，因此在互联网企业中得到广泛的应用，本节将介绍企业级 Keepalived+LVS 的部署。部署 Keepalived+LVS 集群所需环境如表 10.5 所示。

表 10.5 部署 Keepalived+LVS 集群所需环境

参 数	说 明
loadbalancer1（Master）	192.168.17.10（安装 Keepalived）
loadbalancer2（Backup）	192.168.17.11（安装 Keepalived）
RealServer1	192.168.17.20
RealServer2	192.168.17.30
测试服务器	192.168.17.40
Nginx	版本为 1.14.1

完整架构需要两台服务器（角色为 dir，即负载均衡器）分别安装 Keepalived 软件，目的是实现高可用，并且 Keepalived 需内置 ipvsadm 负载均衡的功能，所以可不用安装 ipvsadm 软件包，也不需要编写和执行之前的 lvs_dir 脚本。

1. 在两台 loadbalancer 上安装 Keepalived 软件

命令如下：

```
[root@loadbalancer1 ~]# yum -y install Keepalived
[root@loadbalancer2 ~]# yum -y install Keepalived
```

2. 在两台 LoadBalancer 上配置 keepalived.conf 文件

（1）Master 上的 keepalived.conf 文件的配置内容如下：

```
[root@loadbalancer1 ~]# vim /etc/keepalived/keepalived.conf
#全局定义参数，出现问题时发送邮件至指定邮箱
global_defs {
  notification_email {
    admin@zsc.com
  }
  notification_email_from root@zsc.com
  smtp_server 127.0.0.1
  smtp_connect_timeout 30
```

```
    router_id LVS_DEVEL
}
#定义Master的信息，转发网卡，路由器ID，权重，认证的信息，定义VIP（公共IP）
vrrp_instance VI_1 {
    state MASTER
    interface ens33
    virtual_router_id 51
    priority 100
    advert_int 1
    authentication {
        auth_type PASS
        auth_pass 123456
    }
    virtual_ipaddress {
        192.168.17.100
    }
}
#定义查询间隔时间、调度算法、转发方式
virtual_server 192.168.17.100 80 {
    delay_loop 10
    lb_algo rr
    lb_kind DR
persistence_timeout 60
protocol TCP
#定义两台RealServer服务器的信息
    real_server 192.168.17.20 80 {
        weight 100
        TCP_CHECK {
        connect_timeout 10
        nb_get_retry 3
        delay_before_retry 3
        connect_port 80
        }
    }
    real_server 192.168.17.30 80 {
        weight 100
        TCP_CHECK {
        connect_timeout 10
        nb_get_retry 3
        delay_before_retry 3
        connect_port 80
        }
    }
}
```

（2）Backup的配置除了state和priority不同，其他内容均与Master相同，其命令如下：

```
[root@load_balancer2 ~]# vim /etc/keepalived/keepalived.conf
global_defs {
...
vrrp_instance VI_1 {
    state BACKUP                        //Backup 上的的 state 为 BACKUP
    interface ens33
    virtual_router_id 51
    priority 90                         //Backup 的权重为 90
...
```

LoadBalancer 每隔 10 秒查询一次 RealServer 的状态,Master Keepalived 配置 state 状态为 MASTER,priority 权重为 100,Backup Keepalived 配置 state 状态为 BACKUP,priority 权重为 90,LVS 调度算法采用 RR 算法,转发方式为 DR 模式。

3. 在两台服务器上启动 Keepalived 软件

命令如下:

```
[root@loadbalancer1 ~]# systemctl start Keepalived
[root@loadbalancer1 ~]# systemctl enable Keepalived
[root@loadbalancer1 ~]# ps aux |grep Keepalived
root     10926  0.0  0.1 111520  2644 ?        Ss   12:26   0:00 /usr/sbin/Keepalived -D
root     10927  0.0  0.1 111520  2888 ?        S    12:26   0:00 /usr/sbin/Keepalived -D
root     10928  0.0  0.0 111520  1024 ?        S    12:26   0:00 /usr/sbin/Keepalived -D
root     10930  0.0  0.0  12320   988 pts/1    S+   12:26   0:00 grep --color=auto keepalive
```

4. 为 Master、Backup 设置 IP 转发

由于 Keepalived 自带 LVS 负载均衡功能,并且已经做好相关配置,因此无须在负载均衡服务器上再次设置绑定 VIP,只需设置 IP 转发。其命令如下:

```
[root@loadbalancer1 ~]# echo "1" > /proc/sys/net/ipv4/ip_forward
[root@loadbalancer2 ~]# echo "1" > /proc/sys/net/ipv4/ip_forward
```

此时用户通过浏览器访问调度器(负载均衡器)的 VIP,调度器接收请求,并通过相应的转发方式及调度算法把请求转发给后端的 RealServer。由于配置模式为 DR 模式,在转发的过程中,会修改请求包的目的 MAC 地址,目的 IP 地址保持不变。

5. 在真实服务器上编写脚本

若负载均衡器与 RealServer 处在同一个物理网络中,当负载均衡器直接将请求转发给 RealServer 时,则 RealServer 检测到该数据包目的地址是 VIP 而不是自己,就会将该数据包丢弃,不会进行响应。要解决这一问题,需要把 VIP 绑定在 lo 上,实现 RealServer 直接把结果返回给客户端,保证数据包不会被丢弃。

(1)对 RealServer1 的操作命令如下:

```
[root@realserver1 ~]# vim /usr/local/sbin/lvs_dr.sh
#!/bin/bash
vip=192.168.17.100
ifconfig lo:0 $vip broadcast $vip netmask 255.255.255.255 up
```

```
route add -host $vip lo:0
echo "1" >/proc/sys/net/ipv4/conf/lo/arp_ignore
echo "2" >/proc/sys/net/ipv4/conf/lo/arp_announce
echo "1" >/proc/sys/net/ipv4/conf/all/arp_ignore
echo "2" >/proc/sys/net/ipv4/conf/all/arp_announce
```

（2）对 RealServer2 的操作命令如下：

```
[root@realserver2 ~]# vim /usr/local/sbin/lvs_dr.sh
#!/bin/bash
vip=192.168.17.100
ifconfig lo:0 $vip broadcast $vip netmask 255.255.255.255 up
route add -host $vip lo:0
echo "1" >/proc/sys/net/ipv4/conf/lo/arp_ignore
echo "2" >/proc/sys/net/ipv4/conf/lo/arp_announce
echo "1" >/proc/sys/net/ipv4/conf/all/arp_ignore
echo "2" >/proc/sys/net/ipv4/conf/all/arp_announce
```

（3）执行脚本命令如下：

```
[root@realserver1 ~]# sh /usr/local/sbin/lvs_dr.sh
[root@realserver2 ~]# sh /usr/local/sbin/lvs_dr.sh
```

6. 测试

测试服务器最终可以通过 curl 命令访问到真实服务器所提供的页面内容，其命令如下：

```
[root@test ~]# curl 192.168.17.100
This is RealServer1.
[root@test ~]# curl 192.168.17.100
This is RealServer2.
[root@test ~]# curl 192.168.17.100
This is RealServer1.
[root@test ~]# curl 192.168.17.100
This is RealServer2.
```

10.4 项目小结

本次案例实践模拟了某公司基于 Keepalived+LVS 的集群架构部署，因为一台 Liunx 服务器已经无法满足公司日益增长的用户访问量，所以通过部署集群来实现高并发、高可用的服务器，让公司得到正常运行，为公司发展提供有力的保障。

10.5 课后习题

1. 什么是集群?

2. Keepalived 由哪几个模块组成?

3. 负载均衡集群系统 LVS 的调度算法有哪些?

4. 在 LVS 的 NAT 模式中,如何修改调度算法?

第 11 章 Linux 运维管理工具

扫一扫
获取微课

早期的互联网，因为使用网络的人数不是很多，所以企业的服务器也不会很多，一般只需通过传统的运维方式即人工操作就可管理所有服务器。以 Linux 服务器为例，随着互联网的快速发展，企业的服务器数量越来越多，当达到几百台，甚至上千台时，服务器的日常管理也逐渐变得烦琐。若每天通过人工操作更新、部署和管理这些服务器，则会浪费大量的时间，而且人为的操作也有可能由于某些疏忽而遗漏问题。此时，需要根据已有的传统运维方式来研讨 Linux 运维的发展方向。本章将介绍各种 Linux 运维管理工具的使用及相关技术的应用，包括 PXE、Kickstart、Cobbler、Zabbix、Nagios、SaltStack、Ansible、Git、SVN。

11.1　项目背景分析

某公司是一家中大型电子产品运营公司，目前公司服务器使用传统运维方式进行维护。由于公司推广做得非常好，用户数量激增，为了给用户提供更多优质的服务，该公司部署增加了多台服务器，分别承载着 Web、FTP 等服务。小张为该公司运维人员，因为该公司运维岗位的工作人员较少，所以小张通过传统运维方式难以完成运维工作，运维效率随着服务器数量增多而变低。因此，公司管理者决定将现有的传统运维模式转变为自动化运维，将原有的日常备份、服务器监控等部署为自动化运维方式。通过部署 Cobbler、Zabbix、SaltStack 等自动化平台来实现自动化运维。部署自动化服务器后的网络拓扑如图 11.1 所示。

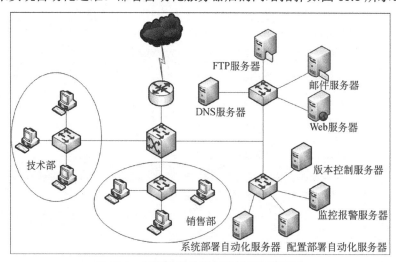

图 11.1　部署自动化服务器后的网络拓扑

11.2 项目相关知识

11.2.1 传统 Linux 运维方式

传统的 Linux 运维方式一般为当服务器出现故障时，运维人员迅速采取措施进行补救，此种运维方式非常被动。对于一些企业来说，被动的运维管理会遭受很多不必要的损失，以致很多企业因为浪费时间和资源而感到很苦恼。传统运维方式的不足主要体现在以下几方面。

- 传统运维方式效率低，大多工作需人工完成。
- 传统运维工作烦琐，容易出错。
- 传统运维工作重复率高。
- 传统运维工作没有标准化流程。
- 传统运维方式脚本繁多，不便管理。

在服务器的运维管理过程中，当服务器出现故障或对公司业务造成影响时才发现和处理，这种被动的抢救措施不但使 Linux 运维人员忙碌到疲惫不堪，而且会导致运维工作质量难以保证。

诸多企业在服务器运维管理过程中缺少自动化的运维管理模式，也没有明确的角色和任务划分，出现问题时无法快速找出故障原因，从而无法进行修复及处理。

随着科技建设的不断进步，数量越来越大且功能越来越复杂多样的服务器，让很多运维人员难以从容应对，从而影响企业的发展。

出现这些问题部分原因是企业缺乏事件监控、诊断和批量部署等 Linux 运维管理工具，因此在没有高效的技术工具的支持下，运维人员很难主动、快速地处理服务器故障。

11.2.2 自动化运维方式

自动化运维是服务器运维相关技术发展的必然结果，对于目前的行业及市场背景，在已有传统运维的基础上，要求必须能够实现数字化、自动化的维护。实际上，自动化运维是指将日常运维的重复性工作通过自动化方式进行。自动化不只是一个简单维护的过程，而是一个管理提升的过程，是未来运维方向发展的趋势。

1　Linux 运维管理工具

为了使读者更加了解今后的运维管理方向，本章将介绍如何构建自动化运维方案、如何建立高效的 IT 自动化运维平台及各种自动化工具等。

一般来说，自动化运维体系包括部署、监控、配置等环节，相应功能的实现也不尽相同。本次介绍的 Linux 运维管理自动化工具有以下几种。

- 系统部署自动化工具。
- 监控报警自动化工具。
- 配置部署自动化工具。

- 版本控制系统。

2. 系统部署自动化工具

在第 1 章中详细介绍了如何通过光盘手动安装、部署 CentOS 8，但此安装方法并不适用于所有实践环境。大多数企业或单位机房主机均不在少数，少则几十台，多则上百台。在所有主机都需要统一安装、部署 CentOS 8 时，如果还使用光盘逐步为每台主机安装操作系统，效率就会非常低，因此需要一种高效的部署方法。本章会介绍两种高效的自动化安装、部署方式，可根据不同实践环境选择不同的安装方式，两种安装方式分别如下。

1）PXE + Kickstart 无人值守安装

PXE 是由 Intel 公司开发的基于客户端/服务器模式的一种技术，其核心功能是让客户端通过网络从远端服务器上下载启动镜像，从而实现网络启动。在整个过程中，客户端要求服务器分配 IP 地址，再用 TFTP 协议下载位于服务器上的启动镜像到本机内存中并执行，由这个启动文件完成客户端基本软件的配置。

本书介绍的案例也需要客户端能通过网络启动，读取位于服务器上的启动文件，实现安装系统的功能，但这样的技术只能实现通过网络启动，当读取安装程序进入安装界面后，剩余的步骤如语言设置、系统管理员密码、网络参数等还需要手动配置。至此，我们仅可实现无光盘网络启动，并能够手动安装操作系统，如果要实现无人值守自动安装，还需要一种技术的支持，即 Kickstart。

Kickstart 是目前主要的一种无人值守自动安装、部署操作系统的方式，使用这种技术，可以轻松地实现自动安装及配置操作系统。这种技术的核心是自动应答文件（Kickstart 文件），也就是将本来安装过程中需要手动设置的语言、密码、网络等参数，通过读取自动应答文件实现自动设置。即需要事先将安装系统过程中问题的答案写入自动应答文件中，开始安装操作系统时，指定安装程序读取自动应答文件实现自动安装及部署操作系统。

2）Cobbler 无人值守安装

Cobbler 是一个免费开源系统的安装部署软件，用于自动化网络安装操作系统。Cobbler 集成了 DNS、DHCP 软件包更新，自带 Web 管理及配置管理，方便操作系统的自动化安装。Cobbler 可以支持 PXE 启动、操作系统重新安装，以及虚拟化客户机创建，包括 Xen、KVM 或 VMware。Cobbler 可以支持管理复杂网络环境，如在链路聚合的以太网中创建桥接环境。

3. 监控报警自动化工具

企业服务器为用户提供服务，作为运维工程师最重要的责任就是保证该网站正常、稳定地运行，需要实时监控网站、服务器的运行状态，并且出现故障时能够及时去处理。目前，在市场上，能给企业网站和服务器进行全方位实时监控的软件越来越多。常见的开源监控软件有 Zabbix、Cacti、Nagios、Smokeping、Open-falcon 等。Cacti、Smokeping 偏向于基础监控，成图非常漂亮。Cacti、Nagios、Zabbix 服务端监控中心，需要 PHP 环境支持，其中 Zabbix 和 Cacti 都需要 MySQL 存储数据，Nagios 不用存储历史数据，注重服务或监控项的状态，Zabbix 会获取服务或监控项目的数据，将数据记录到数据库里，从而可以成图。Open-falcon 由小米公司开发，开源后受到诸多大公司和运维工程师的追捧，适合大企业。这些监控软件可实现对网站的 7×24 小时的监控，并且被监控网站无须时刻以人工方式去访问 Web 网站或登录服务器去检查。本书主要介绍 Zabbix 监控系统、Nagios 监控系统的部署应用。

1）Zabbix 监控系统介绍

Zabbix 是由 Alexei Vladishev 开发的一种网络监视、管理系统，基于 Server-Client 架构。可用于监视各种网络服务、服务器和网络机器等状态。详情可参考官网网站（https://www.zabbix.com/）。Zabbix 是一款非常优秀的企业级开源解决方案，其监控中心支持 Web 界面配置和管理，为保证服务器系统安全、稳定地运行，Zabbix 提供了全方位的资源监控服务。Zabbix 主要优点如下。

- 单 server 节点可以支持上万台客户端。
- 支持主动监控和被动监控模式。
- 分布式的监控体系和集中式 Web 管理。
- 基于 Web 管理，可支持自由的自定义事件和邮件发送。
- 支持底层自动发现。
- 支持自动发现服务器和网络设备。
- 支持日志审计、资产管理等功能。

Zabbix 监控组件主要包括以下 5 部分。

- Zabbix-server。
- 数据存储。
- Web 界面（Web GUI）。
- Zabbix-proxy。
- Zabbix-agent。

Zabbix-server 端为监控中心，负责接收客户端上报信息，负责配置、统计、操作数据。数据存储主要用于存放数据，如 MySQL。Web 界面即 Web GUI，在 Web 界面下操作配置是 Zabbix 简单、易用的主要原因。Zabbix-proxy 是可选组件，它可以代替 Zabbix-server 的功能，减轻 server 的压力。Zabbix-agent 为客户端软件，负责采集各个监控服务或项目的数据，并上报至监控中心。

Zabbix 具体工作流程如图 11.2 所示。

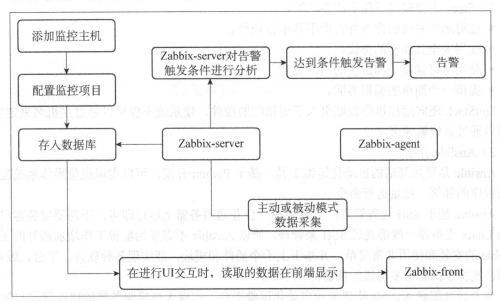

图 11.2　Zabbix 具体工作流程

Zabbix 监控客户端分为被动监控和主动监控。

（1）被动监控，服务器会主动连接客户端获取监控项目数据，客户端被动地接受连接，并把监控信息传递给服务器。

（2）主动监控，客户端会主动把监控数据汇报给服务器，服务器只负责接收即可。

当客户端数量非常多时，建议使用主动模式，这样可以降低服务器的压力。假设有一场景，服务器有公网 IP，而客户端只有内网 IP，但是客户端能访问外网，这种场景适合主动模式。

2）Nagios 监控系统

Nagios 是一款企业级开源免费的监控工具，该工具可以监控应用服务器、交换机路由器等网络设备，并在服务或设备发生异常时发出告警信息。与 Zabbix 不同的是，Nagios 不用存储历史数据，注重服务或监控项目的状态，Zabbix 会获取服务或监控项目的数据，会把数据记录到数据库里，从而可以成图。Nagios 的灵活监控机制可以帮助企业在出现严重故障之前解决问题，将告警信息发送给管理员，让管理员能够实时掌控监控状态。

Nagios 具有一定的可扩展性，部署 Nagios 除安装 Nagios 监控主程序外，还需安装一些插件程序，以保障 Nagios 的完整运行。其中，Nagios-plugins 是必选的插件程序。另外，官方网站还提供了部分可选的附加插件，如 NDClient++、NRPE、NDOUtils 等。若已提供的这些标准插件无法满足企业特殊的监控需求，则可以开发自己的监控插件以实现特殊的监控功能。

4. 配置部署自动化工具

1）SaltStack 介绍

SaltStack 是一个服务器基础架构集中化管理平台，具备配置管理、远程执行、监控等功能。SaltStack 基于 Python 开发，C/S 架构，支持多平台，在远程执行命令时非常快捷。通过部署 SaltStack，可以在成千万台服务器上做到批量执行命令，根据不同业务进行配置集中化管理、分发文件、采集服务器数据、操作系统基础及软件包管理等。SaltStack 是运维人员提高工作效率、规范业务配置与操作的利器。

SaltStack 主要有以下几个核心功能。

- 使对远程系统的命令并行而不是串行调用。
- 使用安全且加密的协议。
- 使用尽可能最小和最快的网络负载。
- 提供一个简单的编程界面。

SaltStack 还向远程执行领域引入了更精细的控件，使系统不仅可以通过主机名来定位，还可以通过系统属性来定位。

2）Ansible 介绍

Ansible 是更加简洁的自动化运维工具，基于 Python 开发，可以实现批量操作系统配置、批量程序的部署、批量运行命令。

Ansible 基于 SSH 远程管理，只需要在一台普通服务器上运行即可，不需要安装客户端。因为 Linux 服务器一般都通过 SSH 来管理，所以 Ansible 不需要为配置工作增加额外的工作。Ansible 的安装和使用非常简单，并基于上千个插件和模块，能实现各种软件、平台、版本的管理，支持虚拟容器多层级的部署。

本书通过部署 Ansible 构建企业自动化运维平台，实现大规模服务器的快速管理和部署。Ansible 相较于 SaltStack 更加简单，由于其灵活的配置方式，复杂的配置工作变得简单。

5. 版本控制系统

1) Git 分布式版本控制系统

版本控制，可以理解为记录若干文件的内容变化，以便将来查阅特定版本的修订情况。Git 是一个开源的分布式版本控制系统，可以有效、高速地处理从十分小到非常大的项目版本管理。Git 是"Linux 之父"为了帮助管理 Linux 内核而开发的一个开放源码的版本控制系统。Git 与常用的版本控制工具 CVS、Subversion 等不同，它采用了分布式版本库的方式，不需要服务器的软件支持。

2) SVN 版本控制系统

SVN 全称 subversion，是一个开源版本控制系统，始于 2000 年，采用分支管理系统，简言之适用于多个人共同开发同一个项目，实现资源共享，实现最终集中式的管理。

11.3 项目实施

11.3.1 PXE+Kickstart 无人值守安装

目前这种无人值守的解决方案需要提前部署一台包含 DHCP、TFTP、HTTP 等相关服务的服务器。本节案例将通过一台服务器部署相关服务环境，在企业应用中，可将 HTTP 服务单独部署在一台服务器中，以减轻服务器的负载。

Kickstart 配置文件的获得方式有如下三种。

（1）手动写入。

（2）使用 GUI system-config-kickstart 工具。

（3）使用标准的 Red Hat 安装程序 Anaconda。

1. 配置国内 yum 源

（1）配置 yum 源。使用国内的阿里云 yum 源来加快软件的下载速度及增加更多的安装包资源。首先备份原来的 yum 源配置文件 /etc/yum.repos.d/CentOS-Base.repo，用于出现修改错误时进行恢复，其命令如下：

```
[root@server ~]#mv /etc/yum.repos.d/CentOS-Base.repo /etc/yum.repos.d/CentOS-Base.repo.backup
```

（2）下载新的 CentOS-Base.repo 文件到 /etc/yum.repos.d/中，其命令如下：

```
[root@server ~]# wget -O /etc/yum.repos.d/CentOS-Base.repo http://mirrors.aliyun.com/repo/Centos-8.repo
[root@server ~]# yum clean all        //清理软件源
[root@server ~]# yum makecache        //把 yum 源缓存到本地中
[root@server ~]# yum repolist         //检查 yum 源是否正常
```

2. 安装配置服务器

1) 安装 DHCP 服务

一般情况下，DHCP 服务器在企业的应用中，主要为客户端分配 IP 地址等网络参数。在无人值守环境中，客户端选择通过网络启动后，会通过发送一个广播数据包的方式寻找 DHCP 服务器，从 DHCP 服务器获得 IP 地址后，再通过 TFTP 文件共享服务器下载启动文件。

在安装服务器终端使用如下命令安装 DHCP 服务：

```
[root@server ~]# yum -y install dhcp-server
```

2）编辑配置脚本

DHCP 服务安装完成后，可通过修改配置文件以实现为客户端分配 IP 地址等网络参数的功能。也可以将默认提供的配置文件参考模板复制到/etc/dhcp 目录下，替换原有的文件，参考模板路径为/usr/share/doc/dhcp-server/dhcpd.conf.example，编辑/etc/dhcp/dhcpd.conf 文件并写入如下内容：

```
[root@server ~]# vim /etc/dhcp/dhcpd.conf
subnet 192.168.17.0 netmask 255.255.255.0 {
    range 192.168.17.200 192.168.17.220;
    option domain-name-servers centos8.example.com;
    option routers 192.168.17.2;
    default-lease-time 600;
    max-lease-time 7200;
    next-server 192.168.17.10;
    filename "pxelinux.0";
}
```

以上内容显示，subnet 指定分配网络参数的网段，range 指定给客户端分配的 IP 地址池，domain-name-servers 为分配给客户端的 DNS 服务器地址，routers 命令设置分配给客户端的网关地址。next-server 及 filename 参数是配置网络启动的关键参数。

3）启动 DHCP 服务

命令如下：

```
[root@server ~]# systemctl start dhcpd              //启动 DHCP 服务
[root@server ~]# systemctl enable dhcpd             //设置开机自动启动
[root@server ~]# systemctl stop firewalld           //关闭防火墙
[root@server ~]# systemctl disable firewalld        //设置开机禁用防火墙
[root@server ~]# setenforce 0                       //临时关闭 SELinux 服务
```

在无人值守安装过程中，在客户端启动计算机，并通过 DHCP 获得 IP 地址后，还需要从 TFTP 文件共享服务器上下载启动的文件，所以 next-server 配置的是 TFTP 文件共享服务器的地址，filename 参数是在该 TFTP 文件共享服务器上共享的启动文件名称，客户端通过这两个参数连接 TFTP 文件共享服务器，并下载对应的启动文件。

3. 安装 TFTP 服务

安装 TFTP 服务，可应用于传输内存小且简单的 PXE 启动文件。

（1）下载 TFTP，其命令如下：

```
[root@server ~]# yum -y install tftp-server
```

（2）复制引导启动文件。此时，需要将客户端所需的引导启动文件复制到 TFTP 文件共享服务器上，引导启动文件可通过安装 syslinux 软件包获得。所以需要先安装 syslinux 软件包

再复制引导启动文件至 TFTP 文件共享服务器上。其命令如下:

```
[root@server ~]# yum -y install syslinux
[root@server ~]# cp /usr/share/syslinux/pxelinux.0 /var/lib/tftpboot/
```

(3)复制并修改启动配置文件。在 CentOS 官网中下载镜像,并将镜像接入服务器中,通过 mount 命令进行挂载。下载方法参考第 1 章相关内容,接着把镜像中的启动镜像文件和启动配置文件复制到 TFTP 共享目录中,命令如下:

```
[root@server ~]# mount /dev/cdrom /mnt/
[root@server ~]# cp /mnt/isolinux/* /var/lib/tftpboot/
[root@server ~]# mkdir /var/lib/tftpboot/pxelinux.cfg
[root@server ~]# cd /var/lib/tftpboot/pxelinux.cfg
[root@server pxelinux.cfg]# cp /var/lib/tftpboot/defaultisolinux.cfg default
[root@server pxelinux.cfg]# chmod 644 default
```

复制完启动配置文件需编辑配置文件并修改为如下内容:

```
[root@server pxelinux.cfg]# vim default
[root@server pxelinux.cfg]# cat default
default vesamenu.c32
timeout 600
display boot.msg
...
label linux
  menu label ^Install CentOS Linux 8.0.1905
  kernel vmlinuz
  append    initrd=initrd.img    ip=dhcp    method=http://192.168.17.10/RHEL
ks=http://192.168.17.10/ks.cfg

label check
  menu label Test this ^media & install CentOS Linux 8.0.1905
  menu default
  kernel vmlinuz
  append    initrd=initrd.img    inst.stage2=hd:LABEL=CentOS-8-BaseOS-x86_64
rd.live.check quiet
...
```

注意:

在以上内容中,每个 label 定义了一个启动菜单项目,menu default 定义了默认引导方式,从配置文件可以看出,有一个启动项直接安装了 CentOS 8,也可以采用光盘安装进行测试后再安装系统。timeout 是启动界面的超时时间,默认为 60 秒。kernel 指的是系统内核文件 vmlinuz。append 后面定义 ks 参数是为了指定自动应答文件的位置,从而实现无人值守自动安装、部署操作系统。

(4)启动 TFTP 服务。启动 TFTP 服务并设置为开机自动启动,安装、部署时将会访问 FTP 共享文件,以读取 Kickstart 文件。

```
[root@server pxelinux.cfg]# systemctl start tftp
```

```
[root@server pxelinux.cfg]# systemctl enable tftp
[root@server pxelinux.cfg]# netstat -antulp |grep :69        //TFTP 默认监听端口为 69
udp6       0      0 :::69           :::*                      1/systemd
```

4. 安装 HTTP 服务

HTTP 是 HyperText Transfer Protocol 的简写，即超文本传输协议。在前面的章节中已经详细介绍如何安装 HTTP，本节案例将通过 yum 命令安装 HTTP 服务。

（1）下载 httpd 软件包，其命令如下：

```
[root@server ~]# yum -y install httpd
```

（2）挂载光盘。启动 HTTP 服务前，需要挂载光盘到软件包存放目录中，客户端安装操作系统时，会通过 HTTP 建立连接，并找到此目录，最后才能进行安装。其命令如下：

```
[root@server ~]# umount /dev/cdrom                           //卸载之前的挂载目录
[root@server ~]# mkdir /var/www/html/RHEL                    //建立软件包存放目录
[root@server ~]# mount /dev/cdrom /var/www/html/RHEL         //将光盘挂载到对应目录中
```

（3）启动 HTTP 服务，其命令如下：

```
[root@server ~]# systemctl start httpd
[root@server ~]# systemctl enable httpd
```

5. 编写 Kickstart 自动应答文件

因为 CentOS 8 中默认的 yum 源没有 system-config-kickstart 包，所以无法通过工具生成 ks 文件，需要在安装服务器上手动生成。可在安装服务器中通过 yum 命令安装 anaconda 软件包，安装完成后会在/root 目录中生成 anaconda-ks.cfg 文件。

（1）下载 anaconda 软件包，其命令如下：

```
[root@server ~]# yum -y install anaconda
[root@server ~]# ls
公共    视频    文档    音乐    anaconda-ks.cfg
模板    图片    下载    桌面    initial-setup-ks.cfg
```

（2）编辑配置文件。复制 anaconda-ks.cfg 文件至 HTTP 根目录，并编辑配置文件，写入相应内容。其命令如下：

```
[root@server ~]# cp /root/anaconda-ks.cfg /var/www/html/ks.cfg
[root@server ~]# vim /var/www/html/ks.cfg
#version=RHEL8
ignoredisk --only-use=sda
autopart --type=lvm
# Partition clearing information
clearpart --none --initlabel
# Use graphical install
graphical
url --url="http://192.168.17.10/RHEL/"                       //指定安装 url
# Use CDROM installation media
cdrom
```

```
# Keyboard layouts
keyboard --vckeymap=cn --xlayouts='cn'
# System language
lang zh_CN.UTF-8

# Network information              //定义网络参数
network --bootproto=dhcp --device=ens33 --onboot=off --ipv6=auto --activate
network --hostname=localhost.localdomain
# root password                    //root 用户密码为当前系统的 root 密码
rootpw --iscrypted $6$LDm1W1XY1tDQJCzG$Ym.4/BX59srlicBdyl.uQkhjrO/
Eb1sMYsNpwBkT2qIcd
2TOy0QJsN4e.CdHrtOHzVWBTEufEagSCOwAQWsox1
...
```

（3）修改 ks.cfg 文件权限，其命令如下：

```
[root@server ~]# chmod 644 /var/www/html/ks.cfg
```

6. 启动客户端，安装、部署系统

此时，在客户端上启动计算机并进入 BIOS 固件设置界面，将第一启动项设置为 PXE 网络启动，或者通过快捷方式进入开机菜单选项，如按 F12 键进入快捷菜单，然后选择通过网络启动。需要注意的是，不同型号的主机设置 BIOS 的方式不同，可根据主机使用说明或参考网上教程来进行设置。设置完成后，重启所有的客户端即可实施大规模无人值守安装、部署操作系统。

11.3.2 Cobbler 无人值守安装

利用 Cobbler 来快速安装、部署物理服务器和虚拟机，可以使用命令行方式管理，也可以通过基于 Web 的界面管理工具（Cobbler-web）管理，同时还可以管理 DHCP、DNS 等服务。

Cobbler 自带功能非常强大的命令行，很多配置均可在命令行中完成，Cobbler 的常用命令参数及说明如表 11.1 所示。

表 11.1 Cobbler 的常用命令参数及说明

命令	说明
cobbler check	检查当前设置是否出现问题
cobbler list	列出所有的 Cobbler 元素
cobbler report	列出元素的详细信息
cobbler sync	同步配置到数据对应目录
cobbler reposync	同步 yum 仓库
cobbler distro	查看导入的发行版本系统信息
cobbler system	查看添加的系统信息
cobbler profile	查看配置信息

1. 环境准备

（1）关闭防火墙及 SELinux 服务，其命令如下：

```
[root@server ~]# systemctl stop firewalld
[root@server ~]# sed -i '7,7s/enforcing/disabled/g' /etc/selinux/config
[root@server ~]# reboot        //重启系统，让配置文件生效
```

（2）安装 DHCP、TFTP、HTTPD 等服务，其命令如下：

```
[root@server ~]# yum -y install dhcp-server tftp-server httpd xinetd
```

2. 安装 Cobbler

CentOS 8 默认 yum 源没有 Cobbler 的安装包，且安装 Cobbler 时，需要较多的依赖包，部分依赖包默认 yum 源无法直接下载，需要添加扩展源。因此需要下载最新版本的 Cobbler 安装包，可通过如下方式进行安装。

（1）下载 Cobbler 安装包，命令如下：

```
[root@server ~]# yum -y install epel-release
[root@server ~]# yum -y install https://mirrors.aliyun.com/epel/8/Modular/aarch64/Packages/c/cobbler-3.2.0-2.module_el8+10474+71f42bad.noarch.rpm
[root@server ~]# yum -y install https://mirrors.aliyun.com/epel/8/Modular/aarch64/Packages/c/cobbler-web-3.2.0-2.module_el8+10474+71f42bad.noarch.rpm --allowerasing
```

（2）启动 Cobbler、HTTP 及 tftp-server 服务，其命令如下：

```
[root@server ~]# systemctl start cobblerd httpd tftp-server
[root@server ~]# systemctl enable cobblerd httpd tftp-server
```

3. 配置 Cobbler

（1）检查 Cobbler 的配置，通过执行命令来实现。执行检查命令后，会出现诸多提示，提示的内容为配置前的环境问题。每个问题都有非常详细的解释，并有解决方法参考说明。其命令如下：

```
[root@server ~]# cobbler check
The following are potential configuration items that you may want to fix:

1: The 'server' field in /etc/cobbler/settings must be set to something other than localhost, or automatic installation features will not work.  This should be a resolvable hostname or IP for the boot server as reachable by all machines that will use it.
2: For PXE to be functional, the 'next_server' field in /etc/cobbler/settings must be set to something other than 127.0.0.1, and should match the IP of the boot server on the PXE network.
3: some network boot-loaders are missing from /var/lib/cobbler/loaders, you may run 'cobbler get-loaders' to download them, or, if you only want to handle x86/x86_64 netbooting, you may ensure that you have installed a *recent* version of the syslinux package installed and can ignore this message entirely.  Files in this directory, should you want to support all architectures, should include pxelinux.0, menu.c32, and yaboot. The 'cobbler get-loaders' command is the easiest way to resolve these requirements.
4: reposync is not installed, install yum-utils or dnf-plugins-core
5: yumdownloader is not installed, install yum-utils or dnf-plugins-core
```

```
  6: debmirror package is not installed, it will be required to manage debian
deployments and repositories
  7: ksvalidator was not found, install pykickstart
  8: The default password used by the sample templates for newly installed
machines (default_password_crypted in /etc/cobbler/settings) is still set to
'cobbler' and should be changed, try: "openssl passwd -1 -salt
'random-phrase-here' 'your-password-here'" to generate new one
  9: fencing tools were not found, and are required to use the (optional) power
management features. install cman or fence-agents to use them
  Restart cobblerd and then run 'cobbler sync' to apply changes.
  [root@server ~]# systemctl restart cobblerd    //重启服务
```

接下来需要一一进行解决，首先将 Cobbler 设置为允许动态配置，也可以直接更改配置文件。其命令如下：

```
[root@server ~]# vim /etc/cobbler/settings
allow_dynamic_settings: 1             //将此项值修改为1，注意冒号后面有空格
[root@server ~]# systemctl restart cobblerd    //重启服务
```

其中，debmirror package 选项可忽略，不影响后续操作，其他问题可根据问题中的说明进行相关修改及配置。其命令如下：

```
[root@server ~]# cobbler setting edit --name=server --value=192.168.17.10
[root@server ~]# cobbler setting edit --name=next_server --value=192.168.17.10
[root@server ~]# cobbler get-loaders
[root@server ~]# yum -y install yum-utils
[root@server ~]# yum -y install pykickstart
[root@server ~]# openssl passwd -1 -salt 'test' 'admin'
$1$test$nqEFoiSKcbjVQ1.f02YtG/
[root@server ~]# cobbler setting edit --name=default_password_crypted
--value='$1$test$nqEFoiSKcbjVQ1.f02YtG/'         //设置系统的初始化登录密码
[root@server ~]# yum -y install fence-agents
```

解决完上述问题后，再次执行检查命令如下：

```
[root@server ~]# cobbler check
The following are potential configuration items that you may want to fix:
1: debmirror package is not installed, it will be required to manage debian
deployments and repositories
Restart cobblerd and then run 'cobbler sync' to apply changes.
```

（2）配置 DHCP 服务。通过 Cobbler 来管理 DHCP 服务，并修改配置文件部署 DHCP 服务。其命令如下：

```
[root@server ~]# cobbler setting edit --name=manage_dhcp --value=1
```

修改 Cobbler 的 DHCP 模板文件，后面 Cobbler 会同步此文件至/etc/dhcp/dhcp.conf 中。编辑/etc/cobbler/dhcp.template 文件，并修改如下内容：

```
[root@server ~]# vim /etc/cobbler/dhcp.template
...
subnet 192.168.17.0 netmask 255.255.255.0 {
    option routers              192.168.17.2;         //此处为网关地址
```

```
        option domain-name-servers 192.168.17.2;              //此处为 DNS 服务器地址
        option subnet-mask          255.255.255.0;             //为用户分配 IP 的掩码
        range dynamic-bootp         192.168.17.100 192.168.17.200;    //分配的 IP
地址池
        default-lease-time         21600;
        max-lease-time             43200;
        next-server                $next_server;
        class "pxeclients" {
            match if substring (option vendor-class-identifier, 0, 9) = "PXEClient";
...
            #filename "grub/grub.0";           //将此行添加为注释,并加入下一行
            filename "pxelinux.0";
        }
    }
}
```

(3)同步 Cobbler 配置。通过执行 cobbler sync 命令,进行同步 Cobbler 配置,Cobbler 会根据配置自动修改 DHCP 等服务。

```
[root@server ~]# cobbler sync
```

4. 安装、配置 CentOS 8

(1)创建挂载点并进行挂载,其命令如下:

```
[root@server ~]# mkdir /mnt/centos8
[root@server ~]# mount -o loop CentOS-8-x86_64-1905-dvd1.iso /mnt/centos8
[root@server ~]# ls /mnt/centos8/
```

(2)导入镜像,其命令如下:

```
[root@server ~]# cobbler import --path=/mnt --name=centos8.0 --arch=x86_64
```

 注意:

--path 为指定镜像路径,--name 为定义安装源名称,--arch 为指定安装源架构,目前支持的选项有:x86 | x86_64 | ia64,安装源的唯一标识通过 name 参数来定义,本例导入成功后,安装源的唯一标识即为 centos8.0,如果重复,系统会提示导入失败。

(3)查看导入后镜像信息,其命令如下:

```
[root@server ~]# cobbler distro report --name=centos8.0-x86_64
```

(4)查看 profile 信息,其命令如下:

```
[root@server ~]# cobbler profile report --name=centos8.0-x86_64
```

(5)查看 Kickstart 安装文件,其命令如下:

```
[root@server ~]# cd /var/lib/cobbler/templates/
[root@server templates]# ls
default.ks       install_profiles    pxerescue.ks        sample_esxi5.ks
sample_legacy.ks
esxi4-ks.cfg     legacy.ks           sample_autoyast.xml  sample_esxi6.ks
```

```
sample_old.seed
    esxi5-ks.cfg    powerkvm.ks        sample_esxi4.ks        sample.ks
sample.seed
[root@server ~]# cobbler profile report --name=centos8.0-x86_64 |grep Template
Automatic Installation Template : sample.ks
Template Files                  : {}
```

Cobbler 默认使用的 ks 文件为 sample.ks，编辑 sample.ks 文件可修改部署系统时的用户、分区、网络等安装参数，可根据实际需求进行更改。

（6）再次同步 Cobbler 配置，其命令如下：

```
[root@server ~]# cobbler sync
```

5. 启动客户端，安装、部署系统

此时，在客户端上启动计算机并进入 BIOS 固件设置，将第一启动项设置为网络启动，或者通过快捷方式进入开机菜单选项，如按 F12 键进入快捷菜单，然后选择通过网络启动。需要注意的是，不同型号的主机设置 BIOS 的方式不同，可根据主机使用说明或参考网上教程来进行设置。设置完成后，重启所有的客户端即可实施大规模无人值守安装、部署操作系统。Cobbler 选择安装界面如图 11.3 所示。

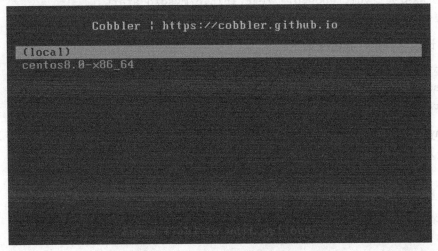

图 11.3　Cobbler 选择安装界面

选择对应的操作系统进行部署即可，客户端会自动根据配置进行安装，无须人工值守。安装完成后输入前面创建的用户和对应密码即可，CentOS 8 登录界面如图 11.4 所示。

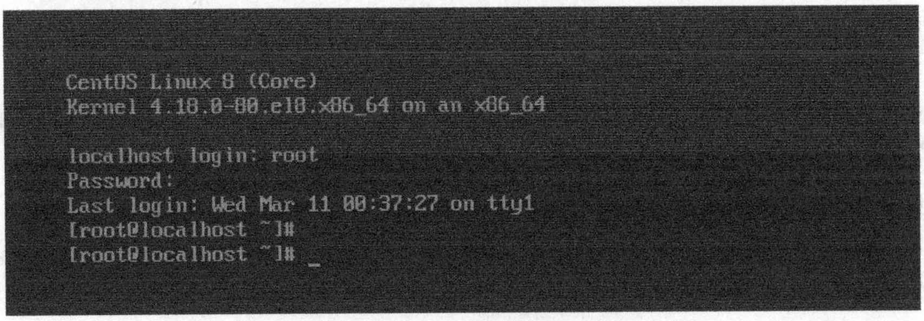

图 11.4　CentOS 8 登录界面

11.3.3 Zabbix 监控系统部署

一般情况下，Zabbix 监控系统需要安装 4 个组件：Zabbix-server、Zabbix Web GUI、数据存储、Zabbix-agent。部署 Zabbix 时，需要准备两台服务器，一台作为 Server（服务器），另一台作为 Agent（客户端）。Zabbix 部署环境如表 11.2 所示。

表 11.2 Zabbix 部署环境

参 数	说 明
服务器（Server）	192.168.17.10
客户端（Agent）	192.168.17.20
Zabbix 软件版本	4.2

1. 安装 MySQL

前面说过，若要搭建 Zabbix 监控系统，后端的数据存储模块必不可少，本节采用 MySQL 作为存储数据的数据库。具体安装方法可参考第 9 章。

（1）启动 MySQL，其命令如下：

```
[root@server yum.repos.d]# /etc/init.d/mysqld start
Starting MySQL.......... SUCCESS!
```

（2）设定字符集，其命令如下：

```
[root@server ~]# vim /etc/my.cnf
[mysqld]
character_set_server = utf8
```

在[mysqld]下方写入字符集，设置字符编码为 utf8，方便后续 Zabbix 的使用。Zabbix 安装后，进入 Zabbix 的 Web 界面，如果设置了 utf8 字符集，在切换成中文显示时，不会出现乱码。

（3）重启 MySQL，其命令如下：

```
[root@server ~]# /etc/init.d/mysqld restart
Shutting down MySQL.. SUCCESS!
Starting MySQL. SUCCESS!
```

2. 安装 Zabbix-server

两台主机均需安装 Zabbix，默认 yum 源没有 Zabbix，需要自行下载 Zabbix 源，或者安装其他扩展源。

（1）下载 Zabbix yum 源，其命令如下：

```
[root@server ~]# yum -y install http://repo.zabbix.com/zabbix/4.2/rhel/8/x86_64/zabbix-release-4.2-2.el8.noarch.rpm
```

（2）安装 Zabbix-server，其命令如下：

```
[root@server ~]# yum install -y zabbix-agent zabbix-get zabbix-server-mysql zabbix-web zabbix-web-mysql
```

其中 zabbix-agent 为监控的客户端软件，zabbix-get 为服务器的软件，可以获得客户端的监控项目的数据，zabbix-server-mysql 会安装一些与 MySQL 相关的文件，zabbix-web 是 Zabbix 的 UI 界面。在安装 Zabbix 的过程中，会依赖安装 HTTPD 和 PHP 服务。

3. 配置 Zabbix

（1）创建 Zabbix 数据库，其命令如下：

```
[root@server ~]# mysql -uroot -p123456
Warning: Using a password on the command line interface can be insecure.
Welcome to the MySQL monitor.  Commands end with ; or \g.
Your MySQL connection id is 4
Server version: 5.6.41 MySQL Community Server (GPL)
Copyright (c) 2000, 2018, Oracle and/or its affiliates. All rights reserved.
Oracle is a registered trademark of Oracle Corporation and/or its
affiliates. Other names may be trademarks of their respective
owners.
Type 'help;' or '\h' for help. Type '\c' to clear the current input statement.
mysql> create database zabbix character set utf8;
Query OK, 1 row affected (0.00 sec)
```

（2）创建 Zabbix 用户并赋予相关权限，其命令如下：

```
mysql> grant all on zabbix.* to 'zabbix'@'127.0.0.1' identified by 'test-zabbix';
Query OK, 0 rows affected (0.31 sec)
```

（3）导入数据库，其命令如下：

```
[root@server ~]# cd /usr/share/doc/zabbix-server-mysql/
[root@server zabbix-server-mysql]# ls
AUTHORS  ChangeLog  COPYING  create.sql.gz  NEWS  README
[root@server zabbix-server-mysql]# gzip -d create.sql.gz
[root@server zabbix-server-mysql]# ls
AUTHORS  ChangeLog  COPYING  create.sql  NEWS  README
[root@server zabbix-server-mysql]# mysql -uroot -p123456 zabbix < create.sql
```

（4）编辑 Zabbix-server 配置文件。找到 zabbix_server.conf 配置文件，并增加如下配置：

```
[root@server ~]# vim /etc/zabbix/zabbix_server.conf
DBHost=127.0.0.1
DBPassword=test-zabbix        //在 DBuser 下面增加
```

需要注意的是，DBHost=127.0.0.1 这一行要在 DBName=zabbix 这一行上面添加，第二行 DBPassword=test-zabbix 则在 DBuser 下面增加。

（5）启动 Zabbix。初始化启动 Zabbix 前，需要关闭 SELinux 服务，否则会提示访问/var/run/zabbix 被拒绝，不能初始化 IPC 服务；/var/run/zabbix 文件是存放进程 socket、进程号 ID 的相关文件。而 SELinux 是将程序访问资源限制在访问规则中，由规则决定程序进程是否有资源的访问权限，所以 Zabbix-server 服务的启动会失败。其命令如下：

```
[root@server ~]# setenforce 0           //临时关闭 SELinux 服务
[root@server ~]# systemctl start zabbix-server
```

```
[root@server ~]# systemctl enable zabbix-server
```

（6）启动 HTTPD 服务，其命令如下：

```
[root@server ~]# systemctl start httpd
[root@server ~]# systemctl enable httpd
```

（7）查看 Zabbix server 的进程，其命令如下：

```
[root@server ~]# ps aux |grep zabbix
apache    1062  0.0  0.6 259552 11416 ?        S    18:59   0:00 php-fpm: pool zabbix
apache    1063  0.0  0.7 261600 13268 ?        S    18:59   0:00 php-fpm: pool zabbix
apache    1064  0.0  0.6 259552 11528 ?        S    18:59   0:00 php-fpm: pool zabbix
apache    1068  0.0  0.5 259348 10048 ?        S    18:59   0:00 php-fpm: pool zabbix
apache    1145  0.0  0.7 261620 13624 ?        S    18:59   0:00 php-fpm: pool zabbix
root     10354  0.0  0.0  12320   968 pts/0    S+   19:30   0:00 grep --color=auto zabbix
```

4. 配置 Zabbix Web 界面

（1）打开 Zabbix 的 Web 界面。现在，可在服务器上打开浏览器访问 http://localhost/zabbix/septup.php 或在客户端上打开浏览器访问 http://<服务器 IP>/zabbix/setup.php。Zabbix Web 界面如图 11.5 所示。

图 11.5 Zabbix Web 界面

（2）设置时区。单击"Next step"按钮进入下一步操作，可知界面出现了告警信息，显示 PHP 的时区未设置，如图 11.6 所示。

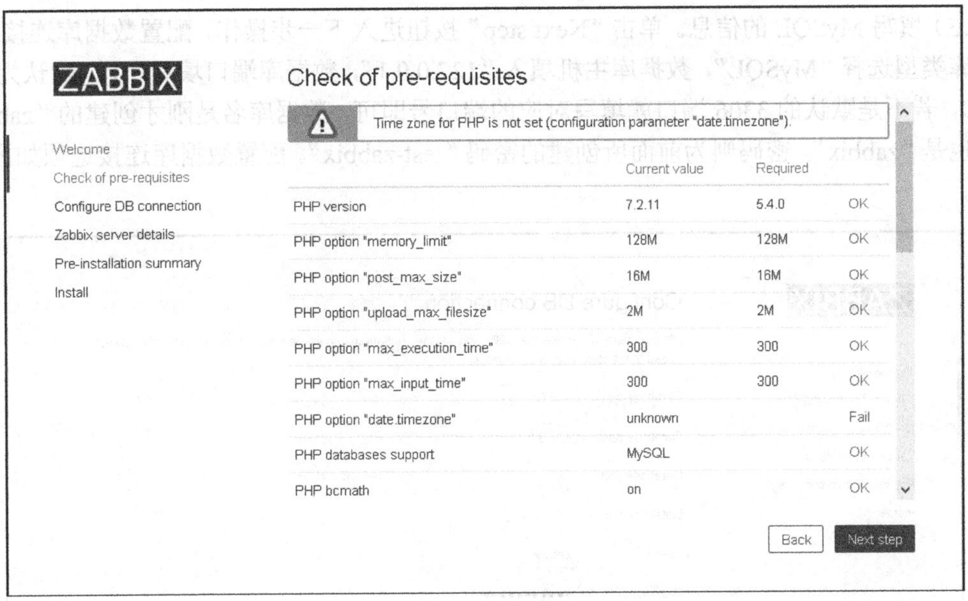

图 11.6 告警信息

此时可编辑 php.ini 配置文件进行设置，php.ini 文件默认在/etc/目录下，打开文件后在大约 902 行的位置增加如下内容。其命令如下：

```
[root@server ~]# vim /etc/php.ini
date.timezone = Asia/Shanghai
[root@server ~]# systemctl restart httpd
```

设置完时区，还需要重启 HTTPD 服务，最后回到浏览器中刷新页面。时区设置成功界面如图 11.7 所示。若重启 HTTPD 服务后，浏览器刷新页面仍显示未设置时区，则需要重启系统，再启动相应服务即可。

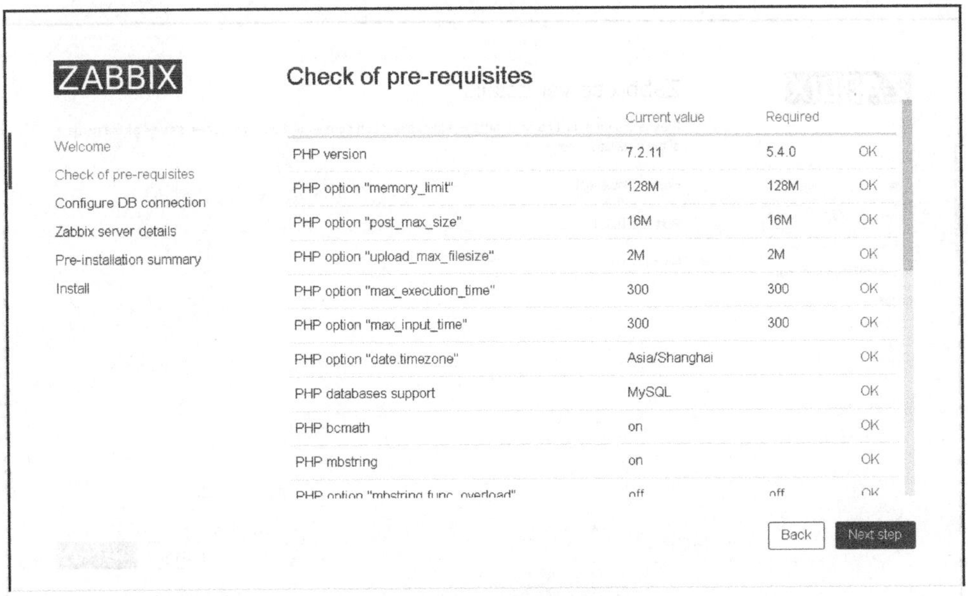

图 11.7 时区设置成功界面

（3）填写 MySQL 的信息。单击"Next step"按钮进入下一步操作，配置数据库连接选项，数据库类型选择"MySQL"，数据库主机填入"127.0.0.1"，数据库端口填写"0"（默认为 3306 端口），若不是默认的 3306 端口就填写对应的端口号即可，数据库名是刚才创建的"zabbix"，用户也是"zabbix"，密码则为前面所创建的密码"test-zabbix"。配置数据库连接选项如图 11.8 所示。

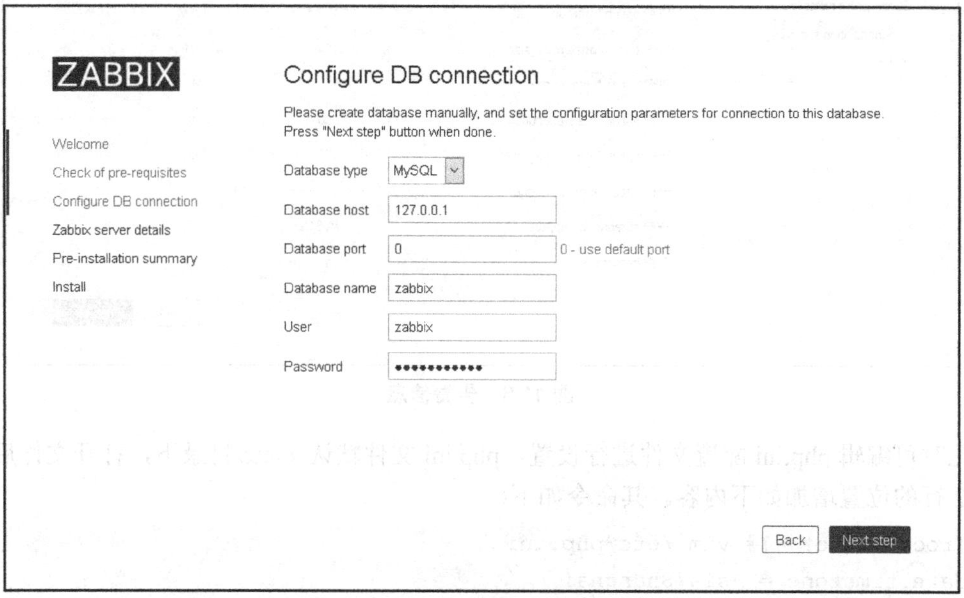

图 11.8　配置数据库连接选项

（4）设置 Zabbix-server 信息。单击"Next step"按钮进入下一步操作，界面显示需要填写 Zabbix server details，可以为空，也可以输入自定义的名称。填写 Zabbix server details 如图 11.9 所示。

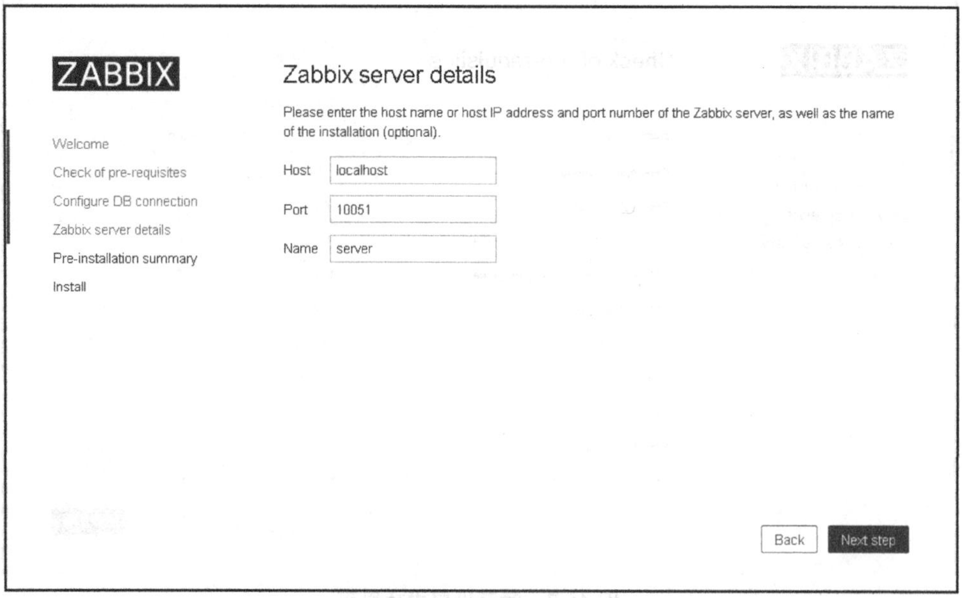

图 11.9　填写 Zabbix server details

(5)确认配置信息。单击"Next step"按钮进入下一步操作,显示前面设置的所有信息,确认配置信息如图 11.10 所示。

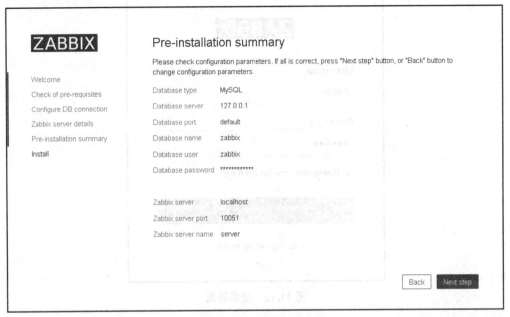

图 11.10　确认配置信息

确认无误后,单击"Next step"按钮进入下一步操作,即可完成 Zabbix Web 界面的配置,如图 11.11 所示。

图 11.11　配置完成

5. 登录 Zabbix

配置完成后,将自动跳转至登录界面,此时输入用户名、密码即可登录,默认的用户名和密码为 Admin、zabbix，登录界面如图 11.12 所示。

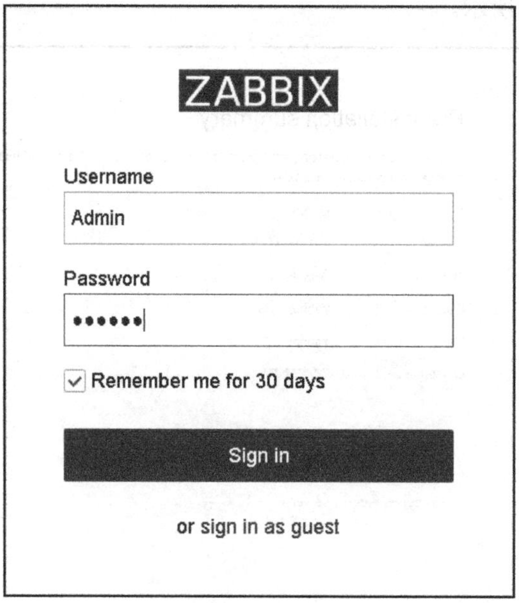

图 11.12　登录界面

单击"Sign in"按钮，登录后即可看到 Zabbix 的首页，如图 11.13 所示。

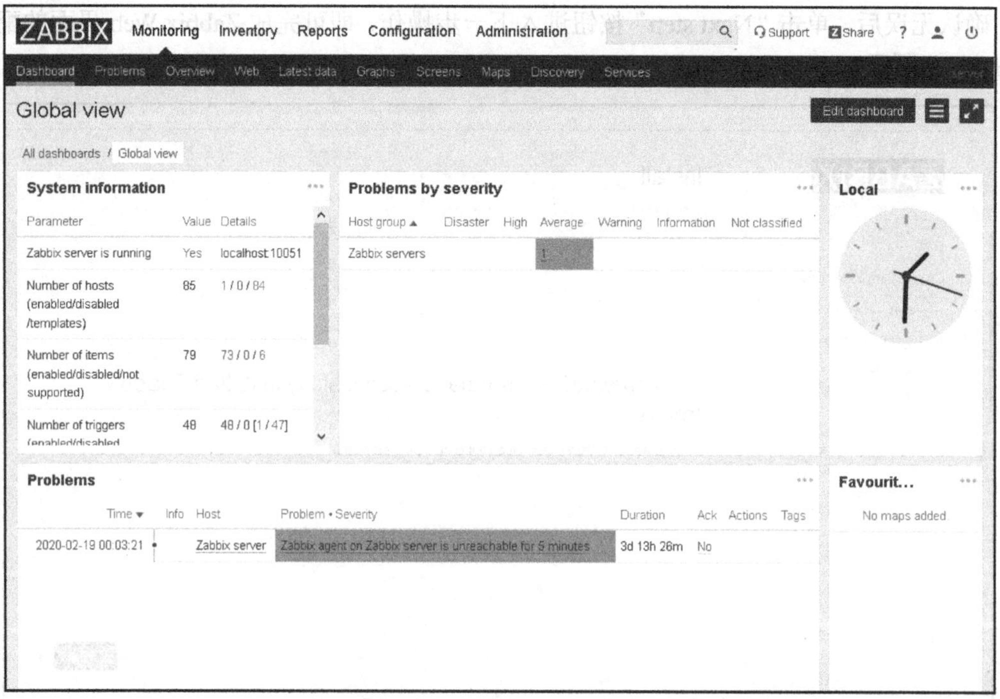

图 11.13　Zabbix 的首页

6. 修改默认密码

默认密码"zabbix"是非常不安全的弱密码，需要重新设置成强密码。依次单击"Administration"→"Users"选项，选择需要修改密码的用户"Admin"。Zabbix 用户列表如

图 11.14 所示。

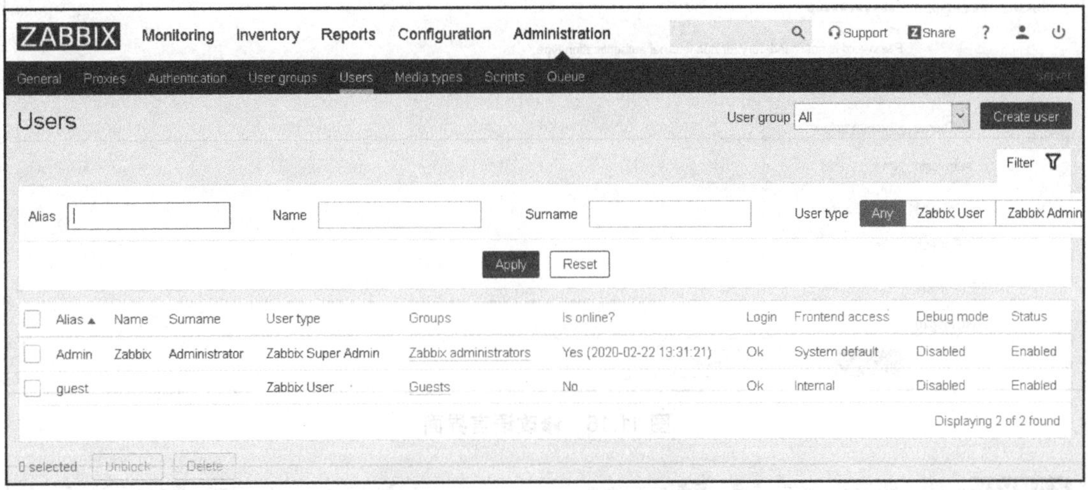

图 11.14　Zabbix 用户列表

进入 Admin 的用户信息界面后，单击"Change password"按钮修改密码，如图 11.15 所示。

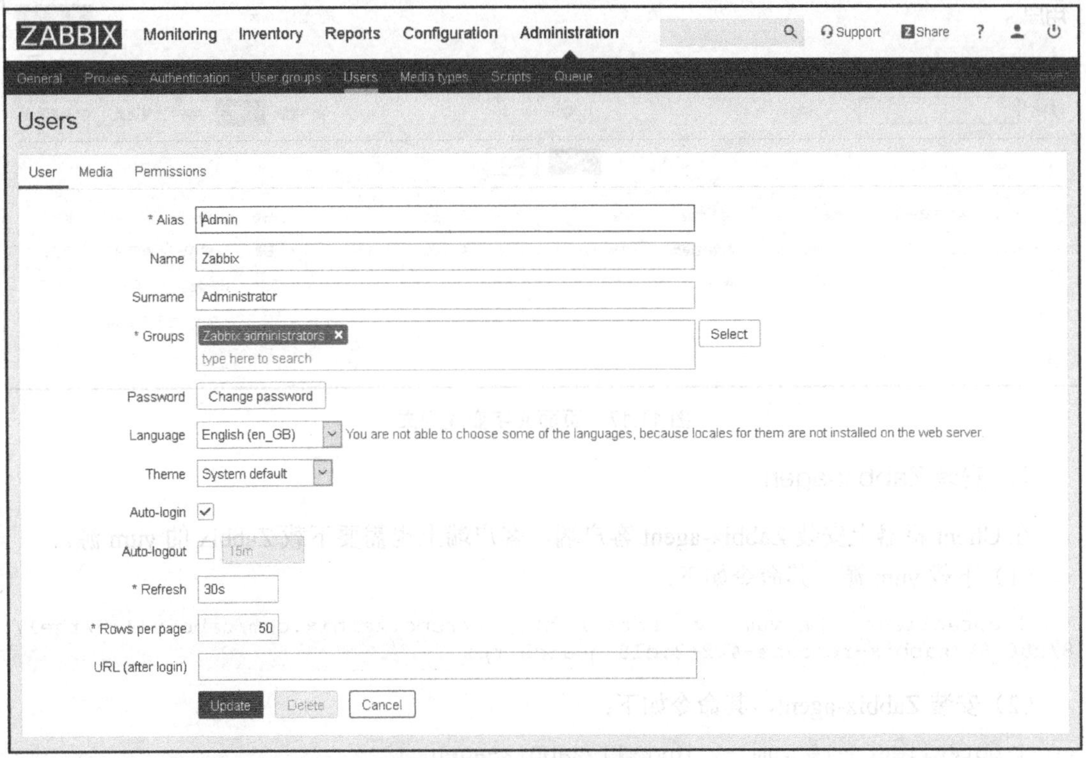

图 11.15　修改密码界面

此时可输入强密码，并单击"Language"下拉框，修改语言类型为"Chinese(zh_CN)"，将 Web 界面文字修改为中文，并单击"Update"按钮。修改语言界面如图 11.16 所示。

更新完成后，应用已经生效，刷新页面，页面文字即变成中文，如图 11.17 所示。

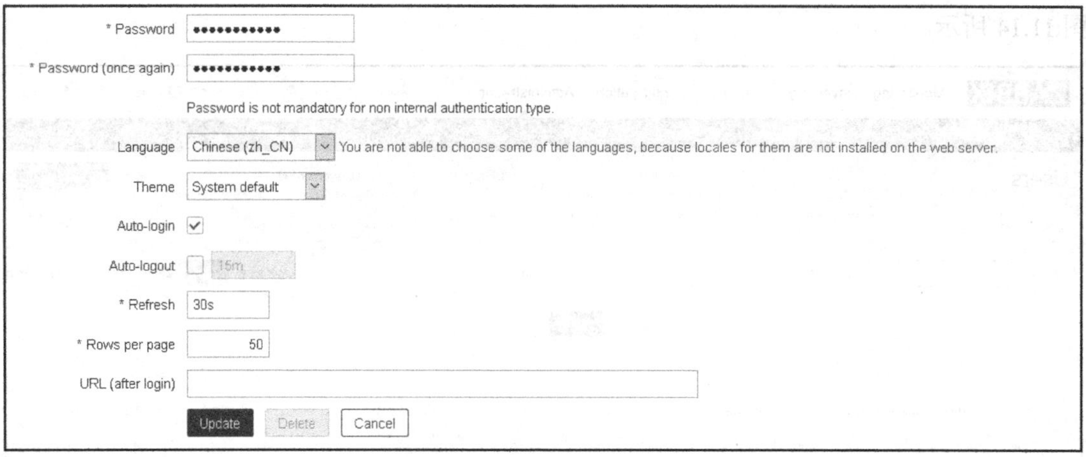

图 11.16　修改语言界面

图 11.17　页面文字变成中文

7. 安装 Zabbix-agent

在 Client 机器上安装 Zabbix-agent 客户端，客户端上也需要下载 Zabbix 的 yum 源。

（1）下载 yum 源，其命令如下：

```
[root@client ~]# yum -y install http://repo.zabbix.com/zabbix/4.2/rhel/8/x86_64/zabbix-release-4.2-2.el8.noarch.rpm
```

（2）安装 Zabbix-agent，其命令如下：

```
[root@client ~]# yum -y install zabbix-agent
```

（3）修改配置文件。在 zabbix_agentd.conf 配置文件中，查找并修改如下配置。其命令如下：

```
[root@client ~]# vim /etc/zabbix/zabbix_agentd.conf
Server=192.168.17.10          //定义服务器的 IP 地址（被动模式）
ServerActive=192.168.17.10    //定义服务器的 IP 地址（主动模式）
Hostname=client               //自定义的主机名，但此主机名要服务器能识别
```

（4）启动 Zabbix-agent，其命令如下：

```
[root@client ~]# systemctl start zabbix-agent
[root@client ~]# systemctl enable zabbix-agent
```

（5）查看监听端口，其命令如下：

```
[root@client ~]# netstat -lntp |grep zabbix
tcp    0   0 0.0.0.0:10050    0.0.0.0:*    LISTEN   43028/zabbix_agentd
tcp6   0   0 :::10050         :::*         LISTEN   43028/zabbix_agentd
```

从以上结果可以看出，Zabbix-agent 已经启动成功，并且监听的端口为 10050。

8．添加监控主机

Zabbix 服务器和客户端安装完毕之后，需通过 Zabbix-server 添加客户端监控。

（1）创建主机群组。依次单击"配置"→"主机群组"选项，填写组名，再单击"添加"按钮来创建主机群组，如图 11.18 所示。

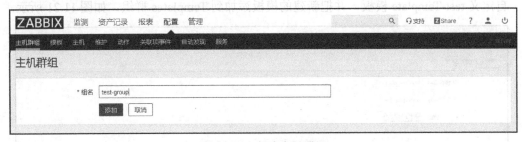

图 11.18　创建主机群组

（2）添加监控主机。依次单击"配置"→"主机"选项，填写相应内容创建主机，如图 11.19 所示。

图 11.19　添加监控主机

9. 创建自定义模板

（1）可以自定义一个常用模板，方便给新增主机添加监控项目。依次单击"配置"→"模板"选项，填写名称，单击"应用"按钮创建模板，如图 11.20 所示。

图 11.20　创建模板

自定义 test-Template 模板，并把新建的模板添加到 Templates 群组，如图 11.21 所示。

图 11.21　创建自定义群组

将其他自带模板里的某些监控项目（如 cpu、内存等）复制到 test-Template 模板，在模板列表中找到 Template OS Linux 模板，如图 11.22 所示。

图 11.22　选择监控项目

在 Template OS Linux 模板中，勾选 Available memory、CPU user time、Template App Zabbix Agent：Host name of zabbix_agentd running、Number of processes、Number of running processes、Processor loa(1 min average per core)。勾选的监控项目的作用分别是：内存的使用情况、CPU 的使用情况、客户端软件运行状态、进程数、运行的进程数和一分钟负载情况。勾选完成后，单击最下方的"复制"按钮，将所选的监控项目添加至 test-Template 模板中，如图 11.23 所示。

（2）创建链接模板。对于监控的模板，除了可以自定义，还可以以链接的方式添加。

依次单击"配置"→"模板"→"test-Template"→"链接的模板"→"选择"选项，找到 Template OS Linux 模板并勾选，然后单击"添加"按钮，最后单击"更新"按钮，如图 11.24 所示。

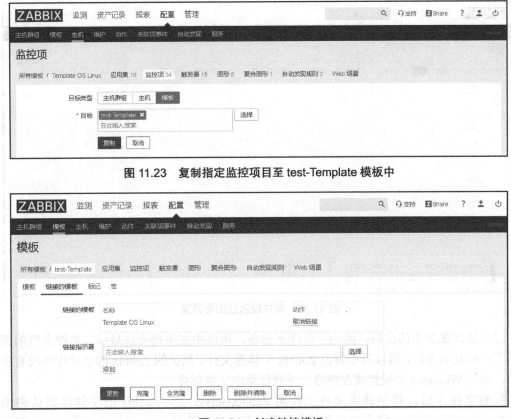

图 11.23 复制指定监控项目至 test-Template 模板中

图 11.24 创建链接模板

(3) 创建客户端链接模板。依次单击"配置"→"主机"→"client"→"模板"→"选择",找到 test-Template 模板并勾选,然后单击"添加"按钮,最后单击"更新"按钮,如图 11.25 所示。

图 11.25 创建客户端链接模板

10. 监控图形

(1) 查看客户端监控图形。依次单击"配置"→"主机"→"client"主机的"图形"→"CPU load"→"预览"选项。客户端监控图形界面如图 11.26 所示。

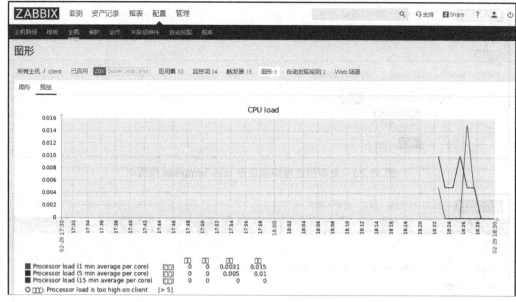

图 11.26　客户端监控图形界面

（2）处理图形中的乱码。因为字体库不完备，所以中文字符无法显示，监控主机的图形显示了一些乱码方框，所以需要修改 Zabbix 字体库文件。默认的 Zabbix 的字体库中没有中文字体，可从 Windows 中找到或在网络上下载任意中文字体库。

找到字体库后，将字体库文件上传至 Zabbix-server 上，Zabbix 的字体库默认路径为 /usr/share/zabbbix/fonts，将字体库文件上传至此目录中并改名为 graphfont.ttf 即可。本案例上传的字体库文件为 simfang.ttf。

```
[root@server ~]# mv /root/simfang.ttf /usr/share/zabbix/assets/fonts/graphfont.ttf
mv: 是否覆盖'/usr/share/zabbix/assets/fonts/graphfont.ttf'? y
```

回到浏览器中刷新页面，即可看到图形中的乱码方框已经变成中文字体，如图 11.27 所示。

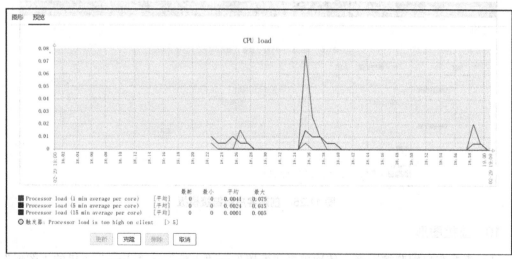

图 11.27　乱码方框已经变成中文字体

11.3.4 Nagios 监控系统部署

Nagios 可以监控网络设备的网络流量、监控主机状态，还可以监控打印机，支持 Web 界面，方便运维人员查看监控项目的状态，同时支持短信、邮件等告警信息。本节安装 Nagios 监控系统将部署两台服务器，一台作为监控中心，另一台作为监控主机。Nagios 部署环境如表 11.3 所示。

表 11.3 Nagios 部署环境

参　数	说　明
监控中心（Server）	192.168.17.10
监控客户端（Client）	192.168.17.20
所需软件包	nagios-4.4.5.tar.gz nagios-plugins-2.3.2.tar.gz nrpe-4.0.0.tar.gz

1. 下载 Nagios

由于默认 CentOS 8 的 yum 源没有 Nagios 软件包，所以需要自行下载相应软件包，其命令如下：

```
[root@server ~]# cd /usr/local/src/
[root@server src]# wget https://assets.nagios.com/downloads/nagioscore/releases/nagios-4.4.5.tar.gz
[root@server src]# wget https://nagios-plugins.org/download/nagios-plugins-2.3.2.tar.gz
[root@server src]# wget https://github.com/NagiosEnterprises/nrpe/archive/nrpe-4.0.0.tar.gz
```

2. 复制 Nagios 所需软件包至 client

在 Server 上通过 scp 命令可将 Nagios 所需软件包复制到对应目录中，其命令如下：

```
[root@server src]# scp /usr/local/src/* root@192.168.17.20:/usr/local/src/
```

3. 安装 Nagios 运行环境

在安装 Nagios 之前，需要准备好安装环境，部分软件包无法直接下载，需要安装 epel 扩展源才能找到，其命令如下：

```
[root@server ~]# yum -y install epel-release
[root@server ~]# yum -y install gcc glibc glibc-common php php-gd perl httpd gd gd-devel openssl openssl-devel
```

4. 创建 Nagios 用户

命令如下：

```
[root@server ~]# useradd -m nagios
[root@server ~]# groupadd nagcmd
[root@server ~]# usermod -G nagcmd nagios
[root@server ~]# usermod -a -G nagcmd apache         //将 Apache 用户添加到 Nagios 的
```

组中，Apache 用户会在安装 HTTPD 服务时自动创建

5. 安装 Nagios

（1）解压 Nagios 软件安装包，其命令如下：

```
[root@server ~]# cd /usr/local/src
[root@server src]# tar zxf nagios-4.4.5.tar.gz
```

（2）编译主程序并安装 Nagios，其命令如下：

```
[root@server src]# cd nagios-4.4.5/
[root@server nagios-4.4.5]# ./configure --with-command-group=nagcmd
[root@server nagios-4.4.5]# make all                      //运行 make 命令以编译主程序和 CGI
[root@server nagios-4.4.5]# make install                  //安装 Nagios base
[root@server nagios-4.4.5]# make install-init             //安装 init 脚本
[root@server nagios-4.4.5]# make install-config           //安装示例配置文件
[root@server nagios-4.4.5]# make install-commandmode      //配置用于保存外部命令文件的权限
[root@server nagios-4.4.5]# make install-webconf          //为 Nagios Web 界面安装 Apache 配置文件
[root@server nagios-4.4.5]# make install-exfoliation      //安装 Nagios Web 界面 exfoliation 主题
[root@server nagios-4.4.5]# make install-classicui        //安装 Nagios Web 界面的经典主题
```

（3）查看 Nagios 软件包安装后的目录，其命令如下：

```
[root@server nagios-4.4.5]# ls -l /usr/local/nagios/
```

Nagios 的样例配置文件默认安装在 /usr/local/nagios/etc 目录下，配置这些文件就可以使 Nagios 按要求运行，Nagios 目录及文件含义如表 11.4 所示。

表 11.4 Nagios 目录及文件含义

文件名	作用
cgi.cfg	控制 cgi 访问的配置文件
nagios.cfg	Nagios 主配置文件
resource.cfg	变量定义文件，也称为资源文件，通过在此文件中定义变量，以便于其他配置文件引用，如 $USER1$
objects	objects 为目录，此目录下有很多配置文件模板，用于定义 Nagios 对象
objects/commands.cfg	命令定义配置文件，里面定义的命令可以被其他配置文件引用
objects/contacts.cfg	定义联系人和联系人组的配置文件
objects/localhost.cfg	定义监控本地主机的配置文件
objects/printer.cfg	定义监控打印机的配置文件模板，默认没有启用此文件
objects/switch.cfg	监控路由器的配置文件模板，默认没有启用此文件
objects/templates.cfg	定义主机、服务的配置文件模板，可以在其他配置文件中引用
objects/windows.cfg	监控 Windows 主机的配置文件模板，默认没有启用此文件

（4）创建 Nagios Web 登录用户。若用户名配置为 nagiosadmin 则不需要配置权限，其他用户名需要配置权限，此用户名为以后通过 Web 登录 Nagios 认证时所用。其命令如下：

```
[root@server nagios-4.4.5]# htpasswd -bc /usr/local/nagios/etc/htpasswd.users nagiosadmin nagiosadmin
```

（5）检查主配置文件的语法，其命令如下：

```
[root@server nagios-4.4.5]# /usr/local/nagios/bin/nagios -v /usr/local/nagios/etc/nagios.cfg
Nagios Core 4.4.5
Copyright (c) 2009-present Nagios Core Development Team and Community Contributors
...
Checking misc settings...
Total Warnings: 0
Total Errors:   0
Things look okay - No serious problems were detected during the pre-flight check
```

若看到告警和错误数量为 0，则说明配置正确，Nagios 安装成功。

6. 安装 Nagios 插件

Nagios 具有一定的可扩展性，部署 Nagios 除了安装 Nagios 监控主程序，还需安装一些插件程序，以保障 Nagios 的正确运行。其中，Nagios-plugins 是必选的插件程序。

（1）解压并安装 Nagios-plugins 插件，其命令如下：

```
[root@server nagios-4.4.5]# cd ../
[root@server src]# tar zxf nagios-plugins-2.3.2.tar.gz
[root@server src]# cd nagios-plugins-2.3.2/
[root@server nagios-plugins-2.3.2]# ./configure --with-nagios-user=nagios \
> --with-nagios-group=nagios
[root@server nagios-plugins-2.3.2]# make && make install
```

（2）检查主配置文件的语法，其命令如下：

```
[root@server nagios-plugins-2.3.2]# /usr/local/nagios/bin/nagios -v /usr/local/nagios/etc/nagios.cfg
```

（3）启动服务。配置结束以后需要启动 HTTPD 和 Nagios 服务，其命令如下：

```
[root@server nagios-plugins-2.3.2]# systemctl restart httpd
[root@server nagios-plugins-2.3.2]# systemctl enable httpd
[root@server nagios-plugins-2.3.2]# systemctl start nagios
[root@server nagios-plugins-2.3.2]# systemctl enable nagios
```

同时关闭防火墙和 SELinux 服务，其命令如下：

```
[root@server nagios-plugins-2.3.2]# systemctl stop firewalld
[root@server nagios-plugins-2.3.2]# setenforce 0
```

（4）登录 Web。此时，在服务器上打开浏览器访问 http://localhost/nagios，或者在客户端上打开浏览器访问 http://<IP 地址>/nagios，并输入用户名和密码，若能够正常看到页面，则证明主程序和插件都安装和配置成功。Nagios 登录界面如图 11.28 所示。

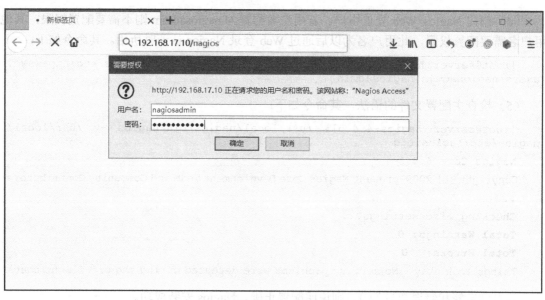

图 11.28　Nagios 登录界面

输入前面配置的 Nagios Web 界面对应的用户名和密码，单击"登录"按钮，即可进入 Nagios 的 Web 监控界面，如图 11.29 所示。

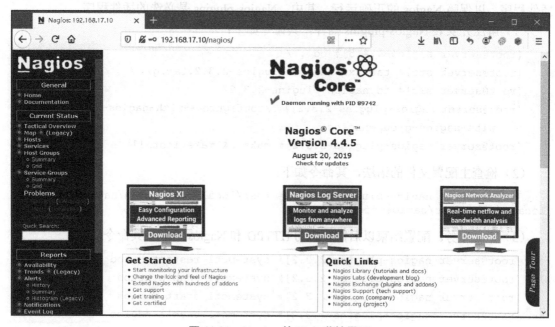

图 11.29　Nagios 的 Web 监控界面

单击"Hosts"链接，可以查看 Nagios 监控主机列表，如图 11.30 所示。

单击"Services"链接，可以查看本地主机的监控详情，此时需要等待片刻，让 Nagios 去检测主机上所依赖的服务，如图 11.31 所示。

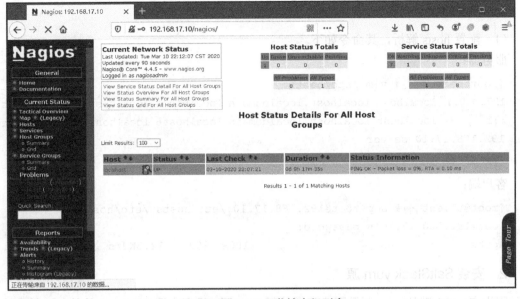

图 11.30 Nagios 监控主机列表

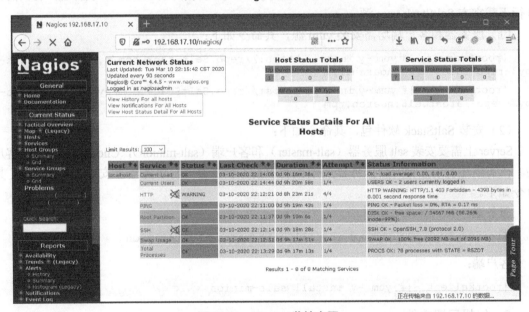

图 11.31 Nagios 监控主页

11.3.5　SaltStack 自动化部署

由于 SaltStack 是 C/S 模式，需要安装服务器和客户端。所以本节部署 SaltStack 自动化运维工具时，需要准备至少两台服务器（Server、Client）。SaltStack 部署环境如表 11.5 所示。

表 11.5　SaltStack 部署环境

参　　数	说　　明
服务器（Server）	192.168.17.10
客户端（Client）	192.168.17.20
SaltStack 软件	salt-master、salt-minion

1. 环境配置

（1）配置 hosts 解析，其命令如下。

服务器：

```
[root@server ~]# vim /etc/hosts
127.0.0.1   localhost localhost.localdomain localhost4 localhost4.localdomain4
::1         localhost localhost.localdomain localhost6 localhost6.localdomain6
192.168.17.10 server
192.168.17.20 client
```

客户端：

```
[root@client ~]# scp root@192.168.17.10:/etc/hosts /etc/hosts
root@192.168.17.10's password:
hosts                                100%  200   112.3KB/s   00:00
```

2. 安装 SaltStack yum 源

因为 CentOS 默认 yum 源及刚才部署的新 yum 源，没有内置 SaltStack 软件包，所以需要自行下载官方 SaltStack yum 源。

（1）服务器和客户端均需安装 yum 源，其命令如下：

```
[root@server ~]# yum -y install https://repo.SaltStack.com/py3/redhat/salt-py3-repo-latest.el8.noarch.rpm
[root@client ~]# yum -y install https://repo.SaltStack.com/py3/redhat/salt-py3-repo-latest.el8.noarch.rpm
```

（2）安装 SaltStack 软件包，其命令如下：

Server 上需要安装 salt 服务器（salt-master）和客户端（salt-minion），Client 上只需安装客户端。在实际环境中，哪一台服务器要做控制中心，就在哪一台服务器上安装 salt-master，其命令如下。

服务器：

```
[root@server ~]# yum -y install salt-master salt-minion
```

客户端：

```
[root@client ~]# yum -y install salt-minion
```

3. 编辑配置文件

在所有服务器上配置指定 master 机器，其命令如下：

```
[root@server ~]# vim /etc/salt/minion
[root@server ~]# head -20 /etc/salt/minion |grep -E 'server'
# Set the location of the salt master server. If the master server cannot be
master: server              //去掉前面的#注释，并将 salt 修改为 server
[root@client ~]# vim /etc/salt/minion
[root@client ~]# head -20 /etc/salt/minion |grep -E 'server'
# Set the location of the salt master server. If the master server cannot be
master: server
```

4. 启动服务

在 Server 上执行如下命令：

```
[root@server ~]# systemctl start salt-master salt-minion
[root@server ~]# netstat -lnt
```

服务器会监听两个端口，分别是 4505 和 4506，其中 4505 为消息发布的端口，4506 为与客户端进行通信的端口。

在 Client 上执行如下命令：

```
[root@client ~]# systemctl start salt-minion
[root@client ~]# ps aux |grep salt
```

虽然 master 和客户端之间是通过 TCP 进行连接的，但是所有的客户端都不监听任何端口。

5. SaltStack 配置认证

因为 master 和 minion 通信需要建立一个安全通道，传输过程需要加密，所以需配置认证，通过密钥对来加密解密的。minion 在第一次启动时会在/etc/salt/pki/minion/下生成 minion.pem 和 minion.pub，其中.pub 为公钥，它会把公钥传输给 master。master 第一次启动时也会在/etc/salt/pki/master 下生成密钥对，当 master 接收到 minion 传过来的公钥后，通过 salt-key 工具接受这个公钥，一旦接受后就会在/etc/salt/pki/master/minions/目录里存放刚刚接受的公钥，同时客户端也会接受 master 传过去的公钥，把它放在/etc/salt/pki/minion 目录下，并命名为 minion_master.pub。

以上过程需要借助 salt-key 工具来实现。salt-key 常用参数如表 11.6 所示。

表 11.6 salt-key 常用参数

参数	说明
-a	后面加上主机名，允许指定的主机进行认证
-A	允许所有的主机进行认证
-r	加上主机名，拒绝指定主机进行认证
-R	拒绝所有的主机进行认证
-d	加上主机名，删除指定主机认证
-D	删除所有主机认证
-y	自动回答所有提问
-h	查看帮助

（1）在 Server 上添加 Client 认证，其命令如下：

```
[root@server ~]# salt-key -a client
The following keys are going to be accepted:
Unaccepted Keys:
client
Proceed? [n/Y] Y
Key for minion client accepted.
[root@server ~]# salt-key              //查看认证列表
```

```
Accepted Keys:
client
Denied Keys:
Unaccepted Keys:
server
Rejected Keys:
```

（2）在 Server 上添加所有主机认证，其命令如下：

```
[root@server ~]# salt-key -A
The following keys are going to be accepted:
Unaccepted Keys:
server
Proceed? [n/Y] Y
Key for minion server accepted.
[root@server ~]# salt-key
Accepted Keys:
client
server
Denied Keys:
Unaccepted Keys:
Rejected Keys:
```

（3）查看密钥文件。在 Server 上通过 salt-key 命令对指定主机进行认证，意味着 master 接收了 Client 和它自己的公钥文件。查看密钥文件命令如下：

```
[root@server ~]# ls -l /etc/salt/pki/master/minions/
```

6. SaltStack 远程执行命令

在控制中心，可以通过 salt 命令来远程执行系统命令。

（1）测试主机的连通性，其命令如下：

```
[root@server ~]# salt '*' test.ping
[root@server ~]# salt 'client' test.ping
```

这里的*必须是在 master 上已经被接受过认证的客户端，可以通过执行 salt-key 命令查到，通常是我们已经允许认证的主机 ID 值。

（2）查看所有机器的主机名，其命令如下：

```
[root@server ~]# salt '*' cmd.run 'hostname'
```

（3）查看所有主机的 IP 地址，其命令如下：

```
[root@server ~]# salt '*' cmd.run "ifconfig |grep inet"
```

7. SaltStack–grains

在服务器日常运维中，运维人员经常需要查看各个服务器的详细情况，如操作系统类型、网卡 IP、内核参数、CPU 架构等。那么这是由 SaltStack 的哪个组件来完成的呢？grains 正是作为这样的一个角色而存在的，grains 会在 minion 启动时收集各个服务器的一些信息。下面列举一些例子。

（1）列出所有 grains 的项目名字，其命令如下：

```
[root@server ~]# salt 'client' grains.ls
client:
    - SSDs
    - biosreleasedate
    - biosversion
    - cpu_flags
...
```

（2）列出所有 grains 项目及值，其命令如下：

```
[root@server ~]# salt 'client' grains.items
client:
    ----------
    SSDs:
    biosreleasedate:
        07/02/2015
...
```

通过查看 grains 收集的信息，可以非常清楚地了解目标服务器的运行状况。但为了节省篇幅，在此就不一一列出所有内容了。

需要注意的是，grains 的信息不是动态的，并不会实时变更，它是在 minion 启动时收集到的。我们可以根据 grains 收集到的一些信息，做配置管理工作。grains 还可以支持自定义信息。

（3）自定义 grains。在 Client 上创建/etc/salt/grains 文件，并写入测试内容，其命令如下：

```
[root@client ~]# vim /etc/salt/grains
test1: test1
test2: test2
```

左边为 key，右边为 value。

接着，重启 minion 服务，其命令如下：

```
[root@client ~]# systemctl restart salt-minion
```

在 Server 上来查看 grains 获取的信息，其命令如下：

```
[root@server ~]# salt 'client' grains.item test1 test2
client:
    ----------
    test1:
        test1
    test2:
        test2
```

8. SaltStack 实战——安装配置 HTTPD 服务

（1）编辑 master 配置文件。编辑/etc/salt/master 文件，大约在第 667 行的位置找到 file_roots 配置并去掉#，命令如下：

```
[root@server ~]# vim /etc/salt/master
```

```
#   file_roots:
#     base:
#       - /srv/salt
```

（2）创建/srv/salt 目录，其命令如下：

```
[root@server ~]# mkdir /srv/salt
```

（3）定义 top.sls，其命令如下：

```
[root@server ~]# vim /srv/salt/top.sls
base:
  '*':                //*代表所有机器，前面有两个空格
    - httpd           //前面有四个空格
```

（4）重启 master 服务，其命令如下：

```
[root@server ~]# systemctl restart salt-master
```

（5）编写 httpd.sls 文件，其命令如下：

```
[root@server ~]# vim /srv/salt/httpd.sls
httpd-service:
  pkg.installed:
    - names:
      - httpd
      - httpd-devel
  service.running:
    - name: httpd
    - enable: True
```

编写内容时应注意格式，httpd-service 代表服务名称，pkg.installed 为 salt 内置的安装软件包模块；names 为指定要安装的数据包名称，httpd 和 httpd-devel 为具体安装的数据包名称；service.running 同样为 salt 内置的模块，意思是启动指定的服务，name 为需要启动的服务名称，httpd 为具体服务名称，enable:True 为开机自动启动。

（6）执行安装命令如下：

```
[root@server ~]# salt 'client' state.highstate
```

实际上安装过程与平时通过 yum 命令下载、安装 HTTPD 软件包一样，需要执行一段时间，等待安装完成后，会弹出如下安装信息，我们可根据显示的信息来判断安装的具体结果。

```
[root@server ~]# salt 'client' state.highstate
client:
----------
      ID: httpd-service
Function: pkg.installed
    Name: httpd
  Result: True
 Comment: The following packages were installed/updated: httpd
...
```

从以上结果得知，HTTPD 安装完成，并且启动成功。

11.3.6 Ansible 自动化部署

Ansible 能将平常复杂的配置工作变得简单，变得更加标准化，也更加容易控制，这给平时非常苦恼的运维人员增加了工作信心。本节将构建基于 Ansible 的企业自动化运维平台，实现大规模服务器的快速管理和部署。部署 Ansible 自动化运维工具时，需要准备至少两台服务器（Server、Client）。Ansible 部署环境说明如表 11.7 所示。

表 11.7 Ansible 部署环境说明

参　　数	说　　明
服务器（Server）	192.168.17.10
客户端（Client）	192.168.17.20
Ansible 版本	2.9.3

1. 安装 Ansible

Ansible 只需在控制台上安装，即在 Server 上安装，无须在 Client 上安装，且默认 yum 源即可下载 Ansible 软件包，无须下载安装扩展源。其命令如下：

```
[root@server ~]# yum -y install ansible
```

说明：

若安装时提示找不到软件包，则可以尝试安装 epel 扩展源再安装 ansible。

2. 配置密钥认证

（1）生成 ssh 密钥对。Ansible 无须安装客户端，通过 ssh 进行通信，所以需要在服务器上生成密钥对。其命令如下：

```
[root@server ~]# ssh-keygen -t rsa
```

通过 ssh-keygen 创建一个密钥，提示选项均为默认，一直按回车键即可。此时，需要将生成的公钥添加到 Client 上，设置密钥认证。其命令如下：

（2）查看生成的公钥，其命令如下：

```
[root@server ~]# ls -l /root/.ssh/id_rsa.pub
-rw-r--r--. 1 root root 393 2月  16 21:19 /root/.ssh/id_rsa.pub
[root@server ~]# cat /root/.ssh/id_rsa.pub
```

（3）复制 Server 的公钥内容添加至 Client 的认证文件中，其命令如下：

```
[root@client ~]# vim /root/.ssh/authorized_keys
 ssh-rsa AAAAB3NzaC1yc2EAAAADAQABAAABAQDc5vcPA7Qc3a8ObDYRdqYXuEBUvKYywKE3Y
AVVm2zRssUL/VLdiCf9Rwozk77ezUWpF7NCof0bRhQToQSmS4UnH5nVV1lFPkmd3znSA3/Jfikq6
Zj+snTDWGitKcJ6IM5QDGY0iXTxi3uy2mR2btOLdH2A6xRdswusKYcTiHryjQ8au6i5f88lYcc4U
GTQoU31TRRhSNVxe/w++swAeUXCv1jG95hIO2eRwGohwZv1zmu1uew7akR0Wyc+4g06XtUOkWPwA
Tz/TyWQ2vttSi4ODXtMQbMzeNKmaVZVAsXDb4FnPEcg/1h5Cbotb1txMPMwFVaOQEZyjCh2LJBfp
gRN root@server
```

（4）验证 ssh 密钥认证效果。在 Server 上，通过 ssh 连接 Client，其命令如下：

```
[root@server ~]# ssh client
```

```
[root@client ~]#
```

3. 配置主机组

编辑/etc/ansible/hosts 文件，配置主机组信息，有多少台机器要通过 Ansible 进行控制管理，就在此文件中加入对应主机地址即可。其命令如下：

```
[root@server ~]# vim /etc/ansible/hosts
# 在任意空白处添加如下内容，意思是添加两台机器进行管理
[examservers]
127.0.0.1                    //若添加 127.0.0.1，则本机也需要进行 ssh 密钥认证
192.168.17.20
```

添加的内容可以是 IP 地址，也可以是主机名，但填写主机名的前提是在/etc/hosts 文件中要有对应解析。

4. Ansible 远程执行命令

命令如下：

```
[root@server ~]# ansible examservers -m command -a 'hostname'
192.168.17.20 | CHANGED | rc=0 >>
client
127.0.0.1 | CHANGED | rc=0 >>
server
```

examservers 为主机组名，-m 后边是模块名，-a 后面是要批量执行的命令。当然也可以直接写一个 IP 地址，针对某一台机器来执行命令。

可以看到，在运行此命令时，出现一个告警信息，出现该告警是因为 CentOS 8 发行版本与 Ansible 兼容存在问题，可通过在 ansible.cfg 中设置 deprecation_warnings = False 禁用此功能。

5. Ansible 复制文件或目录

（1）在控制中心，复制一个 Ansible 目录至指定机器上，其命令如下：

```
[root@server ~]# ansible 192.168.17.20 -m copy -a "src=/etc/ansible dest=/tmp/ansible_1 owner=root group=root mode=0755"
192.168.17.20 | SUCCESS => {
    "changed": true,
    "dest": "/tmp/ansible_1/",
    "src": "/etc/ansible"
}
```

需要注意的是，源目录会放到目标目录下面，若目标指定的目录不存在，则会自动创建。若复制文件，dest 指定的名字和源如果不同，并且它不是已经存在的目录，则相当于复制后进行重命名。相反，若 dest 是目标机器上已经存在的目录，则会直接把文件复制到该目录下。

（2）查看复制结果，其命令如下：

```
[root@client ~]# ls /tmp/ansible_1/ansible/
ansible.cfg  hosts  roles
```

6. Ansible 远程执行脚本

（1）在控制台上创建一个脚本，加入测试内容，并将该脚本复制到所有机器上，内容如下：

```
[root@server ~]# vim /tmp/test.sh
[root@server ~]# cat /tmp/test.sh
#!/bin/bash
echo 'date' > /tmp/ansible_test.txt
[root@server ~]# ansible examservers -m copy -a "src=/tmp/test.sh dest=/tmp/test.sh mode=0755"
192.168.17.20 | SUCCESS => {
 ...
}
127.0.0.1 | SUCCESS => {
 ...
}
```

（2）执行脚本，其命令如下：

```
[root@server ~]# ansible examservers -m shell -a "/tmp/test.sh"
127.0.0.1 | SUCCESS | rc=0 >>
192.168.17.20 | SUCCESS | rc=0 >>
```

（3）查看执行结果，其命令如下：

```
[root@server ~]# cat /tmp/ansible_test.txt
2020年 02月 16日 星期日 22:41:29 CST
[root@client ~]# cat /tmp/ansible_test.txt
2020年 02月 16日 星期日 22:41:29 CST
```

11.3.7 Git 部署及应用

1. 在本地使用 Git

（1）安装 Git。Git 的软件包可直接通过 yum 或 dnf 下载安装，无须添加额外的扩展源，其命令如下：

```
[root@server ~]# yum -y install git
```

安装完成后，创建/data/gitroot 目录，其命令如下：

```
[root@server ~]# mkdir /data/gitroot
```

（2）初始化仓库。首次安装 Git，需要创建空的仓库，进入/data/gitroot 目录，进行初始化仓库的操作，初始化完成会生成一个.git 的隐藏目录，其命令如下：

```
[root@server ~]# cd /data/gitroot/
[root@server gitroot]# git init
已初始化空的 Git 仓库于 /data/gitroot/.git/
[root@server gitroot]# ls -la
```

（3）创建新文件。在 Git 仓库中创建一个新的文件，并写入一些测试内容，其命令如下：

```
[root@server gitroot]# vim test.txt
test1
test2
```

（4）设置仓库身份标识。使用新建的仓库前，需要配置身份标识，添加邮箱及用户名即可，其命令如下：

```
[root@server gitroot]# git config --global user.email "lsdygs@163.com"
[root@server gitroot]# git config --global user.name "git-admin"
```

（5）添加新文件到仓库中。执行 git add 命令之后，必须要执行 git commit 命令才算真正把文件提交到 Git 仓库中，其命令如下：

```
[root@server gitroot]# git add test.txt
[root@server gitroot]# git commit -m "add test.txt"
```

（6）再次编辑 test.txt 文件，其命令如下：

```
[root@server gitroot]# vim test.txt
test1
test2
test3
```

（7）提交新版本 test.txt 文件至仓库中，其命令如下：

```
[root@server gitroot]# git add test.txt
[root@server gitroot]# git commit -m "add test.txt agin"
[master 06ab77f] add test.txt agin
 1 file changed, 2 insertions(+)
```

（8）查看仓库状态。git status 命令可以用来查看当前仓库中的状态，如是否有改动的文件，其命令如下：

```
[root@server gitroot]# git status
位于分支 master
无文件要提交，干净的工作区
```

（9）查看所有提交记录，其命令如下：

```
[root@server gitroot]# git log
commit 06ab77f72dd9a480fd7b22ba455ac14a3ab4f139 (HEAD -> master)
Author: git-admin <lsdygs@163.com>
Date:   Sat Feb 29 21:00:01 2020 +0800

    add test.txt agin
commit 255a1a86872d767b84acc6e04a4f24c27bf8731c
Author: git-admin <lsdygs@163.com>
Date:   Sat Feb 29 20:55:07 2020 +0800

    add test.txt
```

若想要在查看提交日志时显示的内容更加简洁，则可加上 --pretty 参数，其命令如下：

```
[root@server gitroot]# git log --pretty=oneline
```

```
06ab77f72dd9a480fd7b22ba455ac14a3ab4f139 (HEAD -> master) add test.txt agin
255a1a86872d767b84acc6e04a4f24c27bf8731c add test.txt
```

（10）再次编辑 test.txt 文件，其命令如下：

```
[root@server gitroot]# vim test.txt
test1
test2
test3
test4
test5
```

（11）查看变更情况。git diff 命令可以对比 test.txt 本次修改了什么内容，与当前仓库中的版本进行比较，其命令如下：

```
[root@server gitroot]# git diff test.txt
diff --git a/test.txt b/test.txt
index 45aaa06..de80ada 100644
--- a/test.txt
+++ b/test.txt
@@ -3,3 +3,5 @@ test2
 test3
+test4
+test5
```

（12）版本回退。若此时发现后面更改的文件内容有错误，可进行版本回退。通过--hard 参数并指定回退的版本字符串编号即可，字符串可以简写为前面几位，其命令如下：

```
[root@server gitroot]# git reset --hard 255a1a86872d767b84acc6e04a4f24c27b
f8731c
HEAD 现在位于 255a1a8 add test.txt
[root@server gitroot]# git log --pretty=oneline
255a1a86872d767b84acc6e04a4f24c27bf8731c (HEAD -> master) add test.txt
```

2. 建立 Git 远程仓库

（1）注册 Github 账号。通过浏览器登录 https://github.com，注册一个账号，如图 11.32 所示。

（2）创建 Git。单击 Github 页面右上角的"+"，然后单击"New repository"选项创建新的仓库，如图 11.33 所示。

填写新项目的相关信息，并单击"Create repository"按钮完成创建，如图 11.34 所示。

（3）添加密钥。在 Github 页面右上角，依次单击头像→"Settings"→"SSH and GPG keys"→"New SSH key"选项。添加密钥页面如图 11.35 所示。

在 Linux 服务器中，创建一个 SSH 密钥，其命令如下：

```
[root@server gitroot]# ssh-keygen
```

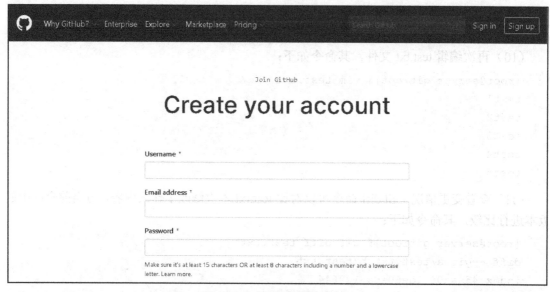

图 11.32 注册 Github 账号

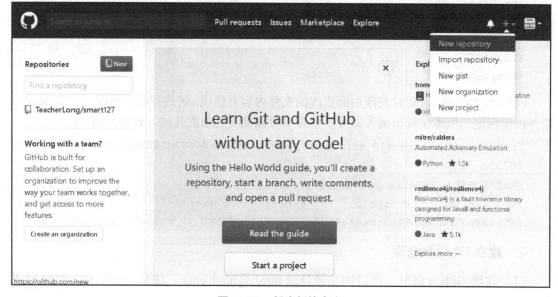

图 11.33 创建新的仓库

复制/root/.ssh/id_rsa.pub 的公钥内容（下面代码内容）到 Github 中，并单击"Add SSH key"按钮添加，如图 11.36 所示。

```
[root@server gitroot]# cat /root/.ssh/id_rsa.pub
  ssh-rsa AAAAB3NzaC1yc2EAAAADAQABAAABAQC3rJoNQC/q/cyiK31Wh5S5yDr/LWuo4YUq6
3aPhZvO9k0Bx92JYo62ERXRx+nKhb7v8XUTYMaHTx/o4d9VCbpkdzVAyh1CqYogouBKO0sfZLzQw
yD4VPljDWyHyLOfcj8y2ZcVncIqBeLsQIREUqIabSf/GUI5BiC187pNbe+dIDy0wydCucKy9zSaC
FL4y59UbreVRMJio6x5HdmTcxL+Wu9JAbuRVQOJhvRhmNk8RUN1xjXtL1IkkvnPL5IDd157+RDL3
OUkxHSLy4sKpVlganZ9Tb8FBMcersRDXxQ6Xp7snKsdTch6joj5ujJcsaGcIM5ofY3DfuknPW3N9
xvV root@server
```

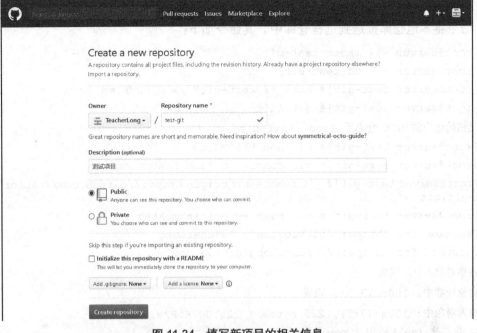

图 11.34　填写新项目的相关信息

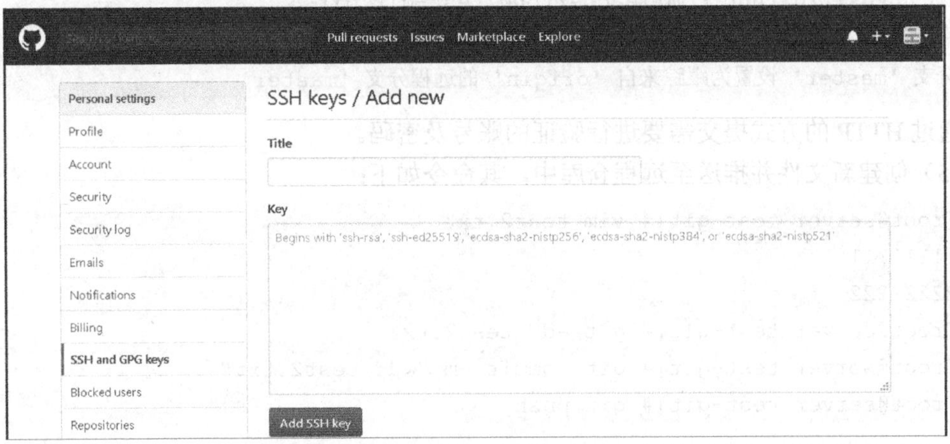

图 11.35　添加密钥页面

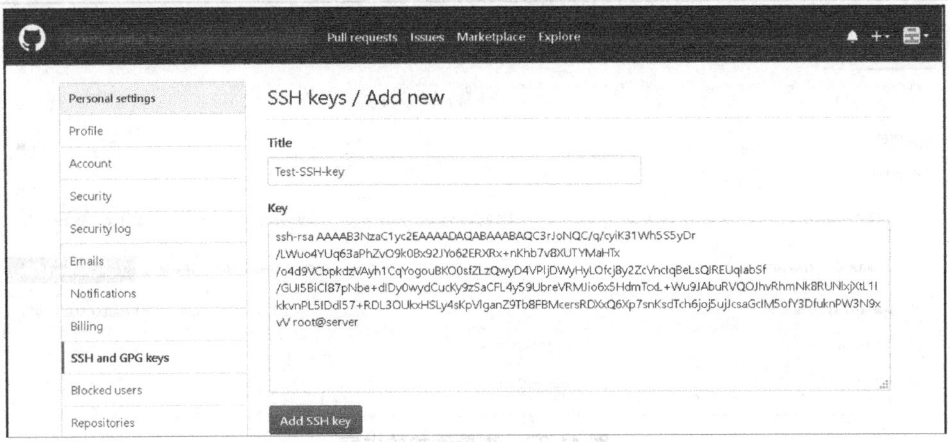

图 11.36　复制公钥至 Github

（4）把本地仓库推送到远程仓库中。通过命令行创建一个新的仓库，并执行 git remote add origin 命令将本地仓库推送到远程仓库中。其命令如下：

```
[root@server ~]# mkdir test-git
[root@server ~]# cd test-git/
[root@server test-git]# echo "# test-git" >> README.md
[root@server test-git]# git init
已初始化空的 Git 仓库于 /root/test-git/.git/
[root@server test-git]# git add README.md
[root@server test-git]# git commit -m "add README.md"
[root@server test-git]# git remote add origin https://github.com/TeacherLong/test-git.git
[root@server test-git]# git push -u origin master
Username for 'https://github.com': TeacherLong
Password for 'https://TeacherLong@github.com':
枚举对象: 3, 完成
对象计数中: 100% (3/3), 完成
写入对象中: 100% (3/3), 225 bytes | 225.00 KiB/s, 完成
Total 3 (delta 0), reused 0 (delta 0)
To https://github.com/TeacherLong/test-git.git
 * [new branch]      master -> master
分支 'master' 设置为跟踪来自 'origin' 的远程分支 'master'
```

通过 HTTP 的方式提交需要进行验证的账号及密码。

（5）创建新文件并推送至远程仓库中，其命令如下：

```
[root@server test-git]# vim test2.txt
11111111
22222222
[root@server test-git]# git add test2.txt
[root@server test-git]# git commit -m "add test2.txt"
[root@server test-git]# git push
```

上传完成可在浏览器中刷新 Github 页面，查看添加的内容，如图 11.37 所示。

图 11.37　查看添加的内容

11.3.8 SVN 部署及应用

1. 安装 SVN

subversion 提供的命令行工具叫 SVN。虽然 subversion 版本控制软件在 CentOS 8 中有 RPM 格式的版本，但是 RPM 包无法自定义设置安装，如果需要更高的灵活性或高度的可定制性，就可通过官方网站下载源码包进行安装。本书案例采用 yum 管理和下载 subversion 软件包。

（1）下载 SVN 软件包，其命令如下：

```
[root@server ~]# yum -y install subversion
```

（2）创建版本库。利用 svnadmin 命令可创建服务器版本库，其命令如下：

```
[root@server ~]# mkdir -p /data/svnroot/project1
[root@server ~]# svnadmin create /data/svnroot/project1
[root@server ~]# ls -la !$
```

（3）认证与授权。使用 SVN 自带的认证机制可以有效地增加客户端访问版本库的安全性，当客户端访问版本库服务器时，服务器会根据版本库目录下的 conf/svnserve.conf 文件中定义的认证与授权策略来实现权限的分配。命令如下：

```
[root@server ~]# cd !$/conf
cd /data/svnroot/project1/conf
[root@server conf]# ls
authz  hooks-env.tmpl  passwd  svnserve.conf
[root@server conf]# vim authz              //配置文件改为如下内容
[groups]
group1 = testuser,user1        //添加用户组
[/]                //此处的根目录指的是/data/svnroot/project1 仓库路径
@group1= rw        //指定用户组 group1 的权限为 rw
*= r               //除了 group1，其余组的权限为 r
[project1:/]       //指定项目路径，此处为 project1 版本库的根目录
user1 = rw         //定义 user1 的权限为 rw
testuser = rw
```

编辑 passwd 文件，并添加如下内容，配置用户的对应密码，其命令如下：

```
[root@server conf]# vim passwd
[users]
# harry = harryssecret
# sally = sallyssecret
testuser = testuser_123
user1 = user1_123
user2 = user2_123
```

编辑 svnserve.conf 文件，并添加如下内容：

```
[root@server conf]# vim svnserve.conf
[general]
```

```
anon-access = none              //匿名用户无任何权限
auth-access = write             //授权用户权限为 write
password-db = passwd            //用户密码存放的文件为 passwd
authz-db = authz                //制定权限控制的文件 authz
realm = /data/svnroot/project1  //表示此配置生效的项目
```

（4）启动 SVN。启动 svnserve 服务，需要加上-d 参数，意思是以守护进程的方式运行 svnserve。SVN 服务默认监听 3690 端口，如果防火墙处于开启状态，需要正确设置防火墙，避免出现访问不到服务的情况。其命令如下：

```
[root@server conf]# svnserve -d -r /data/svnroot
[root@server conf]# netstat -lntp |grep svnserve
tcp    0   0 0.0.0.0:3690     0.0.0.0:*      LISTEN     29910/svnserve
```

2. 在客户端上访问 SVN

版本库服务器创建完成后，可以通过多种不同的方式访问 SVN 服务器，可通过命令行或图形化界面，也可以通过本地磁盘或网络协议来访问。问题在于，不管使用哪一种访问方式，都必须提供一个 URL 地址来确定访问的位置。

命令行的访问方式是在众多方法中使用较多的方式，因为命令的方式具有高效、功能完善、无须安装第三方软件等优势。要想在客户端中通过 SVN 命令访问服务器，也需要安装 subversion 软件包。命令如下：

（1）在客户端上安装 SVN，其命令如下：

```
[root@client ~]# yum -y install subversion
```

（2）访问 SVN 服务器。checkout 命令可以从服务器版本库中复制一份副本到本地中，svn://为通过 svnserve 定义的协议来访问版本库，此外还可以加上--username 参数指定具体用户连接服务器。其命令如下：

```
[root@client ~]# svn checkout svn://192.168.17.10/project1 --username=testuser
认证领域: <svn://192.168.17.10:3690> /data/svnroot/project1
"testuser"的密码: ************          //此密码为配置认证时 testuser 的密码
-----------------------------------------------------------------
注意!  你的密码，对于认证域：
   <svn://192.168.17.10:3690> /data/svnroot/project1
只能明文保存在磁盘上！  如果可能，请考虑配置你的系统，让 subversion 可以保存加密后的密码。请参阅文档以获得详细信息。
你可以通过在"/root/.subversion/servers"中设置选项"store-plaintext-passwords"
为"yes"或"no"，
来避免再次出现此警告。
-----------------------------------------------------------------
保存未加密的密码(yes/no)?yes
取出版本 0。
[root@client ~]# ls
公共   视频   文档   音乐   anaconda-ks.cfg        net.sh
模板   图片   下载   桌面   initial-setup-ks.cfg   project1
```

```
[root@client ~]# ls -la project1/
总用量 4
drwxr-xr-x.  3 root root   18 3月   4 12:43 .
dr-xr-x---. 20 root root 4096 3月   4 12:43 ..
drwxr-xr-x.  4 root root   96 3月   4 12:43 .svn
```

（3）上传客户端的变更信息至服务器上。此时，可在客户端的副本中增加或修改一些文件，然后把变更的内容提交至服务器上。

在客户端上执行如下命令：

```
[root@client ~]# cd project1/
[root@client project1]# ls
[root@client project1]# echo "Test111" > test1.txt
[root@client project1]# ls
test1.txt
[root@client project1]# svn add ./test1.txt           //添加到版本控制中心
[root@client project1]# svn commit -m "add test1.txt"  //提交文件至服务器上
```

在服务器上执行如下命令：

```
[root@server project1]# svn update           //同步更新客户端提交的文件
若服务端执行 svn update 命令时，出现如下错误，则需要索引一次版本库
[root@server project1]# svn update
跳过 "."
svn: E155007: None of the targets are working copies
[root@server svnroot]# cd ~
[root@server ~]# mkdir svntest
[root@server ~]# cd svntest/
[root@server svntest]# svn checkout svn://192.168.17.10/project1
--username=testuser
[root@server project1]# svn update
正在升级 '.':
A    test1.txt
更新到版本 1
[root@server project1]# ls
test1.txt
```

（4）提交删除变更至服务器上。

在客户端上执行如下命令：

```
[root@client project1]# svn delete test1.txt
D        test1.txt
[root@client project1]# svn commit -m "delete test1.txt"
[root@client project1]# ls
[root@client project1]#
```

在服务器上执行如下命令：

```
[root@server project1]# svn update           //服务器更新到最新版本
```

```
正在升级 '.':
D    test1.txt
更新到版本 2
```

（5）查看变更日志，其命令如下：

```
[root@client project1]# svn log
```

11.4 项目小结

本项目实际模拟了某中大型电子产品运营公司的发展情况，部署自动化运维管理平台。因为服务器数量庞大，运维人员无法满足日常运维需求，使用传统运维手段工作效率低，所以通过部署自动化运维管理平台将原有的日常部署、服务器监控等运维项目实现了自动化部署与管理，从而提高了运维人员的工作效率，也让运维工作变得更加简单，为公司业务的发展带来了很好的技术基础保障。

11.5 课后习题

1. Zabbix-server 默认监听的端口是（   ）。
   A. 10051   B. 10056   C. 5666   D. 5667

2. Git 本地仓库如何提交 1.txt 文件至仓库？

3. 在 Ansible 控制中心复制一个 aaa 目录至 Client 上，该执行什么命令？

4. Zabbix 组件主要包含哪几部分？

第 12 章　虚拟化技术

扫一扫
获取微课

虚拟化技术是计算机应用技术中的一种重要的资源管理技术。它可以打破地域和物理配置的限制，使用户可以用更好的方式分配管理资源，如今得到了广泛应用。

虚拟化技术起源于 20 世纪 60 年代末，美国 IBM 公司当时开发了一套被称作虚拟机监视器的软件，该软件位于计算机硬件层上面的软件抽象层，将计算机硬件虚拟分割成一个或多个虚拟机，并提供多用户对大型计算机的同时访问和交互访问。虚拟化技术是一项允许从单个物理硬件系统创建多个模拟环境或专用资源的技术。由一个名为虚拟机监控程序的软件直接连接到该硬件，并将一个系统拆分为单独的、不同的安全环境，这些单独的环境被称为虚拟机。这些虚拟机依靠虚拟机监控程序的能力将计算机的资源与硬件分开，并适当地分配。

12.1　项目背景分析

A 公司是一家 IT 公司，因云服务平台业务日趋增多，A 公司想开拓更多的业务。A 公司在上次的采购中剩下了一定数量的服务器，但云服务需要的操作系统数量远远大于服务器的数量，并且云服务占用的资源也远小于服务器的极限。直接使用不但达不到要求，还造成了大量浪费。如果使用虚拟化技术，可以最大化利用服务器，虚拟化技术如图 12.1 所示。

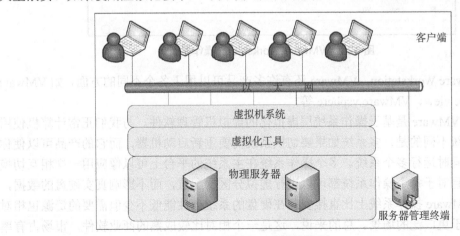

图 12.1　虚拟化技术

12.2 项目相关知识

虚拟化技术的市场庞大,诞生了许多不同的虚拟化产品,它们各有各的优缺点,了解和分析市面上常用的虚拟化产品,有利于挑选出适合的虚拟化产品。

12.2.1 VMware 虚拟化

VMware 这个单词对于学习网络的人来说并不陌生,大多数人在学习时使用的虚拟机就是 VMware 中的 VMware Workstation。VMware Workstation 操作界面如图 12.2 所示。

图 12.2 VMware Workstation 操作界面

除了 VMware Workstation,VMware 还有许多产品可以用于各个不同的方面,如 VMware ESXi、VMware view、VMware vsphere 等。

总体来说 VMware 是基于操作系统层虚拟化的虚拟机管理软件。与我们正常计算机使用过程中的多系统不同的是,多系统如果要切换系统需要重新启动机器,而它的产品可以使你在一台机器上同时运行多个系统。多个操作系统在主系统的平台上可以像应用一样相互切换而不影响。并且对于每个操作系统都可以进行虚拟分区、配置,而不影响真实硬盘的数据,虽然安装在 VMware 操作系统上比直接安装在硬盘的系统上性能低不少但需要的资源也相对较少,可应用于更广泛的场景。总的来说,这是一个相对比较成熟的商业软件,市场占有率较大。

但是 VMware 有一个缺点——它不是一个开源软件。它是一款收费软件,价格也相对不低。对于云服务刚起步的 A 公司来说,一开始就出现比较大的投资成本不是一个最佳选择。

12.2.2　Xen 虚拟化

Xen 虚拟化起源于剑桥大学，是由 Xenproject 开发的一个开放源代码的虚拟机监视器。相较于 VMware，Xen 通过一种叫作半虚拟化的技术获得高效能的表现。比起完全虚拟化，半虚拟化的效能损失减少，性能也有显著的提升。Xenproject 官网界面如图 12.3 所示。

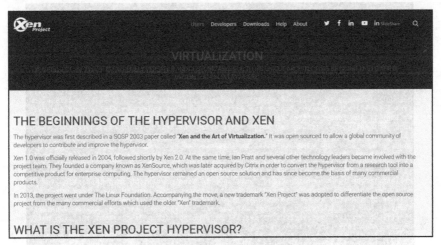

图 12.3　Xenproject 官网界面

Xen 虚拟化必须显式地修改（"移植"）操作系统，这使得 Xen 无须特殊硬件支持，就能达到高性能的虚拟化，但目前可以应用到 Xen 的操作系统并不是很多。虽然主要也是应用于 Linux，但 Xen 虚拟化依旧会产生许多不便。因为操作难度高、维护成本较高等，所以哪怕有着相当好的性能，使用 Xen 虚拟化的用户数量并不多。

12.2.3　KVM 虚拟化

KVM 是基于 Linux 内核的虚拟机，于 2007 年 2 月 5 日被导入 Linux 2.6.20 核心中，相对于别的虚拟化，KVM 最大的好处就在于它是与 Linux 内核集成的，因此在各个方面都十分优秀，不过也正因为如此 KVM 只能在 Linux 上运行。

比起同样优秀的 VMware，虽然 KVM 只能在 Linux 上运行，但 KVM 也有自己的优点，例如，这是一款自由开源的软件，也是一个免费软件。这代表着它有更好的灵活性，同时因为有红帽和 IBM 的支持，KVM 可以依托于 Linux 执行很多操作，比起 Xen，使用更加方便、维护成本更低和应用范围更广泛，对于常规的 Linux 来说，是最优的选择方案。

12.3　项目实施

12.3.1　KVM 虚拟化环境搭建

KVM 虽然应用广泛，但是除了操作系统必须是 Linux，还对 CPU 也有一定的要求，需要 CPU 支持 Inter 或 AMD 的虚拟技术。

1. 查看 CPU 是否支持 Inter 或 AMD 的虚拟技术

命令如下：

```
[root@kvm ~]# cat /proc/cpuinfo |grep -E "vmx|svm"
```

如果显示存在 **vmx** 或 **svm** 则代表支持虚拟技术，如图 12.4 所示。

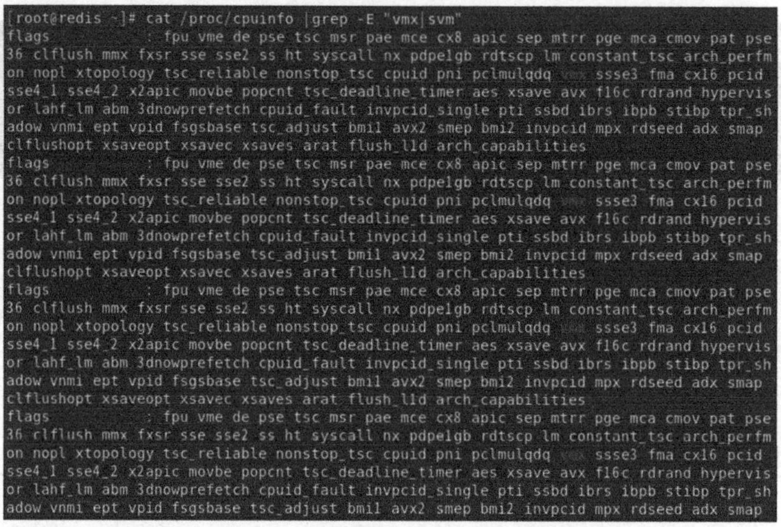

图 12.4　查看 CPU 是否支持 Inter 或 AMD 的虚拟技术

如果使用 VMware 来做这个实验，就需要在 VMware 的设置中启动虚拟化功能，如图 12.5 所示。

图 12.5　启动 VMware 的虚拟化功能

2. 启动 KVM 虚拟化功能

因为 KVM 是基于 Linux 内核的虚拟化技术，所以 Linux 本身就已经安装，启动 KVM 命令如下：

```
[root@kvm ~]#modprobe kvm
```

查看 KVM 启动情况的命令如下所示，输出结果如图 12.6 所示。

```
[root@kvm ~]#lsmod |grep kvm
```

图 12.6　查看 KVM 启动情况

3. 安装 KVM 虚拟机创建和管理所依赖的软件

需要安装的软件名字如下所示，可用 yum 命令安装：

```
qemu-img, qemu-kvm    //创建虚拟机硬盘
virt-install    //创建虚拟机
virt-viewer    //创建虚拟机及打开虚拟机
libvirt    //管理虚拟机
virt-manager    //图形界面管理工具
```

不过因为 KVM 是指基于 Linux 内核的虚拟机，所以有些软件已经安装好，需要做的是补充没有安装好的软件。

4. 设置虚拟机服务开机自动启动

命令如下：

```
[root@kvm ~]# systemctl start libvirtd    //启动 libvirtd 虚拟机管理服务
[root@kvm ~]#systemctl enable libvirtd    //加入开机启动项
[root@kvm ~]# systemctl daemon-reload    // 重新加载系统服务
[root@kvm ~]# systemctl is-enabled libvirtd    //查看是否成功加入开机自动启动
```

12.3.2　KVM 虚拟化应用

任务目标：在 CentOS 8 上使用 KVM 虚拟化安装一个 CentOS 7 的虚拟机。

1. 上传 iso 镜像

上传文件到服务器上的方法有许多，这里使用 WinSCP 工具实现远程上传。

使用 WinSCP 上传 iso 镜像如图 12.7 所示，将 iso 镜像上传到服务器的/var/lib/libvirt/images/目录中，为了满足公司的需求，选择的镜像是 CentOS 7 mini 版本。

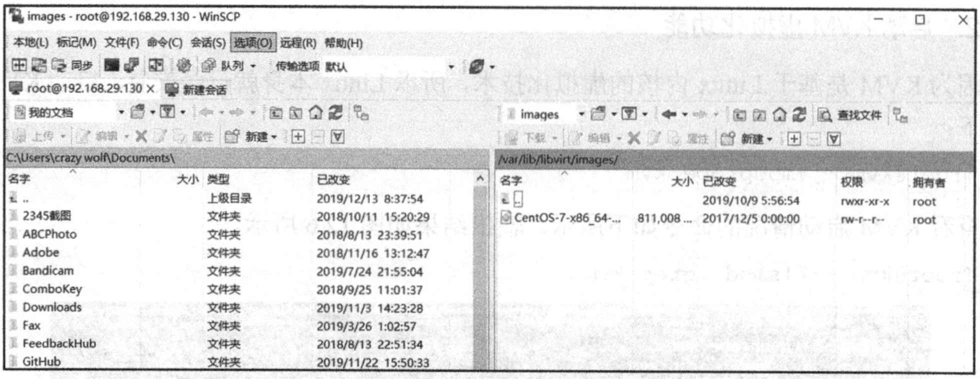

图 12.7　使用 WinSCP 上传 iso 镜像

对于 VMware 中的虚拟机，通过安装 VMTools 功能之后，便可以通过复制、粘贴方式上传。

2．通过 virt-install 创建虚拟机

（1）创建虚拟硬盘，其命令如下：

```
[root@kvm ~]#qemu-img create -f qcow2 /kvm/centos-7.qcow2 15GB
Formatting &apos;/kvm/centos-7.qcow2&apos;, fmt=qcow2 size=16106127360 cluster_size=65536 lazy_refcounts=off refcount_bits=16
#创建一个格式为 qcow2、大小为 15GB 的虚拟磁盘
```

这里使用的是 qcow2 格式，主要是因为 qcow2 格式在 KVM 中相当常用，能够支持多次的磁盘快照。除了 qcow2，qemu-img 支持的格式如下所示：

```
vvfat vpc vmdk vhdx vdi ssh sheepdog rbd raw host_cdrom host_floppy
host_device file qed qcow2 qcow parallels nbd iscsi gluster dmg tftp
ftps ftp https http cloop bochs blkverify      blkdebug
```

（2）创建新的虚拟机，其命令如下：

```
[root@kvm ~]#virt-install --virt-type kvm --name CentOS-7 --ram 1024
--cdrom=/var/lib/libvirt/images/CentOS-7-x86_64-Minimal-1708.iso --disk
path=/kvm/centos-7.qcow2
```

以上命令提及的参数格式和含义如下所示：

```
- virt-type [管理程序名]      //使用的管理程序名称
--name  [虚拟机名]      //虚拟机名称
--ram 1024 --cdrom=[镜像源路径]     //镜像源
--disk path=[虚拟硬盘路径]     //虚拟硬盘
```

虽然 virt-install 命令的参数相当多，但在实际使用中，其必须提供的参数仅有 --name、--ram、--disk。这里安装 KVM 虚拟机需要多一个 --virt-type 参数。

（3）通过 virt-viewer 命令查看安装界面。可使用 virt-viewer 命令查看虚拟机情况，命令如下所示，其效果如图 12.8 和图 12.9 所示。

```
[root@kvm ~]# virt-viewer
```

图 12.8　通过 virt-viewer 命令查看安装界面 1

图 12.9　通过 virt-viewer 命令查看安装界面 2

3. 使用 virt-manager 创建虚拟机

除了使用 virt-install 和 virt-viewer 命令创建虚拟机，还可以通过虚拟机创建软件 virt-manager，但只能在图形界面上使用，其命令如下：

```
[root@kvm ~]# virt-manager
```

virt-manager 图形界面如图 12.10 所示。

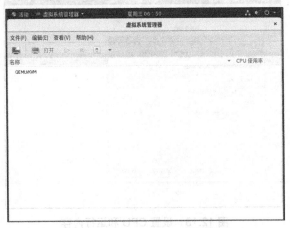

图 12.10　virt-manager 图形界面

随后可以在文件中选择新建虚拟机，如图 12.11 所示。

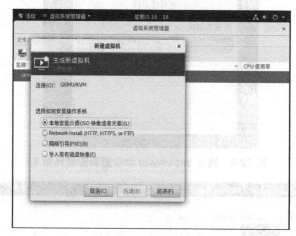

图 12.11　新建虚拟机

选择 iso 镜像文件如图 12.12 所示。

图 12.12　选择 iso 镜像文件

设置 CPU 和运行内存如图 12.13 所示。

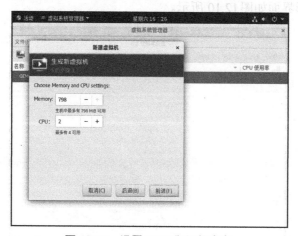

图 12.13　设置 CPU 和运行内存

设置虚拟机存储的磁盘镜像大小如图 12.14 所示。

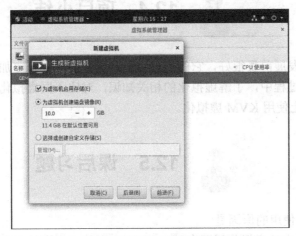

图 12.14　设置虚拟机存储的磁盘镜像大小

设置虚拟机名字及检查配置如图 12.15 所示。

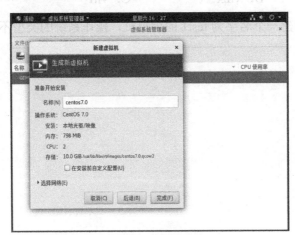

图 12.15　设置虚拟机名字及检查配置

新建虚拟机成功界面如图 12.16 所示。

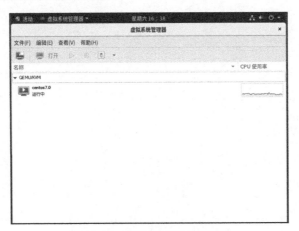

图 12.16　新建虚拟机成功界面

12.4 项目小结

现在虚拟现实的发展前景很好,它的各种优势让更多的人选择更加方便和经济的互联网服务。在完成本项目过程中,了解虚拟化的相关知识,对比不同虚拟化工具的优劣。在理解和掌握 Linux 的基础上使用 KVM 虚拟化。

12.5 课后习题

1. Xen 不被广泛使用的原因是_____。
2. 检查设备支不支持虚拟化需要在/proc/cpuinfo 文件中查询是否有(　　)字段。

A. ftp　　　　　　B. vmx　　　　　　C. virt　　　　　　D. xuni

3. 在 Linux 中新建一个名字为 test1 的虚拟机,操作系统的类型不限,要求存储磁盘的空间为 20GB。

第 13 章 容器和编排技术

扫一扫
获取微课

虚拟机和容器是云计算中两个重要的技术，容器技术起源于 Linux 开源平台，容器上可运行一个或多个应用程序，以及包括应用程序运行所需要的依赖环境。容器直接运行在操作系统内核上的用户空间中，它既可以运行在服务器上，也可以运行在虚拟机上。相对于虚拟机架构来说，容器架构的优势有：降低了硬件成本、更快速部署上线开发/测试/生产环境、简便维护开发/测试/生产环境等。

13.1 项目背景分析

某公司是一家信息系统集成服务公司，现有三台服务器，服务器底层全部安装了虚拟化系统，在虚拟化系统上运行虚拟机。开发人员和运维人员都使用虚拟机完成日常工作。现如今，因为容器比起虚拟机可以更方便地为员工提供服务，所以该公司准备将其中两台服务器的操作系统更改为 CentOS 8，然后在上面安装容器服务，供容器供开发人员与运维人员使用。公司改造前和改造后的网络拓扑分别如图 13.1 和图 13.2 所示。

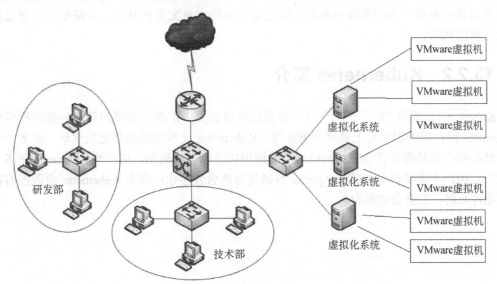

图 13.1 公司改造前的网络拓扑

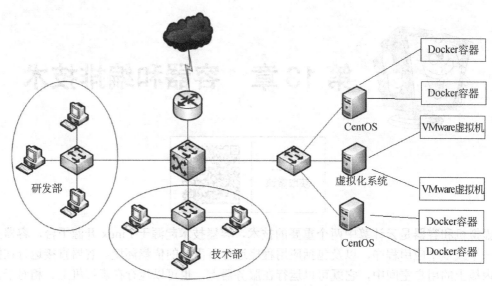

图 13.2 公司改造后的网络拓扑

 13.2 项目相关知识

13.2.1 Docker 简介

Docker 是基于 Go 语言的一个开源轻量级容器管理引擎,它进一步优化了容器的使用体验。Docker 提供了各种管理工具,使用客户端-服务器(C/S)架构模式。Docker 还可以通过使用远程 API 来创建、管理和删除容器。Docker 容器镜像以 tar 包形式保存,容器在迁移时,只需在新的服务器上安装 Docker,然后重新导入原来的容器镜像并启动即可,不用关心新、旧服务器是否是同一类型的操作系统。这无疑将节约大量宝贵的时间,并降低在部署过程中出现问题的风险。

13.2.2 Kubernetes 简介

Kubernetes,简称 k8s,是一个用于容器化自动部署、扩缩和管理的开源容器编排引擎。Kubernetes 能在服务器集群上调度部署容器。Kubernetes 让容器的部署更加简单、高效,它的一个核心特点就是保证容器能够按照用户的期望状态运行。例如,用户想让 Apache 服务不中断运行,用户不需要时刻去监控 Apache 容器是否被意外停止,因为 Kubernetes 会监控容器,当容器停止时,它会自动重启。

13.3 项目实施

13.3.1 Docker 的安装与运行

本项目采用 CentOS 8 来安装 Docker。安装 Docker 要求 CentOS 的内核版本高于 3.10。CentOS 8 的内核版本默认为 4.18.0，符合内核版本的最低要求。旧版本的 Docker 安装包为 docker-engine 或 docker，新版本的 Docker 安装包为 docker-ce。如果安装了 docker-engine 或 docker，请先卸载它们。

1. Docker 的安装

（1）安装依赖包，其命令如下：

```
[root@localhost ~]# dnf install -y yum-utils device-mapper-persistent-data lvm2
[root@localhost ~]# dnf install https://download.docker.com/linux/fedora/30/x86_64/stable/Packages/containerd.io-1.2.6-3.3.fc30.x86_64.rpm
```

（2）设置仓库，其命令如下：

```
[root@localhost ~]# dnf-config-manager --add-repo https://mirrors.aliyun.com/docker-ce/linux/centos/docker-ce.repo -y
```

（3）查看 Docker 的可用版本，其命令如下：

```
[root@localhost ~]# dnf list docker-ce --showduplicates | sort -r
```

（4）安装 Docker，命令如下。
如果安装时不指定版本，则安装仓库里的最新版本。例如，dnf install -y docker-ce-18.06.3.ce。命令如下：

```
[root@localhost ~]# dnf install -y docker-ce-18.06.3.ce
```

2. Docker 的运行

（1）启动 Docker，其命令如下：

```
[root@localhost ~]# systemctl start docker
```

（2）设置 Docker 开机自动启动，其命令如下：

```
[root@localhost ~]# systemctl enable docker
```

（3）打开 IPv4 转发自动启动，修改配置文件 /usr/lib/sysctl.d/00-system.conf，追加以下内容：

```
[root@localhost ~]# vi /usr/lib/sysctl.d/00-system.conf
net.ipv4.ip_forward=1
```

（4）重新加载网络，其命令如下：

```
[root@localhost ~]# nmcli c reload
```

13.3.2　Docker 的使用

1. Docker 基本命令

（1）查看镜像。Docker 可以使用 images 命令来查看当前拥有的容器镜像，其命令如下：

```
[root@localhost ~]# docker images
REPOSITORY          TAG          IMAGE ID          CREATED          SIZE
```

说明如下。
- REPOSITORY：镜像的仓库源和名称。
- TAG：镜像的标签。
- IMAGE ID：镜像 ID。
- CREATED：镜像创建时间。
- SIZE：镜像大小。

（2）拉取镜像。Docker 可以使用 pull 命令从仓库中拉取镜像，默认从 Docker Hub 中拉取容器镜像，如不指定容器镜像的版本，则默认拉取容器镜像的最新版本。其命令如下：

```
[root@localhost ~]# docker pull ubuntu:<version>
```

注意：

Docker Hub 是一个由 Docker 公司运行和管理的基于云的存储仓库，它是一个在线存储仓库。

（3）查找镜像。Docker 可以使用 search 命令从 Docker Hub 中搜索镜像。其命令如下：

```
[root@localhost ~]# docker search ubuntu
```

（4）运行容器。Docker 可以使用 run 命令来运行容器。它首先会检查本地是否存在指定镜像，如果本地不存在指定镜像，Docker 就会尝试从 Docker Hub 中拉取镜像，然后使用镜像启动一个新的容器，并从服务器配置的网桥接口中桥接一个虚拟接口到容器中。其命令如下：

```
[root@localhost ~]# docker run -i -t -d --name my_ubuntu ubuntu
```

说明如下。
- --name：指定容器名字。如不配置此参数，则交互时需要使用容器的 ID。
- -i：以交互模式运行容器，通常与-t 一起使用。短参数可合并，如-it。
- -t：在新容器内指定一个伪终端，通常与-i 一起使用。
- -d：将容器置于后台运行，并返回容器 ID。
- ubuntu：这里的 ubuntu 为镜像的名字，如果不指定镜像版本，默认使用 latest。

其他常用的参数如下。
- -P：随机端口映射，容器内部端口随机映射到服务器的端口。
- -p：指定端口映射，格式为<服务器端口：容器端口>。
- /bin/bash：在启动的容器里执行的命令。
- --dns 8.8.8.8：指定容器的 DNS，默认和服务器一致。
- --dns-search example.com：指定容器的 DNS 搜索域名，默认和服务器一致。
- -h "<hostname>"：指定容器的主机名。
- -e path="path"：指定容器的环境变量。
- --env-file=filename：从指定文件中读取环境变量。

- --cpuset="0-2" or --cpuset="0,1,2"：指定 CPU 的运行容器。
- -m：指定容器使用内存的最大值。
- --net="bridge"：指定容器的网络类型，支持 bridge/host/none/container。
- --link=[]：添加链接到另一个容器中。
- --expose=[]：开放一个端口或一组端口。
- --volume, -v：为容器绑定一个卷。

（5）查看运行中的容器。Docker 可以使用 ps 命令来查看正在运行中的容器。如需查看包含停止的容器，可使用-a 参数。-a 参数可以查看到包含已停止的所有容器。其命令如下：

```
[root@localhost ~]# docker ps
```

（6）进入容器。Docker 可以使用 exec 命令进入容器。当启动容器时定义-d 参数，就能够将容器置于后台运行，并返回一串长字符串，这串长字符串就是容器的 ID。可以通过容器的 ID 和容器进行交互。如果创建容器时定义--name 参数指定容器名字，也可通过名字和容器进行交互。下面使用 exec 命令通过容器名字和容器进行交互：

```
[root@localhost ~]# docker exec -it my_ubuntu /bin/bash
```

（7）停止容器。Docker 可以使用 stop 命令来停止一个运行中的容器，其命令如下：

```
[root@localhost ~]# docker stop my_ubuntu
```

（8）开启容器。Docker 可以使用 start 命令来开启一个已停止的容器，其命令如下：

```
[root@localhost ~]# docker start my_ubuntu
```

（9）删除容器。Docker 可以使用 rm 命令来删除一个已停止的容器，如果需要删除一个运行中的容器，需要先使用 stop 命令停止该容器，或者使用 rm 命令并加上-f 参数，使用-f 参数可以强制删除容器，不在乎容器是否处于运行状态。其命令如下：

```
[root@localhost ~]# docker rm -f my_ubuntu
```

（10）删除镜像。Docker 可以使用 rmi 命令删除镜像。删除镜像前，需要先删除依赖镜像的容器，否则会导致删除镜像失败。可以指定镜像名称或镜像 ID 来删除镜像。其命令如下：

```
[root@localhost ~]# docker rmi ubuntu:<version>
```

2. 运行一个 Web 应用

（1）拉取镜像，其命令如下：

```
[root@localhost ~]# docker pull training/webapp
```

（2）使用镜像运行容器，其命令如下：

```
-P 参数将容器的公开端口映射到随机端口中
[root@localhost ~]# docker run -d -P training/webapp python app.py
```

（3）查看运行中的容器。使用 docker ps 命令查看正在运行中的容器，其命令如下：

```
[root@localhost ~]# docker ps
```

可以看到输出结果包含：0.0.0.0:32768->5000/tcp，代表了 Docker 将 Web 容器的 5000 端口映射到服务器的 32768 端口上。

（4）关闭防火墙和 SELinux 服务，其命令如下：

```
[root@localhost ~]# systemctl stop firewalld
[root@localhost ~]# systemctl disable firewalld
[root@localhost ~]# setenforce 0
[root@localhost ~]# sed -i 's/^selinux=enforcing$/selinux=disabled/' /etc/selinux/config
```

（5）通过浏览器访问 Web 容器，如图 13.3 所示。

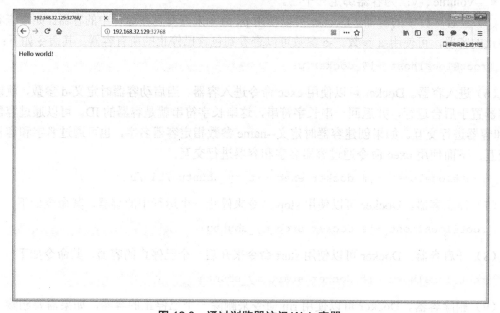

图 13.3　通过浏览器访问 Web 容器

使用-p 参数可以指定映射到服务器的端口，命令如下：

```
[root@localhost ~]# docker run -d -p 5000:5000 training/webapp python app.py
```

通过浏览器指定端口访问 Web 容器如图 13.4 所示。

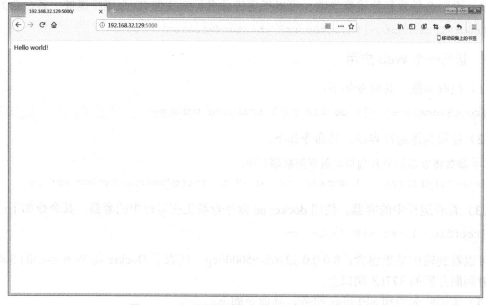

图 13.4　通过浏览器指定端口访问 Web 容器

3. 构建镜像

假如启动了一个容器，并对这个容器进行了修改，那么可以将修改后的容器保存为镜像供以后使用。

（1）启动一个 ubuntu 容器，其命令如下：

```
[root@localhost ~]# docker run -itd --name my_ubuntu ubuntu /bin/bash
```

（2）进入容器，其命令如下：

```
[root@localhost ~]# docker exec -it my_ubuntu /bin/bash
```

（3）更新 apt，其命令如下：

注意：

此时已经进入容器，使用 apt-get update 命令进行更新。

```
root@9442ad6eee6f:/# apt-get update
```

（4）退出容器。输入 exit 命令退出这个容器，其命令如下：

```
root@9442ad6eee6f:/# exit
```

（5）提交镜像。此时 ID 为 9442ad6eee6f，名称为 my_ubuntu，是更新后的容器，可以通过 docker commit 命令来提交镜像，其命令如下：

```
[root@localhost ~]# docker commit -m="apt update" -a="root" my_ubuntu ubuntu:v2
```

说明如下。
- -m：提交的描述信息。
- -a：指定镜像作者。
- my_ubuntu：指定容器名字，也可指定容器 ID。
- ubuntu:v2：指定要创建的目标镜像名。

（6）查看镜像。使用 docker images 命令可以看到新的镜像已经提交，其命令如下：

```
[root@localhost ~]# docker images
```

4. 设置镜像标签

Docker 可以使用 tag 命令来设置镜像标签。这里 851a032d2389 是镜像 ID，这条命令为这个镜像设置了新的标签名，可以看到两个镜像的 ID 是相同的。

（1）设置镜像标签，其命令如下：

```
[root@localhost ~]# docker tag 851a032d2389 ubuntu-update:v1
```

（2）查看镜像，其命令如下：

```
[root@localhost ~]# docker images
REPOSITORY        TAG     IMAGE ID        CREATED         SIZE
ubuntu-update     v1      851a032d2389    5 minutes ago   91.3MB
ubuntu            v2      851a032d2389    5 minutes ago   91.3MB
```

5. 保存镜像

Docker 可以使用 save 命令来保存镜像,以下命令将 ubuntu:v2 镜像保存为/root 目录下的 ubuntu.tar 文件,其命令如下:

```
[root@localhost ~]# docker save ubuntu:v2 -o /root/ubuntu.tar
```

6. 加载镜像

Docker 可以使用 load 命令来加载镜像。

(1)加载镜像,其命令如下:

```
[root@localhost ~]# docker load -i ubuntu.tar
```

(2)查看镜像,其命令如下:

```
[root@localhost ~]# docker images
```

7. Dockerfile

Docker 还可以使用 build 命令来构建镜像,前面使用了 commit 命令来构建镜像。其实在 Docker 里,还有一种自定义构建镜像的方法,就是通过编写 Dockerfile 文件,然后使用 build 命令来构建镜像。Dockerfile 文件命令格式如下:

```
# 第一行指定基础镜像信息
FROM ubuntu
# 维护者信息(可选)
MAINTAINER docker_user docker_user@email.com
# 镜像操作指令
RUN apt-get update && apt-get install -y nginx
# 容器启动执行指令
CMD /usr/sbin/nginx
```

(1)创建 Dockerfile 文件,其命令如下:

```
[root@localhost ~]# mkdir workspace
[root@localhost ~]# cd workspace/
[root@localhost workspace]# vim Dockerfile
FROM ubuntu:latest
RUN apt-get update
```

(2)使用 build 命令构建镜像,其命令如下:

```
[root@localhost workspace]# docker build -t ubuntu:v3 .
```

Docker build 通过-f 参数指定 Dockerfile 文件的位置,通过-t 参数指定构建镜像的标签。若 Dockerfile 文件存在于当前目录中,可以省略-f 参数。

(3)查看镜像,其命令如下:

```
[root@localhost workspace]# cd
[root@localhost ~]# docker images
REPOSITORY      TAG     IMAGE ID         CREATED          SIZE
ubuntu          v2      851a032d2389     5 minutes ago    91.3MB
```

| ubuntu | v3 | 75d827008f5e | 10 minutes ago | 91.3MB |

build 和 commit 命令都可以构建镜像。对比之下，两者保存的镜像大小一样，因为它们都是在同一容器中执行了 apt-get update 命令后保存容器为镜像。

Docker 可以使用 history 命令来查看 commit 镜像构建历史，其命令如下：

```
[root@localhost ~]# docker history 75d827008f5e
IMAGE              CREATED          CREATED BY                          SIZE
75d827008f5e       12 minutes ago                                       27.1MB
```

使用 history 命令，查看镜像构建历史，其命令如下：

```
[root@localhost ~]# docker history 851a032d2389
IMAGE              CREATED          CREATED BY                          SIZE
851a032d2389       7 minutes ago    /bin/sh -c apt-get update           27.1MB
```

对比之下，Dockerfile 结合 build 命令的构建镜像方式更胜一筹，因为它能够看到容器的操作历史。

commit 命令的缺点如下：
- 需要在容器内操作，效率低。
- 无法查看镜像的构建过程。

Docker build 每步都会生成一个中间层镜像，可看成一步一步的 Docker commit。学习 commit 命令可以更好地理解 build 命令。当操作少且简单时通常使用 Dockerfile 和 build 命令来构建容器镜像，反之则使用 commit 命令来构建容器镜像。

13.3.3 Docker 私有仓库

Docker 默认使用 Docker Hub 作为仓库，同时也可以搭建私有仓库，对比 Docker Hub，私有仓库有如下优势：
- 节省带宽，镜像无须从 Docker Hub 中下载，只需要从私有仓库中下载即可。
- 对于私有仓库中已有的镜像，提升了下载速度。
- 便于内部镜像的统一管理。

以下为 Docker 搭建本地私有仓库的过程。

1. 基本配置

（1）拉取私有仓库镜像，其命令如下：

```
[root@localhost ~]# docker pull registry
```

（2）创建目录。在服务器上新建一个目录，供镜像存储使用，其命令如下：

```
[root@localhost ~]# mkdir /usr/local/docker_registry
```

（3）启动镜像，其命令如下：

```
[root@localhost ~]# docker run -d -p 5000:5000 --name=my_registry --restart=always --privileged=true -v /usr/local/docker_registry:/var/lib/registry registry
```

如果遇到以下报错，重启 Docker 即可解决。

```
docker: Error response from daemon: driver failed programming external
connectivity on endpoint my_registry
```

（4）查看启动的容器，其命令如下：

```
[root@localhost ~]# docker ps
```

2. 将容器镜像保存到私有仓库中

（1）从 Docker Hub 中拉取 ubuntu 镜像，其命令如下：

```
[root@localhost ~]# docker pull ubuntu
```

（2）注册 https 协议。新建 daemon.json 文件，内容如下，将[ ]里的内容替换成自己的信息。命令如下：

```
[root@localhost ~]# vi /etc/docker/daemon.json
{
 "insecure-registries":["192.168.32.129:5000"],
 "registry-mirrors":["https://registry.docker-cn.com"]
"exec-opts": ["native.cgroupdriver=systemd"]
}
```

（3）重启 Docker，其命令如下：

```
[root@localhost ~]# systemctl daemon-reload
[root@localhost ~]# systemctl restart docker
```

（4）设置 ubuntu 的镜像标签，其命令如下：

```
[root@localhost ~]# docker tag ubuntu:latest 192.168.32.129:5000/ubuntu
```

（5）将容器镜像推送到私有仓库中，其命令如下：

```
[root@localhost ~]# docker push 192.168.32.129:5000/ubuntu
```

（6）进入刚才新建的私有仓库目录，其命令如下：

```
[root@localhost ~]# cd /usr/local/docker_registry/docker/registry/v2/repositories/ubuntu/
[root@localhost ubuntu]# ls
_layers  _manifests  _uploads
```

（7）删除 tag 的镜像。删除镜像前，需要先删除依赖镜像的运行中的容器，其命令如下：

```
[root@localhost ~]# docker rm -f my_ubuntu
[root@localhost ~]# docker rmi 192.168.32.129:5000/ubuntu
[root@localhost ~]# docker rmi ubuntu
```

（8）拉取私有仓库镜像，其命令如下：

```
[root@k8s-master ~]# docker pull 192.168.32.129:5000/ubuntu
```

13.3.4　Kubernetes 的安装与运行

一个典型的 Kubernetes 集群是由一个控制节点和多个工作节点组成的，现使用两台服务器来安装一套 Kubernetes 集群。安装 Kubernetes 的前提条件是安装好 Docker。请注意命令前的[root@hostname]，例如，[root@k8s-master]代表需要在主机名为 k8s-master 的节点执行的命令。

以下为 IP 地址规划：

主节点 k8s-master 192.168.23.109

从节点 k8s-slave 192.168.23.110

1. 基本环境配置

（1）修改主机名，其命令如下：

```
[root@k8s-master ~]# hostnamectl set-hostname k8s-master
[root@k8s-slave ~]# hostnamectl set-hostname k8s-slave
```

（2）配置 IP 地址，其命令如下：

```
[root@k8s-master ~]# vi /etc/sysconfig/network-scripts/ifcfg-ens33
BOOTPROTO=static
ONBOOT=yes
IPADDR=192.168.23.109
NETMASK=255.255.255.0
GATEWAY=192.168.23.254
DNS1=114.114.114.114
[root@k8s-slave ~]# vi /etc/sysconfig/network-scripts/ifcfg-ens33
ONBOOT=yes
IPADDR=192.168.23.110
NETMASK=255.255.255.0
GATEWAY=192.168.23.254
DNS1=114.114.114.114
```

（3）重新加载网络，其命令如下：

```
[root@k8s-master ~]#nmcli c reload
[root@k8s-slave ~]# nmcli c reload
```

（4）修改 hosts 文件，其命令如下：

```
[root@k8s-master ~]# vi /etc/hosts
192.168.23.109 k8s-master
192.168.23.110 k8s-slave
[root@k8s-slave ~]# vi /etc/hosts
192.168.23.109 k8s-master
192.168.23.110 k8s-slave
```

（5）关闭防火墙和 SELinux 服务，其命令如下：

```
[root@k8s-master ~]# systemctl stop firewalld && systemctl disable firewalld
    [root@k8s-master ~]# setenforce 0 && sed -i 's/^selinux=enforcing/selinux=disabled/g' /etc/selinux/config
    [root@k8s-slave ~]# systemctl stop firewalld && systemctl disable firewalld
    [root@k8s-slave ~]# setenforce 0 && sed -i 's/^selinux=enforcing/selinux=disabled/g' /etc/selinux/config
```

（6）关闭交换分区，其命令如下：

```
[root@k8s-master ~]# swapoff -a
[root@k8s-master ~]# sed -ri 's/.*swap.*/#&/' /etc/fstab
[root@k8s-slave ~]# swapoff -a
[root@k8s-slave ~]# sed -ri 's/.*swap.*/#&/' /etc/fstab
```

（7）配置允许 IP 转发，其命令如下：

```
[root@k8s-master ~]# cat >> /etc/sysctl.conf <<EOF
net.bridge.bridge-nf-call-ip6tables = 1
net.bridge.bridge-nf-call-iptables = 1
net.ipv4.ip_forward = 1
EOF
[root@k8s-master ~]# modprobe br_netfilter
[root@k8s-master ~]# sysctl -p
[root@k8s-slave ~]# cat >> /etc/sysctl.conf <<EOF
net.bridge.bridge-nf-call-ip6tables = 1
net.bridge.bridge-nf-call-iptables = 1
net.ipv4.ip_forward = 1
EOF
[root@k8s-slave ~]# modprobe br_netfilter
[root@k8s-slave ~]# sysctl -p
```

（8）配置仓库源，其命令如下：

```
[root@k8s-master ~]# cat >/etc/yum.repos.d/k8s.repo <<EOF
[kubernetes]
name=kubernetes Repo
baseurl=https://mirrors.aliyun.com/kubernetes/yum/repos/kubernetes-el7-x86_64/
gpgcheck=0
enabled=1
EOF
[root@k8s-slave ~]# cat >/etc/yum.repos.d/k8s.repo <<EOF
[kubernetes]
name=kubernetes Repo
baseurl=https://mirrors.aliyun.com/kubernetes/yum/repos/kubernetes-el7-x86_64/
gpgcheck=0
enabled=1
EOF
```

2. 安装、启动 Kubernetes

（1）安装 Kubernetes 软件包，其命令如下：

```
[root@k8s-master ~]# dnf install kubelet-1.15.1-0 kubeadm-1.15.1-0 kubectl-1.15.1-0 -y
[root@k8s-slave ~]# dnf install kubelet-1.15.1-0 kubeadm-1.15.1-0 kubectl-1.15.1-0 -y
```

（2）启动 Kubelet，其命令如下：

```
[root@k8s-master ~]# vim /etc/sysconfig/kubelet
KUBELET_EXTRA_ARGS="--node-ip=192.168.23.109"
[root@k8s-master ~]# systemctl start kubelet
[root@k8s-master ~]# systemctl enable kubelet
[root@k8s-slave ~]# vim /etc/sysconfig/kubelet
KUBELET_EXTRA_ARGS="--node-ip=192.168.23.110"
[root@k8s-slave ~]# systemctl start kubelet
[root@k8s-slave ~]# systemctl enable kubelet
```

（3）配置环境变量，其命令如下：

```
[root@k8s-master ~]# vi /etc/profile            #添加
export KUBECONFIG=/etc/kubernetes/admin.conf
[root@k8s-slave ~]# vi /etc/profile             #添加
export KUBECONFIG=/etc/kubernetes/admin.conf
```

（4）使环境变量立即生效，其命令如下：

```
[root@k8s-master ~]# source /etc/profile
[root@k8s-slave ~]# source /etc/profile
```

（5）主节点初始化集群。CPU 需要两个内核，如果内核少于两个，需要添加参数 --ignore-preflight-errors=NumCPU（这里运行环境的 CPU 内核不少于两个），其命令如下：

```
[root@k8s-master ~]# kubeadm init --apiserver-advertise-address=192.168.23.109 --kubernetes-version v1.15.1  --pod-network-cidr=10.244.0.0/16 --image-repository registry.aliyuncs.com/google_containers
```

（6）从节点加入集群，其命令如下：

```
[root@k8s-slave ~]# kubeadm join 192.168.23.109:6443 --token mwxdar.vfpq3u7rgshs6v85 --discovery-token-ca-cert-hash sha256:af47f55a667c143e3c4a2c00715b29dcef1b1fd33c75af606f8f09ff216a45a9
```

（7）给主节点配置 flannel 网络，其命令如下：

```
[root@k8s-master ~]# wget https://raw.githubusercontent.com/coreos/flannel/master/Documentation/kube-flannel.yml
[root@k8s-master ~]# kubectl create -f kube-flannel.yml
```

（8）在主节点上查看 Node，其命令如下：

```
[root@k8s-master ~]# kubectl get nodes --all-namespaces
```

 注意：

Node 是运行中的节点，可以是物理机，也可以是虚拟机。每个 Node 上必须运行 kubelet 服务。Node 的状态有 Ready 和 NotReady 两种。Ready 可参与调度硬件资源生成容器，NotReady 不参与调度。为了确保集群的稳定性，主节点默认不参与调度，所以可以看到主节点状态为 NotReady。

主节点默认为 NotReady 状态，即编排时默认不调度主节点的资源，其命令如下：

```
[root@k8s-master ~]# kubectl taint node --all node-role.kubernetes.io/master-
```

查看验证结果，可以看到主节点为 Ready 状态，其命令如下：

```
[root@k8s-master ~]# kubectl get nodes --all-namespaces
```

（9）查看集群 Pod 状态，其命令如下：

```
[root@k8s-master ~]# kubectl get pods -n kube-system
```

 说明：

在 Kubernetes 中，最小的管理元素不是独立的容器，而是 Pod，Pod 是管理、创建、计划的最小单元。确保所有 Pod 状态全部为运行中，则集群运行状态正常。

使用 kubectl get pods 查看集群状态时，发现 DNS 服务反复重启。然后在日志中发现了以下报错信息，这是 Iptables 规则错乱导致的。

```
k8s.io/dns/pkg/dns/dns.go:150: Failed to list *v1.Service: Get https://10.96.0.1:443/api/v1/ services?resourceVersion=0: dial tcp 10.96.0.1:443: getsockopt: no route to host
```

解决方法：重新加载 Iptables 规则并重启，其命令如下：

```
[root@k8s-master ~]# iptables -F
[root@k8s-master ~]# iptables -tnat -flush
[root@k8s-master ~]# systemctl restart kubelet
[root@k8s-master ~]# systemctl restart docker
[root@k8s-master ~]# reboot
```

13.3.5 kubectl 使用

kubectl 是 Kubernetes 集群的命令行工具，通过 kubectl 能够对集群本身进行管理，并能够在集群上部署容器应用。kubectl 命令的语法格式如下所示：

```
kubectl [command] [name] [flags]
```

（1）command：指定要对资源执行的操作，如 create、get、describe 和 delete。
（2）name：指定资源的名称，对大小写敏感。如果省略名称，则会显示所有的资源。
（3）flags：指定可选的参数。例如，使用-s 参数指定 Kubernetes API server 的地址和端口。
kubectl 操作及描述如表 13.1 所示。

表 13.1 kubectl 操作及描述

kubectl 操作	描述
annotate	添加或更新一个或多个资源的注释
api-versions	列出可用的 API 版本
apply	将来自于文件或 stdin 的配置变更应用到主要对象中
attach	链接到正在运行的容器上，与容器镜像交互
autoscale	自动扩容或缩减管理的 Pod
cluster-info	显示集群中的主节点和服务的端点信息

(续表)

kubectl 操作	描 述
config	修改 kubeconfig 文件
create	从文件或 stdin 中创建一个或多个资源对象
delete	删除资源对象
describe	显示一个或多个资源对象的详细信息
edit	通过默认编辑器编辑和更新服务器上的一个或多个资源对象
exec	在 Pod 的容器中执行一个命令
explain	获取 Pod、Node 和服务等资源对象的文档
expose	将资源公开为新的 Kubernetes 服务
get	列出一个或多个资源
label	添加或更新一个或多个资源对象的标签
logs	显示 Pod 中一个容器的日志
patch	使用策略合并补丁过程更新资源对象中的一个或多个字段
port-forward	将一个或多个本地端口转发到 Pod 中
proxy	为 Kubernetes API 服务器运行一个代理
replace	从文件或 stdin 中替换资源对象
rolling-update	通过逐步替换指定的副本控制器和 Pod 来执行滚动更新
run	在集群上运行一个指定的镜像
scale	扩容或缩减副本集的数量
version	显示运行在客户端和服务器的 Kubernetes 版本

1. kubectl 常用命令

1) kubectl create 命令

kubectl 可以使用 create 命令通过文件或 stdin 创建一个资源对象。

（1）创建 namespace，其命令如下：

```
kubectl create namespace <namespace>
```

 注意：

namespace，即命名空间。它是一组资源和对象的抽象集合，可以将系统内部的对象划分为不同的项目组或用户组。常见的 Pods、services、replication controllers 和 deployments 等都属于某一个命名空间（默认是 default），而 Node 则不属于任何命名空间。命名空间常用来隔离不同的用户，如 Kubernetes 自带的服务一般运行在 kube-system 命名空间中。

（2）创建 deployment，其命令如下：

```
kubectl create -f <deployment_yaml>
```

 注意：

deployment 简单来说是一个应用。可以定义一个全新的 deployment，也可以创建一个新的 deployment 替换旧的 deployment。一般通过 yaml 文件来创建应用。

现有一个 Nginx 的 yaml 配置文件，配置文件的示例代码如下：

```
[root@k8s-master ~]# vi nginx-deployment.yaml
# -------------------- Nginx Deployment -------------------- #
apiVersion: apps/v1   # 对于 1.9.0 之前的版本，请使用 apps / v1beta2
kind: Deployment                         # 指定创建的对象类型
metadata:
  name: nginx-deployment                 # k8s 部署的名称
spec:
  selector:
    matchLabels:
      app: nginx
  replicas: 2                            # 指明副本数量，默认为 1
  template:
    metadata:
      labels:
        app: nginx                       # 指定标签
    spec:
      containers:
      - name: nginx
        image: nginx:1.7.9               # 使用 Nginx1.7.9 版本的容器镜像
        ports:
        - containerPort: 80              # 应用的内部端口
[root@k8s-master ~]# kubectl create -f nginx-deployment.yaml
```

（3）创建 service，其命令如下：

```
kubectl create -f <service_yaml>
```

注意：

service 是 Kubernetes 的服务。每个服务在其生命周期内，都拥有一个固定的 IP 地址和端口。每个服务对应了后台的一个或多个 Pod，通过这种方式，客户端不需要关心 Pod 的所在位置，方便进行 Pod 扩容、缩容等操作。可以通过 yaml 文件来创建服务。

上面创建了一个 Nginx 应用，此时还不能直接访问 Nginx 服务，因为容器外部默认无法访问容器内部端口，可以通过创建对应的服务来解决。

创建对应的服务，其命令如下：

```
[root@k8s-master ~]# vi nginx-server.yaml
# -------------------- Dashboard Service -------------------- #
kind: Service                            #指定创建的对象类型
apiVersion: v1
metadata:
  name: nginx-service
spec:
  type: NodePort                         # 指定 service 的类型为 NodePort
  selector:
```

```
      app: nginx                        # 指定标签，需与应用的标签一致
  ports:
    - port: 80                          # 应用内部的端口
      targetPort: 80                    # 供集群内部访问的端口
      nodePort: 31001                   # 供集群外部访问的端口
[root@k8s-master ~]# kubectl create -f nginx-server.yaml
```

 注意：

外部访问端口的默认范围是 30000~32767，设置这个范围之外的值会报错，如果不设置这个参数，k8s 会随机选择一个范围内的端口使用。通过浏览器访问 Nginx 服务，如图 13.5 所示。

图 13.5 通过浏览器访问 Nginx 服务

2) kubectl run 命令

kubectl 可以使用 run 命令创建并运行一个或多个容器。

参数说明如下。

- --image=image：指定镜像。
- [--env="key=value"]：设置环境变量。
- [--port=port]：暴露端口。
- [--replicas=replicas]：设置副本数量。

命令如下：

```
[root@k8s-master ~]# kubectl run nginx2 --image=nginx
```

3) kubectl get 命令

kubectl 可以使用 get 命令列出资源对象。可以通过-namespaces 或-n 选项指定对应的命名空间，也可以通过设置-all-namespaces 来查看所有命名空间下的资源。

(1) 列出所有的命名空间，其命令如下：

```
[root@k8s-master ~]# kubectl get namespaces
```

(2) 列出默认命名空间下的所有应用，其命令如下：

```
[root@k8s-master ~]# kubectl get deployment
```

(3) 列出默认命名空间下的所有服务，其命令如下：

```
[root@k8s-master ~]# kubectl get services
```

(4) 列出所有命名空间下的 Pod，其命令如下：

```
[root@k8s-master ~]# kubectl get pods --all-namespaces
```

(5) 列出默认命名空间下所有 Pod，显示更详细的信息，其命令如下：

```
[root@k8s-master ~]# kubectl get pods -o wide
```

4) kubectl apply 命令

kubectl 可以使用 apply 命令更新资源对象，如更新 deployment 和 service。

修改 nginx-deployment.yaml 文件，其命令如下：

```
[root@k8s-master ~]# vim nginx-deployment.yaml
# image: nginx:1.7.9     #使用 Nginx1.7.9 版本的容器镜像
image: nginx:1.8         #使用 Nginx1.8 版本的容器镜像
```

应用新的 yaml 文件，其命令如下：

```
[root@k8s-master ~]# kubectl apply -f nginx-deployment.yaml
```

5) kubectl describe 命令

kubectl 可以使用 describe 命令显示资源对象的详细信息。获取上述 Nginx 部署的信息，其命令如下：

```
[root@k8s-master ~]# kubectl describe deployment/nginx-deployment
```

6) kubectl exec 命令

kubectl 可以使用 exec 命令在 Pod 中的容器上执行一条命令，其命令如下：

```
[root@k8s-master ~]# kubectl get pods
[root@k8s-master ~]# kubectl exec -it nginx-deployment-6f655f5d99-h9h55 /bin/bash
```

7) kubectl logs 命令

kubectl 可以使用 logs 命令获取 Pod 的日志，获取 Nginx 容器的日志，其命令如下：

```
[root@k8s-master ~]# kubectl logs nginx-deployment-6f655f5d99-jctwg
```

8) kubectl delete 命令

kubectl 可以使用 delete 命令删除集群中已存在的资源对象，可以通过指定名称、标签选择器、资源选择器等。

删除名称为"nginx"的 Pod 和 service，其命令如下：

```
[root@k8s-master ~]# kubectl delete pod,service nginx
```

删除所有的 Pod 和 service（po 和 svc 是 Pod 和 service 的简写），其命令如下：

```
[root@k8s-master ~]# kubectl delete po,svc --all
```

9) kubectl edit 命令

kubectl 可以使用 edit 命令编辑资源。

编辑名为"nginx-service"的 service，其命令如下：

```
[root@k8s-master ~]# kubectl edit service/nginx-service
```

默认使用 vi 编辑器打开资源配置，设置默认编辑器为 nano，其命令如下：

```
[root@k8s-master ~]# KUBE_EDITOR="nano" kubectl edit service/nginx-service
```

10) kubectl port-forward 命令

kubectl 可以使用 port-forward 命令将本地端口转发到 Pod 中，其命令如下：

```
[root@k8s-master ~]# kubectl port-forward nginx-deployment-6f655f5d99-h9h55 31002:80
```

注意：

port-forward 转发后的默认地址是 127.0.0.1，只有自己能访问。

13.3.6 Kubernetes Dashboard 安装

在 Kubernetes 社区中，有一个 Dashboard 项目，它可以给用户提供一个可视化的 Web 界面，Dashboard 可以查看集群的各种信息。可以用 Kubernetes Dashboard 部署应用、监控应用的状态、执行故障排查及管理 Kubernetes 资源。

1. Dashboard 安装

（1）部署 Dashboard v1.10.1 版本。下载 yaml 文件到本地，其命令如下：

```
[root@k8s-master ~]# wget https://raw.githubusercontent.com/kubernetes/dashboard/v1.10.1/src/deploy/recommended/kubernetes-dashboard.yaml
```

（2）修改 yaml 配置文件。从阿里云仓库中拉取镜像，其命令如下：

```
[root@k8s-master ~]# vi kubernetes-dashboard.yaml
# image: k8s.gcr.io/kubernetes-dashboard-amd64:v1.10.1
image: registry.cn-hangzhou.aliyuncs.com/google_containers/kubernetes-dashboard-amd64:v1.10.1
```

（3）部署 Dashboard 服务，其命令如下：

```
[root@k8s-master ~]# kubectl create -f kubernetes-dashboard.yaml
```

查看 Pod 的状态，状态为 running 说明 Dashboard 已经部署成功，其命令如下：

```
[root@k8s-master ~]# kubectl get pod --namespace=kube-system -o wide | grep dashboard
```

如遇到以下报错信息，原因可能是内存过小，增加虚拟机的内存即可。

```
Unable to connect to the server: net/http: TLS handshake timeout
```

为了方便访问，修改 yaml 文件，在配置文件底部增加 type 和 NodePort。将 type 修改为 NodePort 类型，其命令如下：

```
[root@k8s-master ~]# vi kubernetes-dashboard.yaml
spec:
  type: NodePort
  ports:
    - port: 443
      targetPort: 8443
      nodePort: 31620
```

（4）重新应用 yaml 文件，其命令如下：

```
[root@k8s-master ~]# kubectl apply -f kubernetes-dashboard.yaml
```

（5）查看 service，type 为 NodePort，端口为 31620，其命令如下：

```
[root@k8s-master ~]# kubectl get service -n kube-system | grep dashboard
```

通过浏览器访问 https://192.168.23.109:31620/，k8s-dashboard 登录界面如图 13.6 所示。

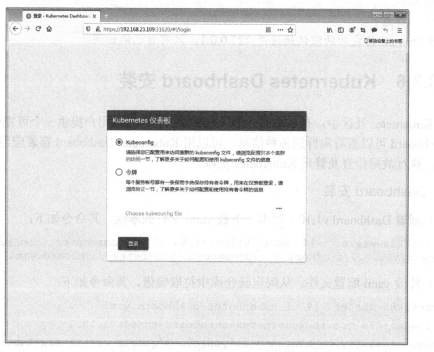

图 13.6 k8s-dashboard 登录界面

2．配置 Token 认证

Dashboard 支持 Kubeconfig 和 Token 两种认证方式，这里使用 Token 认证方式登录。创建 dashboard-adminuser.yaml 文件，其命令如下：

```
[root@k8s-master ~]# vi dashboard-adminuser.yaml
apiVersion: v1
kind: ServiceAccount
metadata:
  name: admin-user
  namespace: kube-system
---
```

```
apiVersion: rbac.authorization.k8s.io/v1
kind: ClusterRoleBinding
metadata:
  name: admin-user
roleRef:
  apiGroup: rbac.authorization.k8s.io
  kind: ClusterRole
  name: cluster-admin
subjects:
- kind: ServiceAccount
  name: admin-user
  namespace: kube-system
```

说明：

上面创建了一个 admin-user 的服务账号，并放在 kube-system 命名空间下，并将 cluster-admin 角色绑定到 admin-user 账户上，这样 admin-user 账户就拥有了管理员的权限。默认情况下，kubeadm 创建集群时已经创建了 cluster-admin 角色，直接绑定即可。

（1）创建管理员账号，其命令如下：

```
[root@k8s-master ~]# kubectl create -f dashboard-adminuser.yaml
```

（2）查看管理员账号的 toke，其命令如下：

```
[root@k8s-master ~]# kubectl -n kube-system describe secret $(kubectl -n kube-system get secret | grep admin-user | awk '{print $1}')
```

选择令牌，在输入框中输入上面命令获取的 Token，如图 13.7 所示。

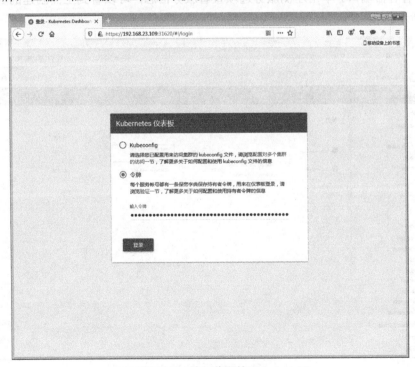

图 13.7　输入获取的 Token

成功登录 k8s-dashboard，如图 13.8 所示。

图 13.8　成功登录 k8s-dashboard

（3）查看容器端口。单击左侧服务选项查看服务信息，可以看到上面创建的 Nginx 服务，如图 13.9 所示。

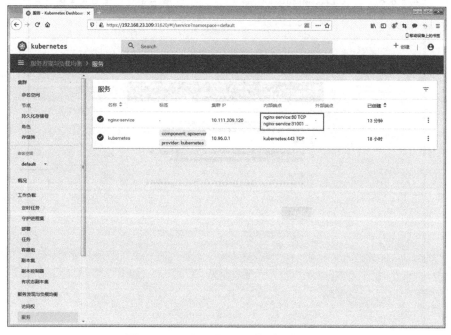

图 13.9　k8s-dashboard 查看容器端口

（4）创建 k8s 应用。单击创建按钮即可创建 k8s 应用，如图 13.10 所示。

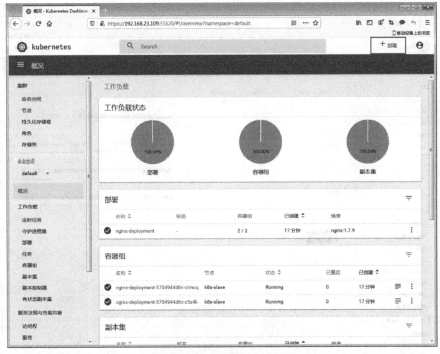

图 13.10　创建 k8s 应用

有三种创建 k8s 应用的方式，前两种都是使用 yaml 文件创建的，前面已经介绍。第一种是从文本输入框编写 yaml 文件创建 k8s 应用，第二种是从 yaml 文件读入配置创建 k8s 应用。从文本输入框创建 k8s 应用如图 13.11 所示。

图 13.11　从文本输入框创建 k8s 应用

这里介绍第三种方法，通过填写参数的形式创建 k8s 应用，如图 13.12 所示。

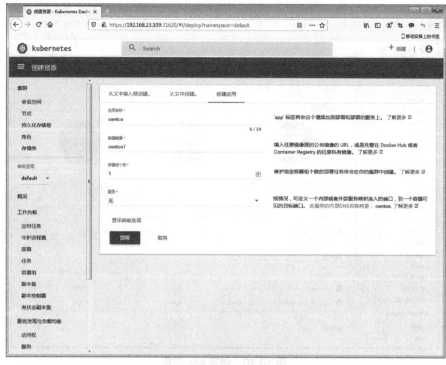

图 13.12　填写参数创建 k8s 应用

高级选项里还可以设置应用的命名空间、CPU 需求、内存需求、运行命令参数、是否以特权模式运行、环境变量等。创建 k8s 应用高级选项如图 13.13 所示。

图 13.13　创建 k8s 应用高级选项

13.4　项目小结

本项目效仿某公司研发人员的使用情况安装服务器系统，前期使用虚拟化技术，后面引进容器技术，利用 CentOS 8 和 Docker 搭建底层环境，Docker 环境可供运维工程师测试容器环境使用。Kubernetes 的 API 可供开发工程师调度，用于快捷创建、保存、删除容器等。

13.5　课后习题

1. Docker 私有仓库的默认端口为（　　）。
A．80　　　　　　　B．5000　　　　　　C．443　　　　　　D．8080
2. 很多应用容器都是默认在后台运行的，怎么查看它们的输出信息和日志信息？

3. 如何临时退出一个正在交互中的容器的终端，而不终止它？

4. 可以使用 attach 或 exec 命令进入一个 Docker 容器，两者有何区别？

5. kubectl 常用命令有哪些？

13.4 项目小结

本项目的实现引入了几种最新的容器化部署技术，如闭源操作系统为本地宿主机，采用 CentOS 8 和 Docker 搭建服务集成，Docker 内部的自动工程搭建及容器互联应用，Kubernetes 的 API 可实现开发工程师调用，用于快速部署、保存、加载容器等。

13.5 练习习题

1. Docker 默认占用的监听端口为（ ）。
  A. 80   B. 5000   C. 443   D. 8080

2. 简要说明基础镜像文件的分层作用，及之所以采用分层结构的原因是什么？

3. 如何在终端命令中打开云端镜像站点，简单举例?

4. 可以使用 apt-get 命令 over 快捷进入一个 Docker 容器？是否可行为何？

5. kubectl 常用命令有哪些?